国家出版基金项目

绿色制造丛书

组织单位 | 中国机械工程学会

绿色再制造工程

朱　胜　姚巨坤　江志刚　王　蕾　杜文博　周新远

周克兵　于鹤龙　崔培枝　孟令东　柳　建　杨军伟　著

王晓明　任智强　韩国峰　徐瑶瑶　刘玉项

机械工业出版社

CHINA MACHINE PRESS

绿色再制造是绿色制造的重要模式，也是《中国制造2025》的重要发展内容，能够实现废旧产品的高效循环利用。本书阐述了绿色再制造工程的相关概念、体系框架及发展与挑战，重点论述了再制造工程设计与规划、再制造生产工艺技术、绿色再制造成形技术、再制造质量控制、再制造工程管理与服务以及绿色再制造工程典型应用等。本书系统描述了绿色再制造工程方向内容，构建了绿色再制造工程体系。

本书可作为高等学校绿色制造、再制造、维修、资源化及相近专业的教学用书，也可作为绿色制造与再制造企业或相关主管部门进行再制造学习或培训的教材或参考书，还可作为废旧产品再制造领域的研究及管理人员的参考用书。

图书在版编目（CIP）数据

绿色再制造工程／朱胜等著 . —北京：机械工业出版社，2021. 10
（国家出版基金项目·绿色制造丛书）
ISBN 978-7-111-69474-8

Ⅰ. ①绿…　Ⅱ. ①朱…　Ⅲ. ①制造工业–无污染技术–研究
Ⅳ. ①T

中国版本图书馆 CIP 数据核字（2021）第 218111 号

机械工业出版社（北京市百万庄大街 22 号　邮政编码 100037）
策划编辑：李　楠　　　　　　责任编辑：李　楠　安桂芳　罗晓琪
责任校对：潘　蕊　李　婷　责任印制：郑小光
北京宝昌彩色印刷有限公司印刷
2022 年 1 月第 1 版第 1 次印刷
169mm×239mm · 19. 25 印张 · 369 千字
标准书号：ISBN 978-7-111-69474-8
定价：98. 00 元

电话服务　　　　　　　　　网络服务
客服电话：010-88361066　机　工　官　网：www. cmpbook. com
　　　　　010-88379833　机　工　官　博：weibo. com/cmp1952
　　　　　010-68326294　金　书　网：www. golden-book. com
封底无防伪标均为盗版　　机工教育服务网：www. cmpedu. com

"绿色制造丛书" 编撰委员会

主 任
宋天虎　中国机械工程学会
刘　飞　重庆大学

副主任（排名不分先后）
陈学东　中国工程院院士，中国机械工业集团有限公司
单忠德　中国工程院院士，南京航空航天大学
李　奇　机械工业信息研究院，机械工业出版社
陈超志　中国机械工程学会
曹华军　重庆大学

委 员（排名不分先后）
李培根　中国工程院院士，华中科技大学
徐滨士　中国工程院院士，中国人民解放军陆军装甲兵学院
卢秉恒　中国工程院院士，西安交通大学
王玉明　中国工程院院士，清华大学
黄庆学　中国工程院院士，太原理工大学
段广洪　清华大学
刘光复　合肥工业大学
陆大明　中国机械工程学会
方　杰　中国机械工业联合会绿色制造分会
郭　锐　机械工业信息研究院，机械工业出版社
徐格宁　太原科技大学
向　东　北京科技大学
石　勇　机械工业信息研究院，机械工业出版社
王兆华　北京理工大学
左晓卫　中国机械工程学会
朱　胜　再制造技术国家重点实验室
刘志峰　合肥工业大学
朱庆华　上海交通大学

张洪潮　大连理工大学
李方义　山东大学
刘红旗　中机生产力促进中心
李聪波　重庆大学
邱　城　中机生产力促进中心
何　彦　重庆大学
宋守许　合肥工业大学
张超勇　华中科技大学
陈　铭　上海交通大学
姜　涛　工业和信息化部电子第五研究所
姚建华　浙江工业大学
袁松梅　北京航空航天大学
夏绪辉　武汉科技大学
顾新建　浙江大学
黄海鸿　合肥工业大学
符永高　中国电器科学研究院股份有限公司
范志超　合肥通用机械研究院有限公司
张　华　武汉科技大学
张钦红　上海交通大学
江志刚　武汉科技大学
李　涛　大连理工大学
王　蕾　武汉科技大学
邓业林　苏州大学
姚巨坤　再制造技术国家重点实验室
王禹林　南京理工大学
李洪丞　重庆邮电大学

"绿色制造丛书"　编撰委员会办公室

主　任
刘成忠　陈超志

成　员（排名不分先后）
王淑芹　曹　军　孙　翠　郑小光　罗晓琪　罗丹青　张　强　赵范心　李　楠
郭英玲　权淑静　钟永刚　张　辉　金　程

制造是改善人类生活质量的重要途径，制造也创造了人类灿烂的物质文明。

也许在远古时代，人类从工具的制作中体会到生存的不易，生命和生活似乎注定就是要和劳作联系在一起的。工具的制作大概真正开启了人类的文明。但即便在农业时代，古代先贤也认识到在某些情况下要慎用工具，如孟子言："数罟不入洿池，鱼鳖不可胜食也；斧斤以时入山林，材木不可胜用也。"可是，我们没能记住古训，直到20世纪后期我国乱砍滥伐的现象比较突出。

到工业时代，制造所产生的丰富物质使人们感受到的更多是愉悦，似乎自然界的一切都可以为人的目的服务。恩格斯告诫过：我们统治自然界，决不像征服者统治异民族一样，决不像站在自然以外的人一样，相反地，我们同我们的肉、血和头脑一起都是属于自然界，存在于自然界的；我们对自然界的整个统治，仅是我们胜于其他一切生物，能够认识和正确运用自然规律而已（《劳动在从猿到人转变过程中的作用》）。遗憾的是，很长时期内我们并没有听从恩格斯的告诫，却陶醉在"人定胜天"的臆想中。

信息时代乃至即将进入的数字智能时代，人们惊叹欣喜，日益增长的自动化、数字化以及智能化将人从本是其生命动力的劳作中逐步解放出来。可是蓦然回首，倏地发现环境退化、气候变化又大大降低了我们不得不依存的自然生态系统的承载力。

不得不承认，人类显然是对地球生态破坏力最大的物种。好在人类毕竟是理性的物种，诚如海德格尔所言：我们就是除了其他可能的存在方式以外还能够对存在发问的存在者。人类存在的本性是要考虑"去存在"，要面向未来的存在。人类必须对自己未来的存在方式、自己依赖的存在环境发问！

1987年，以挪威首相布伦特兰夫人为主席的联合国世界环境与发展委员会发表报告《我们共同的未来》，将可持续发展定义为：既满足当代人的需要，又不对后代人满足其需要的能力构成危害的发展。1991年，由世界自然保护联盟、联合国环境规划署和世界自然基金会出版的《保护地球——可持续生存战略》一书，将可持续发展定义为：在不超出支持它的生态系统承载能力的情况下改善人类的生活质量。很容易看出，可持续发展的理念之要在于环境保护、人的生存和发展。

世界各国正逐步形成应对气候变化的国际共识，绿色低碳转型成为各国实现可持续发展的必由之路。

中国面临的可持续发展的压力尤甚。经过数十年来的发展，2020年我国制造业增加值突破26万亿元，约占国民生产总值的26%，已连续多年成为世界第一制造大国。但我国制造业资源消耗大、污染排放量高的局面并未发生根本性改变。2020年我国碳排放总量惊人，约占全球总碳排放量30%，已经接近排名第2~5位的美国、印度、俄罗斯、日本4个国家的总和。

工业中最重要的部分是制造，而制造施加于自然之上的压力似乎在接近临界点。那么，为了可持续发展，难道舍弃先进的制造？非也！想想庄子笔下的圃畦丈人，宁愿抱瓮舀水，也不愿意使用桔槔那种杠杆装置来灌溉。他曾教训子贡："有机械者必有机事，有机事者必有机心。机心存于胸中，则纯白不备；纯白不备，则神生不定；神生不定者，道之所不载也。"（《庄子·外篇·天地》）单纯守纯朴而弃先进技术，显然不是当代人应守之道。怀旧在现代世界中没有存在价值，只能被当作追逐幻境。

既要保护环境，又要先进的制造，从而维系人类的可持续发展。这才是制造之道！绿色制造之理念如是。

在应对国际金融危机和气候变化的背景下，世界各国无论是发达国家还是新型经济体，都把发展绿色制造作为赢得未来产业竞争的关键领域，纷纷出台国家战略和计划，强化实施手段。欧盟的"未来十年能源绿色战略"、美国的"先进制造伙伴计划2.0"、日本的"绿色发展战略总体规划"、韩国的"低碳绿色增长基本法"、印度的"气候变化国家行动计划"等，都将绿色制造列为国家的发展战略，计划实施绿色发展，打造绿色制造竞争力。我国也高度重视绿色制造，《中国制造2025》中将绿色制造列为五大工程之一。中国承诺在2030年前实现碳达峰，2060年前实现碳中和，国家战略将进一步推动绿色制造科技创新和产业绿色转型发展。

为了助力我国制造业绿色低碳转型升级，推动我国新一代绿色制造技术发展，解决我国长久以来对绿色制造科技创新成果及产业应用总结、凝练和推广不足的问题，中国机械工程学会和机械工业出版社组织国内知名院士和专家编写了"绿色制造丛书"。我很荣幸为本丛书作序，更乐意向广大读者推荐这套丛书。

编委会遴选了国内从事绿色制造研究的权威科研单位、学术带头人及其团队参与编著工作。丛书包含了作者们对绿色制造前沿探索的思考与体会，以及对绿色制造技术创新实践与应用的经验总结，非常具有前沿性、前瞻性和实用性，值得一读。

　　丛书的作者们不仅是中国制造领域中对人类未来存在方式、人类可持续发展的发问者，更是先行者。希望中国制造业的管理者和技术人员跟随他们的足迹，通过阅读丛书，深入推进绿色制造！

华中科技大学　李培根

2021 年 9 月 9 日于武汉

丛书序二

在全球碳排放量激增、气候加速变暖的背景下，资源与环境问题成为人类面临的共同挑战，可持续发展日益成为全球共识。发展绿色经济、抢占未来全球竞争的制高点，通过技术创新、制度创新促进产业结构调整，降低能耗物耗、减少环境压力、促进经济绿色发展，已成为国家重要战略。我国明确将绿色制造列为《中国制造2025》五大工程之一，制造业的"绿色特性"对整个国民经济的可持续发展具有重大意义。

随着科技的发展和人们对绿色制造研究的深入，绿色制造的内涵不断丰富，绿色制造是一种综合考虑环境影响和资源消耗的现代制造业可持续发展模式，涉及整个制造业，涵盖产品整个生命周期，是制造、环境、资源三大领域的交叉与集成，正成为全球新一轮工业革命和科技竞争的重要新兴领域。

在绿色制造技术研究与应用方面，围绕量大面广的汽车、工程机械、机床、家电产品、石化装备、大型矿山机械、大型流体机械、船用柴油机等领域，重点开展绿色设计、绿色生产工艺、高耗能产品节能技术、工业废弃物回收拆解与资源化等共性关键技术研究，开发出成套工艺装备以及相关试验平台，制定了一批绿色制造国家和行业技术标准，开展了行业与区域示范应用。

在绿色产业推进方面，开发绿色产品，推行生态设计，提升产品节能环保低碳水平，引导绿色生产和绿色消费。建设绿色工厂，实现厂房集约化、原料无害化、生产洁净化、废物资源化、能源低碳化。打造绿色供应链，建立以资源节约、环境友好为导向的采购、生产、营销、回收及物流体系，落实生产者责任延伸制度。壮大绿色企业，引导企业实施绿色战略、绿色标准、绿色管理和绿色生产。强化绿色监管，健全节能环保法规、标准体系，加强节能环保监察，推行企业社会责任报告制度。制定绿色产品、绿色工厂、绿色园区标准，构建企业绿色发展标准体系，开展绿色评价。一批重要企业实施了绿色制造系统集成项目，以绿色产品、绿色工厂、绿色园区、绿色供应链为代表的绿色制造工业体系基本建立。我国在绿色制造基础与共性技术研究、离散制造业传统工艺绿色生产技术、流程工业新型绿色制造工艺技术与设备、典型机电产品节能减排技术、退役机电产品拆解与再制造技术等方面取得了较好的成果。

但是作为制造大国，我国仍未摆脱高投入、高消耗、高排放的发展方式，资源能源消耗和污染排放与国际先进水平仍存在差距，制造业绿色发展的目标尚未完成，社会技术创新仍以政府投入主导为主；人们虽然就绿色制造理念形成共识，但绿色制造技术创新与我国制造业绿色发展战略需求还有很大差距，一些亟待解决的主要问题依然突出。绿色制造基础理论研究仍主要以跟踪为主，原创性的基础研究仍较少；在先进绿色新工艺、新材料研究方面部分研究领域有一定进展，但颠覆性和引领性绿色制造技术创新不足；绿色制造的相关产业还处于孕育和初期发展阶段。制造业绿色发展仍然任重道远。

本丛书面向构建未来经济竞争优势，进一步阐述了深化绿色制造前沿技术研究，全面推动绿色制造基础理论、共性关键技术与智能制造、大数据等技术深度融合，构建我国绿色制造先发优势，培育持续创新能力。加强基础原材料的绿色制备和加工技术研究，推动实现功能材料特性的调控与设计和绿色制造工艺，大幅度地提高资源生产率水平，提高关键基础件的寿命、高分子材料回收利用率以及可再生材料利用率。加强基础制造工艺和过程绿色化技术研究，形成一批高效、节能、环保和可循环的新型制造工艺，降低生产过程的资源能源消耗强度，加速主要污染排放总量与经济增长脱钩。加强机械制造系统能量效率研究，攻克离散制造系统的能量效率建模、产品能耗预测、能量效率精细评价、产品能耗定额的科学制定以及高能效多目标优化等关键技术问题，在机械制造系统能量效率研究方面率先取得突破，实现国际领先。开展以提高装备运行能效为目标的大数据支撑设计平台，基于环境的材料数据库、工业装备与过程匹配自适应设计技术、工业性试验技术与验证技术研究，夯实绿色制造技术发展基础。

在服务当前产业动力转换方面，持续深入细致地开展基础制造工艺和过程的绿色优化技术、绿色产品技术、再制造关键技术和资源化技术核心研究，研究开发一批经济性好的绿色制造技术，服务经济建设主战场，为绿色发展做出应有的贡献。开展铸造、锻压、焊接、表面处理、切削等基础制造工艺和生产过程绿色优化技术研究，大幅降低能耗、物耗和污染物排放水平，为实现绿色生产方式提供技术支撑。开展在役再设计再制造技术关键技术研究，掌握重大装备与生产过程匹配的核心技术，提高其健康、能效和智能化水平，降低生产过程的资源能源消耗强度，助推传统制造业转型升级。积极发展绿色产品技术，研究开发轻量化、低功耗、易回收等技术工艺，研究开发高效能电机、锅炉、内燃机及电器等终端用能产品，研究开发绿色电子信息产品，引导绿色消费。开展新型过程绿色化技术研究，全面推进钢铁、化工、建材、轻工、印染等行业绿色制造流程技术创新，新型化工过程强化技术节能环保集成优化技术创新。开展再制造与资源化技术研究，研究开发新一代再制造技术与装备，深入推进废旧汽车（含新能源汽车）零部件和退役机电产品回收逆向物流系统、拆解/破碎/分离、高附加值资源化等关键技术与装备研究并应用示范，实现机电、汽车等产品的可拆卸和易回收。研究开发钢铁、冶金、石化、轻工等制造流程副产品绿色协同处理与循环利用技术，提高流程制造资源高效利用绿色产业链技术创新能力。

在培育绿色新兴产业过程中，加强绿色制造基础共性技术研究，提升绿色制造科技创新与保障能力，培育形成新的经济增长点。持续开展绿色设计、产品全生命周期评价方法与工具的研究开发，加强绿色制造标准法规和合格评判程序与范式研究，针对不同行业形成方法体系。建设绿色数据中心、绿色基站、绿色制造技术服务平台，建立健全绿色制造技术创新服务体系。探索绿色材料制备技术，培育形成新的经济增长点。开展战略新兴产业市场需求的绿色评价研究，积极引领新兴产业高起点绿色发展，大力促进新材料、新能源、高端装备、生物产业绿色低碳发展。推动绿色制造技术与信息的深度融合，积极发展绿色车间、绿色工厂系统、绿色制造技术服务业。

非常高兴为本丛书作序。我们既面临赶超跨越的难得历史机遇，也面临差距拉大的严峻挑战，唯有勇立世界技术创新潮头，才能赢得发展主动权，为人类文明进步做出更大贡献。相信这套丛书的出版能够推动我国绿色科技创新，实现绿色产业引领式发展。绿色制造从概念提出至今，取得了长足进步，希望未来有更多青年人才积极参与到国家制造业绿色发展与转型中，推动国家绿色制造产业发展，实现制造强国战略。

中国机械工业集团有限公司　陈学东

2021 年 7 月 5 日于北京

丛书序三

绿色制造是绿色科技创新与制造业转型发展深度融合而形成的新技术、新产业、新业态、新模式，是绿色发展理念在制造业的具体体现，是全球新一轮工业革命和科技竞争的重要新兴领域。

我国自 20 世纪 90 年代正式提出绿色制造以来，科学技术部、工业和信息化部、国家自然科学基金委员会等在"十一五""十二五""十三五"期间先后对绿色制造给予了大力支持，绿色制造已经成为我国制造业科技创新的一面重要旗帜。多年来我国在绿色制造模式、绿色制造共性基础理论与技术、绿色设计、绿色制造工艺与装备、绿色工厂和绿色再制造等关键技术方面形成了大量优秀的科技创新成果，建立了一批绿色制造科技创新研发机构，培育了一批绿色制造创新企业，推动了全国绿色产品、绿色工厂、绿色示范园区的蓬勃发展。

为促进我国绿色制造科技创新发展，加快我国制造企业绿色转型及绿色产业进步，中国机械工程学会和机械工业出版社联合中国机械工程学会环境保护与绿色制造技术分会、中国机械工业联合会绿色制造分会，组织高校、科研院所及企业共同策划了"绿色制造丛书"。

丛书成立了包括李培根院士、徐滨士院士、卢秉恒院士、王玉明院士、黄庆学院士等 50 多位顶级专家在内的编委会团队，他们确定选题方向，规划丛书内容，审核学术质量，为丛书的高水平出版发挥了重要作用。作者团队由国内绿色制造重要创导者与开拓者刘飞教授牵头，陈学东院士、单忠德院士等 100 余位专家学者参与编写，涉及 20 多家科研单位。

丛书共计 32 册，分三大部分：① 总论，1 册；② 绿色制造专题技术系列，25 册，包括绿色制造基础共性技术、绿色设计理论与方法、绿色制造工艺与装备、绿色供应链管理、绿色再制造工程 5 大专题技术；③ 绿色制造典型行业系列，6 册，涉及压力容器行业、电子电器行业、汽车行业、机床行业、工程机械行业、冶金设备行业等 6 大典型行业应用案例。

丛书获得了 2020 年度国家出版基金项目资助。

丛书系统总结了"十一五""十二五""十三五"期间，绿色制造关键技术与装备、国家绿色制造科技重点专项等重大项目取得的基础理论、关键技术和装备成果，凝结了广大绿色制造科技创新研究人员的心血，也包含了作者对绿色制造前沿探索的思考与体会，为我国绿色制造发展提供了一套具有前瞻性、系统性、实用性、引领性的高品质专著。丛书可为广大高等院校师生、科研院所研发人员以及企业工程技术人员提供参考，对加快绿色制造创新科技在制造业中的推广、应用，促进制造业绿色、高质量发展具有重要意义。

当前我国提出了 2030 年前碳排放达峰目标以及 2060 年前实现碳中和的目标，绿色制造是实现碳达峰和碳中和的重要抓手，可以驱动我国制造产业升级、工艺装备升级、重大技术革新等。因此，丛书的出版非常及时。

绿色制造是一个需要持续实现的目标。相信未来在绿色制造领域我国会形成更多具有颠覆性、突破性、全球引领性的科技创新成果，丛书也将持续更新，不断完善，及时为产业绿色发展建言献策，为实现我国制造强国目标贡献力量。

中国机械工程学会　宋天虎
2021 年 6 月 23 日于北京

当前，绿色、智能制造发展方兴未艾，相较于炙热的智能制造，绿色制造还缺乏系统介绍该领域的书籍。中国机械工程学会宋天虎监事长独具慧眼，倡导出版绿色制造丛书。再制造作为面向全生命周期与绿色制造的一个重要抓手，是实现循环经济发展和资源高效利用的重要举措。再制造在中国机械工程学会再制造工程分会组织出版的《中国机械工程技术路线图》第一版、第二版中均列为单独章节，在《再制造技术路线图》一书中，提出再制造工程将主要向绿色、优质、高效、智能和服务五大方向发展。

绿色再制造工程是实现废旧产品最佳化利用的有效途径，通过再制造升级可以实现产品性能提升及升阶使用。绿色再制造工程产业符合科技含量高、经济效益好、资源消耗低和环境污染少的新型工业化特点，发展再制造产业有利于形成新的经济增长点，将成为"中国制造"升级转型的重要突破。绿色再制造工程是以废旧产品作为生产对象，面临着设计基础-关键技术-工程管理-实践应用的关键问题。本书撰写以作者在绿色再制造工程领域的研究成果为主，同时参考了国内外相关再制造研究及应用进展情况，着重于为读者构建完整的绿色再制造工程系统体系。

本书共分七章，第 1 章介绍了绿色再制造工程的基本内涵、工程体系、国内外发展现状及挑战；第 2 章介绍了再制造工程设计与规划的理论及方法，重点介绍了产品再制造性设计与评价、再制造生产系统规划、再制造保障资源规划和再制造升级性设计等内容；第 3 章重点介绍了再制造生产工艺技术的相关内容，对再制造拆解、清洗、检测、失效件加工、装配及后处理技术进行了系统阐述，为构建再制造工艺流程奠定了基础；第 4 章针对绿色再制造成形技术，重点介绍了相关智能、高效、优质的再制造加工关键技术；第 5 章介绍了再制造质量控制，对质量管理、涂覆层损伤评价、寿命评估和结构监测等技术及其发展进行了阐述；第 6 章面向再制造的工程管理与服务，介绍了再制造工程标准管理、多生命周期管理、再制造服务及生产管理等内容；第 7 章介绍了高端、在役、智能以及恢复与升级型再制造领域的典型应用，提供了可供参考的范例。

本书由朱胜教授、姚巨坤教授统稿。第1章由朱胜、姚巨坤、周克兵撰写；第2章由姚巨坤、江志刚、徐瑶瑶撰写；第3章由于鹤龙、刘玉项、孟令东撰写；第4章由朱胜、杜文博、柳建、韩国峰撰写；第5章由朱胜、崔培枝、任智强撰写；第6章由王蕾、姚巨坤、周新远撰写；第7章由朱胜、姚巨坤、杨军伟、王晓明撰写。

本书以绿色再制造工程体系为牵引，既注重基础理论性，又考虑到工程应用性，还注重绿色再制造工程体系的完整性，对绿色再制造工程的研究及实践具有较强的指导意义。本书可供从事绿色制造、再制造、维修和资源化等领域的工程技术人员、管理人员和研究人员参考，也可作为相关专业的学习教材。

感谢国家重点研发计划项目（2018YFB1105800）和再制造技术国家重点实验室对本书的支持。本书部分内容参考了同行学者的著作和学术论文以及企业实践，在此谨向各位作者致以诚挚的谢意。

限于作者水平有限，且书中涉及的理论和方法发展迅速，不足之处在所难免，谨祈各位专家和读者斧正。

作　者
2020 年 9 月

目录 CONTENTS

丛书序一

丛书序二

丛书序三

前　言

第1章　绪论 ……………………………………………………………… 1

1.1　再制造的基本内涵及工程体系 ……………………………………… 2

  1.1.1　再制造的基本内涵 ……………………………………………… 2

  1.1.2　绿色再制造工程体系 …………………………………………… 4

  1.1.3　再制造的实现基础 ……………………………………………… 6

  1.1.4　再制造与制造的关系 …………………………………………… 9

1.2　国内外发展现状及挑战 ……………………………………………… 13

  1.2.1　国外发展与应用 ………………………………………………… 13

  1.2.2　国内发展与应用 ………………………………………………… 15

  1.2.3　再制造发展面临的技术挑战 …………………………………… 16

1.3　再制造工程发展趋势 ………………………………………………… 18

  参考文献 ………………………………………………………………… 21

第2章　再制造工程设计与规划 ………………………………………… 23

2.1　再制造工程设计概论 ………………………………………………… 24

  2.1.1　再制造工程设计的内涵特征 …………………………………… 24

  2.1.2　再制造工程设计的内容体系框架 ……………………………… 26

  2.1.3　再制造工程设计的基本观点 …………………………………… 27

  2.1.4　再制造工程设计的发展方向 …………………………………… 28

2.2　再制造性设计与评价 ………………………………………………… 29

  2.2.1　再制造性设计基础 ……………………………………………… 29

  2.2.2　再制造性设计方法 ……………………………………………… 34

  2.2.3　再制造性验证与评价 …………………………………………… 42

2.3　再制造生产系统规划 ………………………………………………… 46

  2.3.1　概述 ……………………………………………………………… 47

2.3.2　再制造回收模式与时机规划　·············　50

2.3.3　再制造性评价与工艺规划　·············　53

2.3.4　再制造车间任务规划　·················　55

2.3.5　再制造产品可靠性评估与增长规划　·······　57

2.3.6　再制造生产规划实施　·················　59

2.4　再制造保障资源规划　·····················　61

2.4.1　再制造生产设备规划　·················　61

2.4.2　再制造人员规划　···················　65

2.4.3　再制造备件保障规划　·················　68

2.5　再制造升级性设计　······················　73

2.5.1　概述　························　73

2.5.2　面向产品全生命周期过程的再制造升级性活动　···　74

2.5.3　再制造升级性定性设计方法　············　76

2.5.4　再制造升级性定量要求分析确定　·········　77

参考文献　····························　79

第3章　再制造生产工艺技术　·················　81

3.1　再制造拆解技术　·······················　82

3.1.1　再制造拆解内涵　···················　82

3.1.2　再制造拆解方法　···················　83

3.1.3　再制造拆解关键技术及研究目标　·········　84

3.2　再制造清洗技术　·······················　89

3.2.1　再制造清洗概念及要求　···············　89

3.2.2　再制造清洗内容　···················　90

3.2.3　再制造清洗关键技术及研究目标　·········　91

3.3　再制造检测技术　·······················　103

3.3.1　再制造检测概念及要求　···············　103

3.3.2　再制造毛坯检测的内容　···············　104

3.3.3　再制造检测技术方法　·················　104

3.3.4　无损再制造检测技术　·················　105

3.4　失效件再制造加工技术　···················　108

3.4.1　再制造加工技术概述　·················　108

3.4.2　机械加工法再制造恢复技术　············　110

3.4.3　典型尺寸恢复法再制造技术　············　112

3.5 再制造产品装配技术方法 ·· 121
   3.5.1 再制造装配概念及要求 ·· 121
   3.5.2 再制造装配内容与方法 ·· 123
   3.5.3 再制造装配工艺的制订步骤 ···································· 125
   3.5.4 再制造装配技术发展趋势 ·· 125
3.6 再制造后处理技术 ·· 126
   3.6.1 再制造产品油漆涂装方法 ·· 126
   3.6.2 再制造产品包装技术 ·· 128
  参考文献 ·· 131

第4章 绿色再制造成形技术 ·· 133
4.1 概述 ·· 134
   4.1.1 绿色再制造成形技术体系 ·· 134
   4.1.2 再制造成形技术内容 ·· 135
   4.1.3 再制造成形技术应用发展 ·· 137
4.2 再制造成形材料技术 ·· 138
   4.2.1 概述 ·· 138
   4.2.2 冶金结合材料体系 ·· 139
   4.2.3 机械-冶金结合材料体系 ·· 141
   4.2.4 镀覆成形材料体系 ·· 144
   4.2.5 气相沉积成形材料体系 ·· 148
4.3 纳米复合再制造成形技术 ·· 151
   4.3.1 概述 ·· 151
   4.3.2 纳米复合电刷镀技术 ·· 152
   4.3.3 纳米热喷涂技术 ·· 154
   4.3.4 纳米表面损伤自修复技术 ·· 156
4.4 能束能场再制造成形技术 ·· 157
   4.4.1 概述 ·· 157
   4.4.2 激光再制造成形技术 ·· 158
   4.4.3 高速电弧喷涂再制造技术 ·· 159
4.5 智能化再制造成形技术 ·· 161
   4.5.1 概述 ·· 161
   4.5.2 关键技术 ·· 161
4.6 再制造加工技术 ·· 164

4.6.1 概述 ……………………………………………………… 164

4.6.2 以铣削、车削及磨削为主的再制造加工技术 ………………… 165

4.6.3 切削-滚压复合再制造加工技术 ……………………………… 166

4.6.4 增减材一体化智能再制造加工技术 …………………………… 167

4.6.5 砂带磨削再制造加工技术 ……………………………………… 168

4.6.6 低应力电解再制造加工技术 …………………………………… 169

4.7 现场应急再制造成形技术 …………………………………………… 170

4.7.1 概述 ……………………………………………………………… 170

4.7.2 关键技术 ………………………………………………………… 170

参考文献 ………………………………………………………………… 173

第5章 再制造质量控制 ……………………………………………… 175

5.1 再制造产品质量管理 ………………………………………………… 176

5.1.1 再制造产品质量要求与特征 …………………………………… 176

5.1.2 再制造产品质量管理方法 ……………………………………… 178

5.1.3 再制造质量管理应用 …………………………………………… 180

5.2 再制造毛坯损伤评价与寿命评估 …………………………………… 181

5.2.1 宏观缺陷评价及寿命评估技术 ………………………………… 182

5.2.2 隐性损伤评价及寿命评估技术 ………………………………… 182

5.2.3 多信息融合损伤评价与寿命评估技术 ………………………… 183

5.3 再制造涂覆层损伤评价与寿命评估 ………………………………… 184

5.3.1 再制造涂覆层缺陷评价及寿命评估技术 ……………………… 185

5.3.2 涂覆层结合强度测试评价技术 ………………………………… 186

5.3.3 涂覆层残余应力测试评价技术 ………………………………… 186

5.4 再制造产品质量检测与结构监测 …………………………………… 187

5.4.1 再制造产品性能试验 …………………………………………… 187

5.4.2 再制造产品结构健康监测 ……………………………………… 191

参考文献 ………………………………………………………………… 195

第6章 再制造工程管理与服务 ……………………………………… 197

6.1 再制造工程标准管理 ………………………………………………… 198

6.1.1 再制造工程国家标准概述 ……………………………………… 198

6.1.2 再制造工程国家标准体系 ……………………………………… 199

6.1.3 再制造工程国家标准发展方向 ………………………………… 201

6.2 再制造多生命周期管理 ……………………………………………… 203

     6.2.1 基本内容 ································· 203

     6.2.2 再制造多生命周期管理体系及内容 ·············· 206

     6.2.3 产品再制造升级周期管理 ·················· 208

  6.3 再制造服务 ······························· 210

     6.3.1 再制造服务的理论基础 ··················· 210

     6.3.2 再制造服务的理论体系框架 ················· 213

     6.3.3 再制造服务的关键技术 ··················· 215

     6.3.4 再制造服务的应用 ···················· 217

  6.4 绿色再制造生产管理 ························ 219

     6.4.1 清洁再制造生产管理 ···················· 219

     6.4.2 精益再制造生产管理 ···················· 224

     6.4.3 再制造信息管理 ····················· 228

  参考文献 ······························· 230

第7章 绿色再制造工程典型应用 ················· 233

  7.1 高端再制造典型应用 ······················ 234

     7.1.1 隧道掘进机再制造 ···················· 235

     7.1.2 重载车辆再制造 ····················· 242

  7.2 在役再制造典型应用 ······················ 249

     7.2.1 油田储罐再制造 ····················· 249

     7.2.2 发酵罐内壁再制造 ···················· 251

     7.2.3 绞吸挖泥船绞刀片再制造 ················· 252

  7.3 智能再制造典型应用 ······················ 255

     7.3.1 复印机再制造 ······················ 255

     7.3.2 计算机再制造与资源化 ·················· 258

  7.4 恢复再制造典型应用 ······················ 261

     7.4.1 发动机再制造 ······················ 261

     7.4.2 齿轮变速箱再制造 ···················· 267

  7.5 升级再制造典型应用 ······················ 268

     7.5.1 机床数控化再制造升级 ·················· 269

     7.5.2 工业泵再制造升级 ···················· 278

  参考文献 ······························· 286

第 1 章

——

绪　　论

《中国制造 2025》提出坚持绿色发展，推行绿色制造是制造业转型升级的关键举措。再制造是面向全生命周期绿色制造的发展和延伸，是实现循环经济发展和资源高效利用的重要方式。以机电产品为主的再制造产业符合"科技含量高、经济效益好、资源消耗低、环境污染少"的新型工业化特点。发展再制造产业有利于形成新的经济增长点，将成为"中国制造"升级转型的重要突破。

1.1 再制造的基本内涵及工程体系

1.1.1 再制造的基本内涵

1. 再制造的定义

再制造于第二次世界大战期间发展起来后，各国都对其给予了很大的关注。国外学者将再制造定义为"将废旧产品制造成如新品一样好的再循环过程"，并且认为再制造是再循环的最佳形式。再制造在英文中有多种名词表示方法，如Rebuilding、Refurbishing、Reconditioning、Overhauling，这些都是常用的再制造术语。然而，在越来越多的关于再制造的文献中，Remanufacturing 已逐渐成为一个国际通用的再制造学术名词，这个单词可以用来描述将废旧但还可再利用的产品恢复到如新品一样状态的工艺过程。

再制造是指对再制造毛坯进行专业化修复或升级改造，使其质量特性不低于原型新品水平的过程。再制造是制造产业链的延伸，也是先进制造和绿色制造的重要组成部分。再制造产品在功能、技术性能、绿色性和经济性等质量特性方面不低于原型新品，而成本仅是新品的 50% 左右，可实现节能 60%、节材 70%，同时污染物排放量降低 80%，经济效益、社会效益和生态效益显著。再制造工程主要包括以下两个部分：

（1）再制造恢复加工　主要针对达到物理寿命和经济寿命而报废的产品，在失效分析和寿命评估的基础上，把有剩余寿命的废旧零部件作为再制造毛坯，采用表面工程等先进技术进行加工，使其性能恢复到新品水平。

（2）再制造升级　主要针对已达到技术寿命的产品，或是不符合可持续发展要求的产品，通过技术改造、局部更新，特别是通过使用新材料、新技术、新工艺等在再制造过程中的应用来提升产品功能或性能、延长使用寿命、减少环境污染，从而满足市场需求。

2. 再制造的活动内容

再制造工程包括对废旧（报废或过时）产品的修复或改造，是产品全生命周期中的重要内容，存在于产品全生命周期中的每一个阶段，并都占据了重要地位，发挥着重要作用。再制造在产品全生命周期中的活动内容如图 1-1 所示。

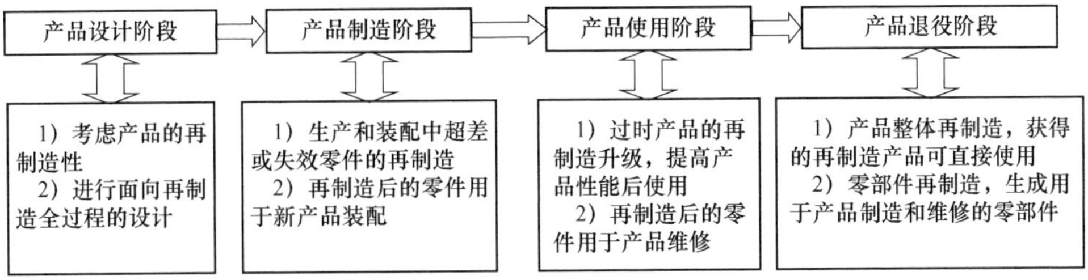

产品设计阶段	产品制造阶段	产品使用阶段	产品退役阶段
1）考虑产品的再制造性 2）进行面向再制造全过程的设计	1）生产和装配中超差或失效零件的再制造 2）再制造后的零件用于新产品装配	1）过时产品的再制造升级，提高产品性能后使用 2）再制造后的零件用于产品维修	1）产品整体再制造，获得的再制造产品可直接使用 2）零部件再制造，生成用于产品制造和维修的零部件

图 1-1　再制造在产品全生命周期中的活动内容

在产品设计阶段的再制造主要是指将产品的再制造性考虑进产品设计中，以使产品有利于再制造。

在产品制造阶段主要是保证再制造性的实现，另外还可利用产品末端再制造获得的零部件参与新产品的装配制造，也可通过表面工程等再制造技术将产品加工和装配过程中出现的超差或损坏零件恢复到零件的设计标准后重新使用。

在产品使用阶段的再制造既包括对产品及其零部件的批量化修复和升级，又包括使用再制造的零件应用于维修，以恢复或提高产品的性能，实现产品使用寿命及性能的不断提升。

在产品退役阶段主要是对有剩余价值的产品或零部件进行再制造，直接生产出的再制造产品用于重新使用，生产出再制造零部件用于新产品或再制造产品的生产。

▷▷ 3. 再制造模式

多年以来，欧美国家的再制造产业是在原型产品制造工业基础上发展起来的，目前主要以"尺寸修理法"和"换件修理法"为主。随着科技的迅速发展，这种再制造模式存在以下三方面的问题：一是由于许多体积损伤件无法进行尺寸修理，采用换件修理会导致旧件再制造利用率低，节能节材的效果较差；二是因为并没有对旧零件进行材料及性能的改变，所以难以提升再制造产品的性能，经常会造成再制造产品的使用寿命低于原设备的使用寿命；三是尺寸修理导致原件属于非标准尺寸零件，为产品的换件维修带来困难。

中国特色的再制造工程是在维修工程和表面工程的基础上发展起来的，主要基于复合表面工程技术、纳米表面工程技术和自动化表面工程技术，实现了产品的尺寸恢复和性能提升，而这些先进的表面工程技术是国外再制造时所不曾采用的。先进的表面工程技术在再制造中的应用，可将旧件再制造率提高到90%，使零件的尺寸精度达到原型新品水平，再制造的零件质量性能标准不低于原型新品水平，而且在耐磨、耐蚀、抗疲劳等性能方面达到原型新品水平，并最终确保再制造产品零部件的性能质量达到甚至超过原型新品，受到国际同行的高度关注和广泛认同。

▷▷ 1.1.2 绿色再制造工程体系

▷▷ 1. 工程体系框架

再制造工程以装备的全生命周期理论为基础,以装备后半生中报废或改造等环节为主要研究对象,以如何开发并应用高新技术翻新和提升装备性能为研究内容,从而保障装备后半生的高性能、低投入和环境友好,为装备后半生注入新的活力。装备再制造工程学科是在装备维修工程和表面工程等学科交叉、综合的基础上建立和发展起来的新兴学科。按照新兴学科的建设和发展规律,装备再制造工程以其特定的研究对象、坚实的理论基础、独立的研究内容、具有特色的研究方法与关键技术、国家级重点实验室的建立及其广阔的应用前景和潜在的巨大效益构成了相对完整的学科体系,体现了先进生产力的发展要求,这也是装备再制造工程形成新兴学科的重要标志。装备再制造工程的学科体系框架如图1-2所示。

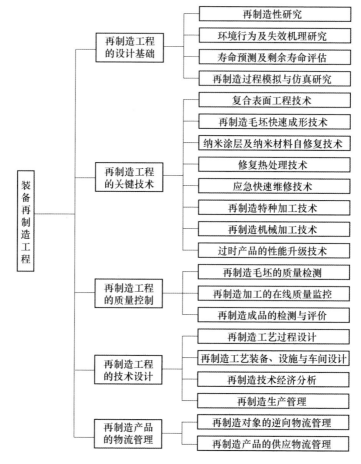

图1-2 装备再制造工程的学科体系框架

▶▶ 2. 再制造工程重点研究内容

再制造工程是通过多学科综合、交叉和复合并系统化后形成的一门新兴学科，它包含的内容十分广泛，涉及机械工程、材料科学与工程、信息科学与工程以及环境科学与工程等多种学科的知识和研究成果。再制造工程融汇上述学科的基础理论，结合再制造工程实际，逐步形成了废旧产品的失效分析理论、剩余寿命预测和评估理论、再制造产品的全生命周期评价基础以及再制造过程的模拟与仿真基础等。此外，还要通过对废旧产品恢复性能时的技术、经济和环境三要素的综合分析，完成对废旧产品或其典型零部件的再制造性评估。

（1）再制造工程的关键技术　废旧产品的再制造工程是通过各种高新技术来实现的。在这些再制造技术中，有很多是及时吸取最新科学技术成果的关键技术，如复合表面工程技术、纳米涂层及纳米材料自修复技术、修复热处理技术、再制造毛坯快速成形技术及过时产品的性能升级技术等。

再制造工程的关键技术所包含的种类十分广泛，其中主要技术是复合表面工程技术，主要用来修复和强化废旧零部件的失效表面。由于废旧零部件的磨损和腐蚀等主要发生在表面，因而各种各样的表面涂敷技术应用得最多。纳米涂层及纳米材料自修复技术是以纳米材料为基础，通过特定涂敷工艺对表面进行高性能强化和改性，或应用摩擦化学等理论在摩擦损伤表面原位形成自修复膜层的技术，可以解决许多再制造中的难题，并使其性能大幅度提高。修复热处理技术通过恢复内部组织结构来恢复零部件整体性能。再制造毛坯快速成形技术根据零件几何信息，采用积分堆积原理和激光同轴扫描等方法进行金属的熔融堆积。过时产品的性能升级技术不仅包括通过再制造使产品强化、延寿的各种方法，而且包括产品的改装设计，特别是引进高新技术或嵌入先进的部（组）件使产品性能获得升级的各种方法。除了上述这些有特色的技术外，通用的再制造机械加工技术和再制造特种加工技术也被经常使用。

（2）再制造工程的质量控制　再制造工程的质量控制中，毛坯的质量检测是检测废旧零部件的内部和外部损伤，从技术和经济方面分析决定其再制造的可行性及经济性。为确保再制造产品的质量，要建立起全面的质量管理体系，尤其是要严格进行再制造过程的在线质量监控和再制造成品的检测与评价。再制造工程的质量控制是再制造产品性能等同于或优于原型新品的重要保证。

（3）再制造工程的技术设计　再制造工程的技术设计包括再制造工艺过程设计，再制造工艺装备、设施和车间设计，再制造技术经济分析和再制造生产管理等多方面内容。其中，再制造工艺过程设计是关键，需要根据再制造对象（废旧零件）的运行环境状况提出技术要求，选择合适的工艺手段和材料，编制合理的再制造工艺，并提出再制造产品的质量检测标准等。再制造工程的技术设计是一种恢复或提高零件二次服役性能的技术设计。

（4）再制造产品的物流管理　再制造产品的物流管理可以简单概括为再制造对象的逆向（回收）物流管理和再制造产品的供应物流管理两方面。合理的物流管理能够提高再制造产品生产效率、降低成本、提高经济效益。再制造产品的物流管理也是控制假冒伪劣产品冒充再制造产品的重要手段。再制造对象的逆向物流管理不规范是当前制约再制造产业发展的瓶颈。

1.1.3　再制造的实现基础

1. 物质基础

退役产品零部件寿命的不平衡性和分散性为再制造提供了物质基础。

虽然产品设计时要求采用等寿命设计，即产品报废时要求各个零件都达到相同的使用寿命，但实际上这种理想状态是无法达到的。实际制造后的产品，其零件寿命有两个特点，即异名零件寿命的不平衡性和同名零件寿命的分散性。在机械设备中，每个零件的设计、材料、结构和工作条件各不相同，使其实际使用寿命相差很大，形成了异名零件寿命的不平衡性。提高了一部分零件的寿命，而其他零件的寿命又相对缩短了，因此异名零件寿命的不平衡是绝对的，平衡只是暂时和相对的。对于同名零件，由于客观上的材质差异、加工与装配的误差、使用与维修的差别和工作环境的不同，也会造成其使用寿命的长短不同，分布成正态曲线，形成同名零件寿命的分散性。这种分散性可设法减小，但不能消除，因此，它是绝对的。同名零件寿命的分散性又扩大了异名零件寿命的不平衡性。零件寿命的这两个特性完全适用于部件、总成和机械设备。

产品零部件寿命的不平衡性和分散性是废旧产品再制造的物质基础。退役产品并不是所有的零件都达到了使用寿命极限，实际上大部分零件都可以继续使用，只是剩余寿命长短不同，有的可以继续使用一个寿命周期，有的不足一个寿命周期。例如，通常退役设备中固定件的使用寿命长，如箱体、支架和轴承座等，而运转件的使用寿命短，如活塞环和轴瓦等。在运转件中，承担扭矩传递的主体部分使用寿命长，而摩擦表面使用寿命短；不与腐蚀介质接触的表面使用寿命长，而与腐蚀介质直接接触的表面使用寿命短。这种退役产品各零部件的不等寿命性和零件各工作表面的不等寿命性，造成了产品中因部分零件以及零件上局部表面失效而使整个产品性能劣化，可靠性降低。通过再制造加工，可对达到寿命极限可以再制造的废旧件进行再制造加工，恢复其原制造中的配合尺寸和性能，并对部分剩余寿命不足产品下一个寿命周期的零件进行再制造，恢复其原制造中的配合尺寸和性能，延长其寿命超过下一个寿命周期，满足再制造产品的性能要求。

▶ 2. 理论基础

产品性能劣化的木桶理论为再制造提供了理论基础。

产品的性能符合木桶理论，即一只木桶若要盛满水，则必须每块木板都一样平齐且无破损，如果这只桶的木板中有一块不齐或者某块木板下面有破洞，那么这只木桶就无法盛满水。也就是说一只木桶能盛多少水，并不取决于最长的那块木板，而是取决于最短的那块木板，这种现象也可称为短板效应。

产品的性能劣化是导致产品报废的主要原因，而产品性能的劣化符合木桶理论，即退役产品并不是所有零件的性能都劣化了，而往往是关键零部件的磨损等失效原因导致了产品总体性能的下降，最终无法满足使用要求而退役。这些关键零部件就成了影响产品性能中的最短木板，那么只要将影响产品性能的这些关键短板修复，就可能提高产品的整体性能。再制造就是基于这样的理念，着力于修复退役产品中的关键零部件，通过恢复其性能来恢复产品的综合性能。

▶ 3. 技术基础

再制造过程的后发优势为再制造提供了技术基础。

再制造时间滞后于制造时间的客观特性决定了再制造生产中能不断吸纳最先进的各种科学技术，恢复或提升再制造产品性能，降低再制造成本，节约资源和保护环境。通常机电产品设计定型以后，制造技术工艺则相对固定，很少吸纳新材料、新技术和新工艺等方面的成果，生产的产品要若干时间后才退役报废，而这期间科学技术的迅速发展，新材料、新技术和新工艺的不断涌现，使得对废旧产品进行再制造时可以吸纳最新的技术成果，既可以提高易损零件和易损表面的使用寿命，又可以解决产品使用过程中暴露的问题，对原产品进行技术改造，提升产品整体性能。这种原始制造与再制造的技术差别是再制造产品的性能可以达到甚至超过新品的主要原因。

现在表面工程技术发展非常迅速，已在传统的单一表面工程技术的基础上发展了复合表面工程技术，进而又发展到以纳米材料、纳米技术与传统表面工程技术相结合的纳米表面工程技术阶段，纳米表面工程中的纳米电刷镀、纳米等离子喷涂、微纳米减摩自修复添加剂、纳米固体润滑膜和纳米粘涂技术等在再制造产品中的应用使零件表面的耐磨性、耐蚀性、抗高温氧化性、减摩性和抗疲劳损伤性等力学性能大幅度提高，这些技术为退役产品再制造提供了技术基础。废旧产品再制造中大量采用了先进的表面工程技术，而这些技术大多在新品制造过程中没有使用过。通过这些先进的表面工程技术可以恢复并强化产品关键零部件配合表面的力学性能，增强其耐磨性和耐蚀性，从而使再制造后零部件的使用寿命达到或超过原型新品的使用寿命，满足再制造产品的性能要求。

▶ 4. 经济基础

废旧产品蕴含的高附加值为再制造提供了经济基础。

产品及其零部件制造时的成本是由原材料成本、制造活动中的劳动力成本、能源消耗成本和设备工具损耗成本等构成的。其中,后三项成本称为相对于原材料成本的产品附加值(图1-3)。除了最简单的耐用品外,蕴含在已制造后的产品中的附加值都远远高于原材料的成本。例如:玻璃瓶基本原材料的成本不超过产品成本的5%,另外的95%则是产品的附加值;汽车发动机原材料的成本只占产品成本的15%,而产品附加值却高达85%。发动机再制造过程中由于充分利用了废旧产品中的附加值,因此能源消耗不到新品制造的50%,劳动力消耗只是新品制造的67%,原材料消耗只是新品制造的11%~20%。所以,达到新机性能的再制造发动机的销售价格相当于新机的50%,为其赢得了巨大的市场和利润空间。

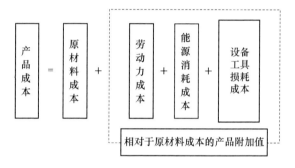

图1-3 制造后产品成本分析

▶ 5. 市场基础

产品需求的多样性为再制造发展提供了市场基础。

任何国家都存在着区域发展水平的不平衡性,即发展水平的高低是相对的,这种地区的不平衡性和人们的经济能力造成了产品需求的多样性。再制造产品在性能不低于新品的情况下,价格一般为新品的一半左右,这为其销售提供了巨大的市场空间。而且在某地因性能而淘汰的产品,经过再制造后完全可以到另外一地继续销售使用。即使在同一地区,因人们消费能力的不同,也为价廉物美的再制造产品提供了广阔的市场空间。而且从市场趋势发展来看,人们更愿意花更少的费用获得同样的产品性能,更支持绿色产品的生产销售。这些现状和发展趋势都为再制造产品的营销提供了市场基础。

6. 社会基础

再制造的环保效益为再制造发展提供了社会基础。

再制造过程能够显著地回收废旧资源，节约产品生产的能源消耗，降低污染排放和对人体健康的威胁，增加社会就业和经济收入，提高再制造产品使用者的生活水平，进而提高人们的生活质量，实现社会的可持续发展，具有重大的社会效益，是支撑和谐社会建设的有效技术手段。2008 年 8 月 29 日通过并于 2009 年 1 月 1 日起施行的《中华人民共和国循环经济促进法》中第四十条指出，国家支持企业开展机动车零部件、工程机械、机床等产品的再制造和轮胎翻新。销售的再制造产品和翻新产品的质量必须符合国家规定的标准，并在显著位置标识为再制造产品或翻新产品。所以绿色再制造的发展符合政府的执政理念，受到了诸多政策法规的支持，为其进一步的发展提供了坚实的社会基础。

1.1.4 再制造与制造的关系

1. 再制造在制造中的定位

（1）再制造与制造的生产本质相同　制造是将原材料加工成适用的产品，其本质是生成满足人们生产或生活需要的产品的过程。传统的制造过程包括原材料生产、合格零件加工和产品装配等过程。而再制造是以废旧产品作为生产毛坯，通过专业化修复或升级改造来使其性能不低于原型新品水平的制造过程。其本质也是生成满足人们生产或生活需要的产品的过程，也包括废旧产品毛坯获取、合格零件加工及产品装配过程，具备了制造的本质特征，具有工程的完整性、复制性和可操作性。所以，再制造从属于制造，是绿色制造和先进制造的重要组成部分。

（2）再制造是制造发展的必然产物　人类不断追求物质极大丰富的属性决定了人类会不断地研发新产品并进行大批量的生产，以满足人类日益增多的需求。在一定的历史条件下，这必然导致大量的资源消耗和环境污染。而地球资源的有限性和人类发展需求的无限性是一对矛盾，短期内的需求急剧膨胀和资源大量消耗必然会带来巨大的环境污染，这对人类生存造成了严重威胁。为了应对制造的巨大负面影响，人们提出了绿色制造的方法，并不断研发先进制造技术，以减少资源消耗和环境污染为目标，对制造全过程进行优化协调。但人类需求的巨大膨胀带来的大批量产品生产使用，必然会带来全生命周期末端大批量废旧产品的退役报废，如何处理这些退役的巨量废旧产品的问题，一直困扰着制造业。若仅是通过材料循环的方式回收原材料，则存在着技术效益低、环境污染大、资源浪费多的问题。正是在此背景下，人们采用创新性的逆向思维方法，通过再制造过程，以最少的资源投入实现废旧产品的变废为宝，重新生成能够满足人类需要的产品，不但解决了巨量退役产品的处理困境，还实现了已有资源的高效益重用，形成了显著的综合效益。所以，再制造是制造业发展到一定阶段的必然产物。

（3）再制造是制造的补充完善　广义上的制造过程，不但包括产品的设计与制造，还包括了产品的使用、维修与退役过程的全生命周期。但制造过程生产的产品，经过传统的生命周期设计、制造、使用过程后，通过传统的报废过程而实现原来资源的绝大部分泯灭，这造成了一个开环的产品生命周期过程。通过对废旧产品的再制造过程，可以实现大部分零件的重新利用，最大化重新循环利用在制造过程注入的材料、能源和劳动成本等大部分资源。再制造的出现，可以将传统的单生命周期开环使用过程转变为大部分资源的多生命周期闭环使用。再制造延伸了产品的制造过程，拓展了产品制造过程的全生命周期，形成了产品的多生命周期循环使用过程，达到了制造效益的最大化可持续发展，是对传统制造过程的补充完善。

（4）再制造契合了《中国制造2025》的发展要求　《中国制造2025》中提出要由低成本竞争优势向质量效益竞争优势转变，由资源消耗大、污染物排放多的粗放制造向绿色制造转变，由生产型制造向服务型制造转变。再制造本身是一种高效益的废旧产品利用方式，在保证与原型新品质量相当的情况下，具有可观的资源、环境和经济效益，在市场上具有质量效益竞争优势；同时，再制造利用废旧产品生产，其资源消耗少，既减少了废旧产品本身的环境污染，又降低了产品生产过程的污染排放，属于典型的绿色制造模式。再制造商既可以为产品的维修服务提供再制造备件，又可以使用再制造产品直接为消费者提供服务。例如，将给消费者销售再制造复印机产品转变为利用复印机给消费者提供复印功能服务，还可以通过再设计为消费者提供定制化服务制造。所以，再制造契合了《中国制造2025》发展战略，也必将是推进中国向制造强国发展的支撑措施。

⚙ 2. 再制造与制造的不同之处

作为制造的重要内容，再制造在生成产品的目标与生成产品的主要实施步骤方面与制造过程相同，但在生成产品的具体实施工艺方面，传统的制造并不能完全涵盖再制造的生产模式，其具有明显不同于传统制造的以下几个方面的特征：

（1）生产毛坯品质不同　传统制造过程中生成零件的毛坯多是性能稳定的材料，或是通过铸、锻、焊等方式形成的毛坯件，一般供应渠道清晰，毛坯材料供应质量稳定可靠，利于制造形成大批量质量合格的产品。而再制造的毛坯是经过服役后达到寿命末端的废旧产品或其零部件，由于退役或过时产品的服役时间、环境及过程的不同，导致再制造所用废旧产品的品质具有不确定性，同名零部件的状况千差万别，这给再制造的统一生产和质量保证带来了难题，需要对毛坯进行剩余寿命检测评估等独特的再制造工艺。

（2）生产技术工艺不同　传统的产品制造过程主要包括合格零件的生产获取过程，对零件的逐级装配过程和对生成产品的质量检测过程等，其合格零件生产主要是针对棒料等毛坯件，通过铸造、锻造、焊接或机械加工等制造技术手段来完成的，生产中采用的毛坯材料一般性能稳定，通常不用进行检测即可进行加工并使用。而再制造生产中，除了与新品制造拥有一样的装配过程和生成产品的质量检测过程外，在合格零件的获取上明显不同于制造过程。再制造产品的大部分零件来源于拆解后的废旧产品，对于检测尺寸达到新品零件要求的旧件，还需要利用剩余生命评估技术；检测其能否满足再制造产品生命周期要求；对于失效零件，主要是通过以表面工程为主的修复技术来实现原来失效零件的性能和几何恢复。因此，再制造生产技术工艺主要以剩余寿命检测评估和零件失效修复技术为主来获得合格零件。另外，再制造过程所采用的大量的拆解、清洗、检测工艺也是其所独有的技术工艺。

（3）生产组织方式不同　首先，再制造的生产组织需要从废旧产品的回收开始，而废旧产品集中分散于各地的用户手中，每个用户对废旧产品供应存在数量唯一、品质不定、时间不定等特点，造成了再制造毛坯数量、品质及获取时间的不确定性，而制造企业所购买的材料等毛坯一般是由企业生产，可以实现批量化供应，时间和品质相对确定，所以在毛坯获取上，两者需要不同的组织方式。其次，再制造中的拆解、清洗、检测和失效件修复等步骤，都不是传统制造过程中所拥有的，需要特殊的生产组织方式，例如对不同失效件修复技术方法的决策及其实施管理等都具有个性化的管理，不适合大批量的刚性制造生产组织方式。最后，再制造产品因为国家法律及相关专利等制度的约束，其销售与应用不同于新品的制造销售，需要特别的服务推广网络。例如，部分企业采用的以旧换新、产品功能销售等营销组织模式，都不同于传统的新品销售组织方式。

这些与传统制造过程的显著不同，确定了再制造不可作为传统的制造过程进行对待，需要将其作为绿色制造的一个重要发展方向和分支，研究其关键问题，指导再制造生产实践。

▶▶ 3. 再制造能够促进制造的新发展

（1）促进制造理念的新发展　人们的制造理念是一个不断发展完善的过程，从最原始的石器时代简单石器的制造，到当前复杂系统的制造，尤其是信息时代柔性制造、敏捷制造和计算机集成制造等理念的出现，使人们对制造的理解继续建构。但无论哪种方式，传统的制造理念均是以原材料作为产品的生产毛坯，并通过各种技术对其进行不断的加工，持续注入新的能源、技术、材料和劳动等,是一个价值由零逐渐梯度累加的过程,并在废弃后采用了原有价值的耗散或泯灭的方式。而再制造则能够充分利用原制造过程中积累的大部分价值,不以毛坯材料作为制造的起点,而以最优化的可靠产品作为终点,是制造理念的新发展。

(2)促进制造技术的新发展 再制造的出现及发展促进了制造技术的发展。例如,传统的制造过程以原材料作为零件生产的主要毛坯,并因为原材料生产工艺相对成熟规范,一般不需要对毛坯性能进行特殊检测。但因再制造采用老旧产品的零部件作为毛坯,服役过的零部件其剩余寿命能否满足再制造产品的服役要求,在其他学科并没有成体系的现成的技术可供使用,因此需要通过再制造的质量检测需求,来推进零件剩余寿命检测与评估。目前已经发展了面向再制造毛坯剩余寿命的涡流/磁记忆综合检测技术、超声波检测评估技术等。

面向失效零件恢复的柔性增量再制造技术,也与增量制造具有显著的不同点。增量制造直接通过 CAD 模型分层和路径规划即可成形,而增量再制造则需要经过缺损零件的反求建模、与标准 CAD 配准与对比、再制造建模分层和路径规划等步骤才可完成,其成形过程更加复杂;虽然都采用逐层堆积的方式进行,但增量制造一般都采用同一种熔敷工艺对同质材料进行加工,而柔性增量再制造大多属于异质成形,需要根据成形材料、性能要求等选用激光、等离子和电弧等多种熔敷工艺;增量制造都是用于制造新品,大多采用三维坐标操作机,而柔性增量再制造主要对缺损零件进行修复再制造,因此需要采用智能机器人进行成形控制,其成形过程更加柔性,可面向现场多维约束条件下的装备零部件再制造,也用于一些大型零部件或难拆卸部件的在线在位再制造。

另外再制造中面临着的产品拆解和清洗等工序技术,对再制造中的自动化拆解技术和高效绿色清洗技术等的研究,都能够促进先进制造技术的发展。所以,再制造中需要用到的部分技术,都是传统的制造过程中所没有,或者很少使用的,通过发展这些再制造技术,可以促进制造技术的发展。

(3)促进设计方法的新发展 产品出现之初,主要是满足人们使用的功能需求,进而对使用中出现的故障提出了产品的维修需求,促使人们在产品设计过程中不但要满足产品的功能需求,还要满足可靠性、维修性和测试性等设计特性需求。同样,随着废旧产品再制造的需求,也需要在产品设计过程中,采用再制造性设计方法,改变传统的产品等寿命设计理念,研究采用面向再制造的产品零部件梯度寿命设计方法,提高产品的易拆解性、易检测性、易修复性和再装配性等,保证产品在末端时易于再制造。另一方面,也需要考虑面向再制造生产过程的再制造资源规划设计,传统制造过程一般按照订单式制造生产,制造资源明确,但再制造过程中所需要的毛坯获取时间、地点、品质和数量等具有不确定性，再制造产品需求变化较快，一般需要对再制造资源、生产目标等内容进行规划设计，这些再制造所特有的再制造性设计与再制造资源规划设计方法的研究应用，可以促进制造设计方法的发展。

（4）促进管理模式的新发展　相对于制造过程的生产资源和生产目标的明确性来讲，再制造物流过程及资源规划的模糊性，使得再制造管理相对制造过程具有独特的难度，需要研究不确定因素下再制造产品的生产组织方法和管理模式。另外，通过再制造可以实现产品的多生命周期过程，需要促进对产品多生命周期过程的管理研究。再制造产品的营销模式也可以不同于其他的新品销售，可以提供功能销售的模式，即通过提供再制造产品来满足用户所需要的功能，使用户实现从购买产品到购买功能的转变。再制造工程领域中诸多特点鲜明的管理模式的研究应用，可以促进制造管理模式的发展。

1.2　国内外发展现状及挑战

▶ 1.2.1　国外发展与应用

美国、欧洲和日本的再制造产业起步较早，再制造产业发展水平较高，目前已形成了较为成熟的市场环境和运作模式，在再制造设备、生产工艺、技术标准、销售和售后服务等方面建立了完善的再制造体系。但其再制造发展模式各有差异，美国再制造产业以市场为主导，欧洲主要以企业为主导，而日本则主要由政府立法主导。

美国再制造产业已有100多年的历史，目前已经发展成熟，为美国经济、就业做出了重要贡献，尤其是汽车产品再制造，已成为汽车工业不可缺少的组成部分。美国再制造产业拥有完善的废旧零部件回收网络体系，并以严格的环境保护政策作为支撑，可通过自由交易形式，依靠市场的自我调节实现报废产品的回收和再制造。

2009—2011年间，美国再制造产值以15%的增速增长，2011年达到了430亿美元，提供了18万个工作岗位，其中航空航天、重型装备和非道路车辆（HDOR）、汽车零部件再制造产品约占美国再制造产品总额的63%，见表1-1。中小型再制造企业在美国再制造产品和贸易中占有重要份额，2011年，中小型再制造企业的产品占美国再制造产品总额的25%（约108亿美元），占美国出口再制造产品的17%（约20亿美元）。

表1-1　2011年美国再制造产值情况

行业（按产值分配）	产值/亿美元	就业岗位	出口/亿美元	进口/亿美元	行业比例（%）①
航空航天	130.5	35 201	25.9	18.7	2.6
重型装备和非道路车辆	77.7	20 870	24.5	14.9	3.8
汽车零部件	62.1	30 653	5.8	14.8	1.1
机械	58.0	26 843	13.5	2.7	1.0
IT产品	26.8	15 442	2.6	27.6	0.4
医疗器械	14.6	4 117	4.9	1.1	0.5
翻新轮胎	14.0	4 880	0.2	0.1	2.9
消费者产品	6.6	7 613	0.2	3.6	0.1
其他②	39.7	22 999	2.2	0.4	1.3
批发商	（③）	10 891	37.5	18.7	（③）
总额	430.0	179 509	117.3	102.6	2.0

① 再制造产品占行业内所有产品总销售额的比例。
② 包括再制造电器、机车、办公室家具、餐厅设备等。
③ 批发商不生产再制造产品，而是销售或贸易（出口和进口）。

欧洲地区再制造产业呈现以企业为主导的发展模式。在欧洲，俄罗斯对再制造产品没有直接的法律限制，但报关申请和流程复杂，旧件流通成本较高，致使俄罗斯再制造发展缓慢。欧盟非常重视再制造产业的发展，据欧盟再制造联盟（European Remanufacturing Network，ERN）估计，2015年欧洲再制造产值约170亿欧元，提供了19万个就业岗位，预计到2030年，欧洲再制造产值将达到300亿欧元，并能提供60万个就业岗位，再制造成为欧盟未来制造业发展的重要组成部分。

德国是再制造产业最为成熟的国家之一。德国再制造产业涉及汽车零部件、工程机械、铁路机车、电子电器和医疗器械等多个领域，其再制造发展主要以企业为主导。德国再制造绝大多数为大型企业控制，旧件回收则由企业自身承担。以大众（Volkswagen）再制造公司为例，其再制造工艺技术水平高，再制造产品质量好，某种型号的发动机停止批量生产一定时间后，便停止供应新的配件发动机，转而为用户更换再制造发动机。如此一来，一方面主机厂不必为老产品的售后服务保留产量有限的配件生产线；另一方面又提高了废旧产品的回收利用率，促进了再制造产业的发展，从而形成新产品与再制造产品之间相互依存、取长补短、共同发展的良性循环。宝马公司（Bayerische Motoren Werke AG）建立了一套完善的旧件回收网络体系。旧发动机经再制造后，成本仅为新机的50%~80%，而发动机再制造过程中，94%被修复，5.5%被熔化再生产，只有0.5%被填埋处理，产生的经济效益显著。大型企业控制的再制造体系整体效率和质量保证更加完善，虽然发展受到企业意愿影响，但是有利于产业结构的优化组合。

日本主要通过制定法律引导再制造产业发展。1970年，日本颁布了《废弃物处理法》，旨在促进报废汽车和家用电器等的循环利用，对非法抛弃有用废旧物采取罚款和征税等惩戒措施。1991年，日本国会修订了《废弃物处理法》（该法此后共修订超过20次），并通过了《资源有效利用促进法》，确定了报废汽车和家用电器等的循环利用必须进行基准判断、事前评估和信息提供等。2000年，日本颁布了《建立循环型社会基本法》，规定汽车用户若将废旧汽车零部件交给再制造企业，则可免除缴纳废弃物处理费。2002年，日本国会审议通过了《汽车回收利用法》，并于2005年1月1日正式实施，这是全球第一部针对汽车业全面回收的法规，对汽车再制造行业加大整治力度，实行严格的资格许可制度，并设立配套基金，对废旧汽车回收处理进行补贴。政府部门通过完善法律规定，统筹和规范再制造企业的生产、销售、回收等各个环节。

▶▶ 1.2.2　国内发展与应用

我国的再制造产业发展经历了产业萌生、科学论证和政府推进三个阶段。第一阶段是再制造产业萌生阶段。自20世纪90年代初开始，我国相继出现了一些再制造企业，主要开展重型卡车发动机、轿车发动机和车用电动机等的再制造，产品均按国际标准进行再制造，质量符合再制造的要求。第二阶段是学术研究、科学论证阶段。1999年6月，徐滨士院士在西安召开的"先进制造技术国际会议"上发表了《表面工程与再制造技术》的会议论文，在国内首次提出了再制造的概念。2000年3月，徐滨士院士在瑞典哥德堡召开的第15届欧洲维修国际会议上发表了题为《面向21世纪的再制造工程》的会议论文，这是我国学者在国际学术会议上首次发表再制造方面的论文。2000年12月，徐滨士院士在中国工程院咨询报告《绿色再制造工程在我国应用的前景》中，对再制造工程的技术内涵、设计基础和关键技术等进行了系统、全面的论述。2006年12月，中国工程院咨询报告《建设节约型社会战略研究》中把机电产品回收利用与再制造列为建设节约型社会17项重点工程之一。通过上述多角度的深入论证，为政府决策提供了科学依据。第三阶段是国家颁布法律、政府全力推进阶段。2005—2015年，再制造发展非常迅速，一系列政策相继出台，为再制造的发展注入了强大动力，我国已进入到以国家目标推动再制造产业发展为中心内容的新阶段，国内再制造的发展呈现出前所未有的良好发展态势。

我国再制造产业保持了持续稳定发展，得到了国家政策的支撑与法律法规的有效规范。从2005年国务院颁发的《国务院关于做好建设节约型社会近期重点工作的通知》（国发［2005］21号）和《国务院关于加快发展循环经济的若

干意见》（国发［2005］22 号）文件中首次提出支持废旧机电产品再制造，到
2015 年，国家层面上制定了近 50 项再制造方面的法律法规，其中国家再制造专
项政策法规 20 余项。其中，2015 年 5 月，国务院发布《中国制造 2025》（国发
［2015］28 号），全面推行绿色制造，大力发展再制造产业，实施高端再制造、
智能再制造和在役再制造，推进产品认定，促进再制造产业持续健康发展。
2016 年 3 月，国家发展和改革委员会等十部委联合发布了《关于促进绿色消费
的指导意见》，该意见提出着力培育绿色消费理念、倡导绿色生活方式、鼓励绿
色产品消费，组织实施"以旧换再"试点，推广再制造发动机和变速箱，建立
健全对消费者的激励机制。目前，我国再制造产业的发展既要发挥市场机制的
作用，又要强调政府的主导作用，采取政府主导与市场推进并行的策略，在技
术、市场、服务以及监管体系等方面积极沟通，加强协作，不断完善我国再制
造政策法规，建立一个良性、面向市场且有利于再制造产业发展的政策支持体
系和环境，形成有效的激励机制，实现我国再制造产业的跨越式发展。

　　中国再制造企业近千家。为推进再制造产业规模化、规范化、专业化发展，
充分发挥试点示范引领作用，结合再制造产业发展形势，国家发展和改革委员
会和工业和信息化部先后发布了再制造试点企业 153 家。图 1-4 所示为我国再制
造试点企业性质分布图，由图 1-4 可知在我国再制造试点企业中，国有企业和民
营企业所占比例最大，均占试点企业的约 40%，其次为中外合资企业、外商独
资企业等。我国再制造试点企业呈现出聚集在东部沿海发达地区、国有企业和
民营企业占主导的特点。我国西部地区工程机械保有量巨大，为再制造产业发
展提供了良好的市场环境，要增加西部地区再制造试点数量。同时，要充分发
挥国有再制造试点企业在体制、资金和管理等方面的带头示范作用，还要扩大
再制造试点中民营企业的数量，利用其市场导向和机制灵活的特点，实现我国
再制造产业区域共同发展。

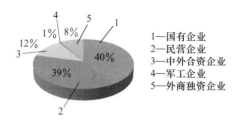

图 1-4　我国再制造试点企业性质分布图

1.2.3　再制造发展面临的技术挑战

　　再制造要将废旧产品生产成质量性能不低于原型新品的过程，需要从服役

16

特性来研究再制造过程的逆向反演规律，从失效件的再制造加工中考虑成形界面问题，从满足再制造产品的质量要求方面考虑再制造质量控制。因此，再制造的实现过程面临着逆向反演、界面问题和质量控制三方面的挑战。

⟫ 1. 再制造过程的逆向反演

传统的制造过程以原材料作为生产毛坯，产品零件制造是一个由材料成分、组织结构、加工工艺到服役性能的推演过程，而再制造生产是以废旧产品作为加工毛坯，主要针对失效零件开展的修复工作，所以其加工工艺设计步骤是要根据服役性能要求进行失效分析，推演出应具有的组织结构和材料成分，并选用合适的加工工艺的过程，是一个由服役性能向组织结构、材料成分和再制造加工工艺的逆向推演过程。由于废旧毛坯数量和质量的不确定性，以及零件失效形式的个体化，使得再制造的生产过程无法采用与新件生产完全相同的工艺，实现废旧零件的再制造生产需要具有一定的工艺柔性，适时根据其失效形式、工况要求和材料性能等情况来进行工艺调整，实现再制造生产过程的逆向反演。

⟫ 2. 再制造过程的界面问题

损伤件的尺寸和性能恢复是再制造加工的核心任务，其主要是通过采用表面技术来实现损伤部件的原设计尺寸修复，但因修复时不同于基体的修复材料的使用，造成了再制造涂覆层与毛坯基体之间的复杂异质材料体系，使其存在修复层与基体之间的界面问题，这也是影响再制造加工质量的重要因素。再制造过程的界面问题主要表现为再制造表面修复中的修复材料与基体材料不同，属于异质再制造，即成形材料与零件基体材质不同，这种异质成形再制造的界面行为与组织形成是远离平衡态过程，与同质相比，具有明显的难匹配性和非均匀性特征。因此，异质再制造界面过程及材料组织结构形成是成形再制造实现的一个技术瓶颈。需要重点研究沉积材料在载能束作用下的同、异质界面行为和构建机制，研究再制造产品表面、界面寿命演变机制，并进一步研究异质基底对集约化材料在载能束作用下的组织遗传性，以及载能束多循环热冲击对沉积层和基体组织、性能的影响机制。

⟫ 3. 再制造过程的质量控制

再制造产品质量是再制造发展的灵魂，但再制造生产面临着物流的不确定性和毛坯质量的不稳定性，不同的失效形式会造成不同的工艺模式，这给再制造质量控制带来了难题。因此，需要研究解决三个技术难点：一是废旧零件的再制造毛坯剩余寿命评估技术，需要通过分析机械零部件服役工况下出现的不同失效模式和失效规律，依据材料学、力学、数学、物理及化学等寿命预测基础理论，采用模拟仿真与考核试验相结合的方法，针对新品设计功能要求及服役过程健康监测需求，建立分属于不同范畴的寿命预测技术，为预测再制造毛坯的剩余寿命和再制造涂层的服役寿命提供可靠依据；二是再制造过程质量控制技术，需要根据再制造毛坯件信息优选适宜的再制造成形工艺，在再制造成形过程中自动化、智能化实时监控再制造成形技术工艺的实施状态，保证涂覆层均匀一致和可靠结合；三是再制造产品服役寿命评估技术，需要根据再制造产品服役工况的要求，检测再制造成形技术形成的涂覆层的残余应力、硬度和结合强度等力学性能指标，综合涂层孔隙率和微观裂纹等缺陷信息，通过模拟计算，并进行接触疲劳试验及台架考核，综合评估再制造产品的服役寿命。另外，还需要根据再制造质量要求，建立相关的再制造质量标准，形成系统的再制造质量控制体系。

1.3　再制造工程发展趋势

近年来，再制造工程快速发展，再制造关键技术研发取得了重要突破，再制造政策逐渐完善，再制造产业不断壮大。未来15年，在政策支持与市场发展的双重推动下，再制造工程将主要向绿色、优质、高效、智能和服务五大方向发展。

▶ 1. 绿色

进入21世纪，保护地球环境、构建循环经济和保持社会经济可持续发展已成为世界各国共同关注的话题。目前大力提倡的循环经济模式是追求更大经济效益、更少资源消耗、更低环境污染和更多劳动就业的一种先进经济模式。制造业作为全球最大的资源消耗和污染排放产业，如何在今后发展绿色制造和先进制造也是各国科学家面临的重要研究课题。

在制造流程中，再制造是以绿色制造的全生命周期理论模式为指导，以产品使用报废的后半生资源和能源最优化循环利用为目标，以节约资源、节省能源和保护环境为特色，以综合利用信息技术、纳米技术和生物技术等高技术为核心，结合先进技术的资源再利用和再生产的活动。再制造可使废旧资源中蕴含的价值得到最大限度的开发和利用，缓解资源短缺与资源浪费的矛盾，减少大量的失效、报废产品对环境的危害，是废旧机电产品资源化的最佳形式和首选途径，也是节约资源的重要手段。再制造工程高度契合了国家构建循环经济的战略需求，并为其提供了关键技术支撑。大力开展绿色再制造工程是实现循环经济、节能减排和可持续发展的主要途径之一。

由于再制造以废旧机电产品的零部件为生产毛坯，以先进的表面工程技术为修复手段，在损伤的零件表面制备一薄层耐磨、耐蚀、抗疲劳的表面涂层，因此无论是毛坯来源还是再制造过程，对能源和资源的需求和对废物废气的排放都是极少的，具有巨大的资源与环境效应。再制造符合国家绿色发展的理念。

同时，再制造的绿色度还表现在再制造全过程的绿色化生产。与新品制造相比，再制造增加了旧件清洗工艺，生产过程产生的废弃物有废水、废液、废气、废渣、粉尘和噪声。因此，再制造产业需按照国家有关规定执行最严格的节能和环保标准，确保再制造的绿色度。

综上所述，按照"减量化、再循环、再利用"原则，再制造作为先进制造的重要组成部分，同时也是一种保护环境的绿色制造，是节约资源和节省能源的关键途径之一，在支撑国家循环经济发展、实现节能减排和应对全球气候变化发挥着积极的作用，再制造技术也应向着绿色方向发展。

▶▶ 2. 优质

随着再制造产业的快速发展，未来的再制造技术将更多地体现出优质的特点。包括先进的再制造工程设计技术、再制造毛坯寿命评估技术、复合表面工程技术和标准化再制造技术等优质技术群将得以大规模研发和应用，同时再制造产品和服务也将更加优质、可靠。

再制造产品的质量由废旧件原始质量和再制造表面涂层质量两部分共同决定。其中，废旧件原始质量则是制造质量和服役工况共同作用的结果，尤其服役工况中含有很多不可控制的随机因素，一些危险缺陷常常在服役条件下生成并扩展，这将导致废旧件的制造质量急剧降低。再制造前，质量不合格的废旧件将被剔除，不会进入再制造工艺流程。如果废旧件基体中存在超标的质量和性能缺陷，那么无论采用的再制造技术多么先进，再制造后零件形状和尺寸恢复得多么精确，其服役寿命和服役可靠性也难以保证。只有原始制造质量好，并且在服役过程中没有产生关键缺陷的废旧零部件才能够进行再制造，依靠高新技术在失效表面形成的修复性强化涂层，使得废旧件尺寸恢复、性能提升、寿命延长，这是再制造产品质量能够达到新品的前提。

优质的再制造关键技术与工艺包括拆卸、零件的分类、清洗、损伤检测与寿命评估、再制造成形与加工技术、质量检测与性能考核等步骤，具体包括再制造优质设计与评价技术、再制造零部件损伤检测与寿命评估技术、优质的再制造成形与加工技术、优质的再制造产品质量检测与试验验证技术以及优质的再制造智能升级技术等。例如，对再制造后的产品按照原型新品的技术标准进行装配，再制造装配中要通过调整来保证零部件的传动精度，如间隙、行程和接触面积等工作关系，通过校正来保证零部件的位置精度，如同轴度、垂直度和平行度等。再制造后的产品必须进行严格的性能检测与试验，提高再制造质量、避免早期故障、延长产品使用寿命。

▶▶ 3. 高效

再制造的高效主要体现在再制造技术的高效化和再制造产业服务的高效率

两方面。再制造技术的高效化体现在再制造工艺全流程环节。在再制造拆解技术方面，基于计算机辅助设计和柔性数控装备技术，快速、自动化的深度拆解装备将显著提高再制造拆解效率；在再制造清洗方面，基于超声、激光、紫外和高速喷射等的清洗技术与装备的大面积应用，可显著提高清洗效率，降低清洗成本；在再制造损伤检测和寿命评估方面，研发并应用可快速高效、高可靠度地实现再制造毛坯的剩余寿命预测的设备；在再制造成形过程方面，基于计算机控制和机器人操作的柔性再制造设备，能够迅速使再制造生产适应产品毛坯及生产目标的变化，实现快速高效的柔性化生产。

此外，随着信息技术、通信技术的快速发展，再制造产业服务也变得更加高效，逐渐形成大规模定制模式下的新型再制造供应链。在物联网、云计算、大数据的环境下，再制造可以为客户提供快速高效的定制化产品解决方案，降低客户的时间成本，大大提高产品的再制造率，实现产品效益最大化。例如在正向供应链的零售端，通过收集、分析消费者的行为和喜好等信息，能够准确了解消费者的消费动机，有针对性地提供消费者所需要的商品，从而满足个性化商业的需求，推动零售业由产品推动模式转向消费者需求数据拉动模式，对循环经济和可持续发展产生积极影响。

4. 智能

《中国制造2025》提出坚持创新驱动、智能转型、强化基础、绿色发展，其中智能制造是制造业的发展方向，也是战略性新兴产业的重要支柱。智能制造技术是研究制造活动中的各种数据与信息的感知和分析，经验与知识的学习和创建，以及基于数据、信息和知识的智能决策与执行的一门综合交叉技术，旨在赋予并不断提升制造活动的智能化水平。智能制造技术涵盖了产品全生命周期中的设计、生产、管理和服务等环节的制造活动。复杂、恶劣、危险、不确定的生产环境及熟练工人的短缺和劳动力成本的飙升也呼唤着智能制造技术与智能制造装备的发展和应用。21世纪将是智能技术获得大发展和广泛应用的时代。

智能再制造是以产品全生命周期设计和管理为指导，将互联网、物联网、大数据和云计算等新一代信息技术与再制造回收、生产、管理和服务等各环节融合，通过人机结合和人机交互等集成方式，开展分析、策划、控制和决策等先进再制造过程与模式的总称。智能再制造以智能再制造技术为手段，以关键再制造环节智能化为核心，以网通互联为支撑，有效缩短了再制造产品的生产周期、提高了生产效率、提升了产品质量、降低了资源能源消耗，对推动再制造产业转型升级具有重要意义。

5. 服务

技术的发展正在促进现代制造服务业的发展，工业发达国家机械制造企业早已从生产型制造向服务型制造发展，从重视产品设计与制造技术的开发，到同时重视制造服务所需支撑技术的开发，通过提供高技术含量的制造服务，获得比销售实物产品更高的利润。长期以来，我国在生产型制造的引导下，将技术开发的重点完全放在为产品前半生服务的产品设计、零部件制造和装配等方面，而忽视了产品全生命周期中更具附加值的实物产品售后的服务环节，即为产品后半生服务的相关技术研发。

再制造是制造产业链的延伸，是服务型制造的具体体现，未来再制造的服务主要表现在打造再制造公共技术研发平台、构建再制造逆向物流和旧件回收服务体系、建立再制造公共检测平台与质量保证体系、拓展再制造外包加工体系、设立再制造创业孵化中心平台及发展再制造信息平台与电子商务等方面。未来20年将是我国机械制造业由生产型制造转变为服务型制造的时期，服务型制造将成为一种新的产业形态，服务型制造技术也将会成为机械工程技术的重要组成部分，为产品后半生服务的机械工程技术将会引起人们更大的关注，并投入更多的人力和资金，一批新的机械工程技术将应运而生，并促使机械工业新业态的出现。

参 考 文 献

[1] 徐滨士. 装备再制造工程 [M]. 北京：国防工业出版社，2013.

[2] 朱胜，姚巨坤. 再制造设计理论及应用 [M]. 北京：机械工业出版社，2009.

[3] 中国机械工程学会. 中国机械工程技术路线图 [M]. 2版. 北京：中国科学技术出版社，2016.

[4] 中国机械工程学会再制造工程分会. 再制造技术路线图 [M]. 北京：中国科学技术出版社，2016.

[5] 杨铁生. 推动中国再制造产业健康有序发展 [J]. 中国表面工程，2014，27（6）：1-3.

[6] 李恩重，史佩京，徐滨士，等. 我国再制造政策法规分析与思考 [J]. 机械工程学报，2015，51（19）：117-123.

[7] XU B S, SHI P J, ZHENG H D, et al. Engineering management problems of remanufacturing industry [J]. Frontiers of Engineering Management, 2015, 2 (1): 13-18.

[8] 徐滨士，梁秀兵，史佩京，等. 我国再制造工程及其产业发展 [J]. 表面工程与再制造，2015，15（2）：6-10.

[9] 朱胜. 柔性增材再制造技术 [J]. 机械工程学报，2013，49（23）：1-5.

[10] 徐滨士，史佩京，刘渤海，等. 再制造产业化的工程管理问题研究 [J]. 中国表面工程，2012，25（6）：107-111.

[11] STEINHILPER R. Remanufacturing: the ultimate form of recycling [M]. Germany: Fraunhofer IRB Verlag, 1998.

[12] 徐滨士，董世运，史佩京. 中国特色的再制造零件质量保证技术体系现状及展望 [J].

机械工程学报, 2013, 49 (20): 84-90.

[13] 徐滨士, 董世运, 朱胜, 等. 再制造成形技术发展及展望 [J]. 机械工程学报, 2012, 48 (15): 96-105.

第 2 章

——

再制造工程设计与规划

2.1 再制造工程设计概论

▷▷ 2.1.1 再制造工程设计的内涵特征

▷▷ 1. 再制造工程设计的内涵

再制造工程设计是指根据再制造产品要求，通过运用科学决策方法和先进技术，对再制造工程中的废旧产品回收、再制造生产及再制造产品市场营销等所有生产环节、技术单元和资源利用进行全面规划，最终形成最优化再制造方案的过程。

再制造工程设计既包括对具体生产过程的再制造工艺技术、生产设备和人员等资源及管理方法的设计，又包括研究具体产品设计验证方法的再制造性设计方法，是进行再制造系统分析、综合规划和设计生产的工程技术专业。再制造工程设计内涵包括以下要点：

（1）研究的范围　包括面向再制造的全系统（功能、组成要素及其相互关系），与再制造有关的产品设计特性（如再制造性、可靠性、维修性、测试性和保障性等）和要求。

（2）研究的对象　包括再制造全系统的综合设计，再制造决策及管理，与再制造有关的产品特性要求。

（3）研究的目的　优化产品有关设计特性和再制造保障系统，使再制造及时、高效、经济、环保。

（4）研究的主要手段　系统工程的理论与方法，产品设计理论与方法以及其他有关技术与手段。

（5）研究的时域　面向产品的全生命过程，包括产品设计、制造和使用，尤其是面向产品退役后的再制造周期全过程。

▷▷ 2. 再制造工程设计的内容

产品再制造的整个过程可以大体上划分为三个阶段，即废旧产品回收（指将废旧产品从消费者流向再制造生产单位的过程）、再制造生产加工（指将废旧产品通过拆解、清洗、检测、加工、装配和涂装等工艺生成再制造产品的过程）和再制造产品服役（指对再制造产品进行销售、使用、保障及直至再制造产品退役的过程）。

根据对再制造三个主要阶段的划分，可以将再制造工程设计分为废旧产品回收设计、再制造生产加工设计和再制造产品服役设计，其中获取再制造毛坯的废旧产品回收设计是再制造工程的基础，形成再制造产品的再制造加工设计是再制造工程的关键，获得利润的再制造产品服役设计则是再制造发展的动力。图 2-1 所示为面向产品再制造全过程的再制造工程设计内容，其中面向再制造生产阶段的工程设计是再制造工程设计的核心内容，直接关系到再制造产品的质量和效益。

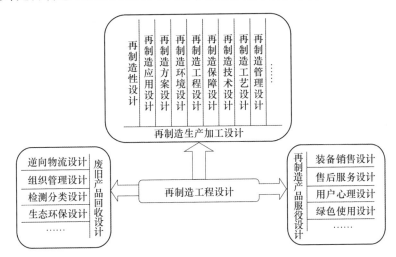

图 2-1　面向产品再制造全过程的再制造工程设计内容

3. 再制造工程设计的目标与任务

再制造工程设计是提高产品再制造效益的重要手段，其总目标是：通过影响产品设计和制造，并在产品使用过程中正确维护产品的再制造性，使得产品在退役后具备良好的再制造能力，便于再制造时获取最大的经济和环境效益；及时提供并不断改进和完善再制造保障系统，使其与产品再制造相匹配，有效而经济地生产运行；不断根据需要设计并优化再制造技术，增加再制造产品的种类及效益。再制造工程设计的根本目的是高品质地实现退役产品的高效益多生命周期使用，减少产品全生命周期的资源消耗和环境污染，提供产品最大化的经济效益和社会效益，为社会的可持续发展提供有效技术保障。

再制造工程设计作为一项综合的工程技术方法，其基本任务是对再制造全过程实施科学管理和工程设计，主要任务如下：

1）论证并确定有关再制造的产品设计特性要求，使产品退役后易于进行再制造。

2）进行再制造工程设计内容分析，确定并优化产品再制造方案。

3）进行再制造保障系统的总体设计，确定与优化再制造工作及再制造保障资源。

4）进行再制造生产工艺及技术设计，实现产品再制造的综合效益最大化。

5）对再制造活动各项管理工作进行综合设计，不断提高再制造工程管理科学化水平。

6）进行再制造应用实例分析，收集与分析产品再制造信息，为面向再制造全过程的综合再制造工程设计提供依据。

▶ 2.1.2 再制造工程设计的内容体系框架

贯穿于产品全生命周期过程的再制造工程设计,属于再制造工程领域的重要研究和应用内容,并且因为它涉及领域多、周期长、作用大,使它具有足够的工程技术体系。再制造工程设计的理论与技术体系是以产品的全生命、全系统、全费用和绿色化的观点为基础,以退役产品作为主要研究对象,以如何恢复或提升产品性能为研究内容,从而保障产品后半生的高性能、低投入且环境友好,为产品多生命周期提供可能并注入新的活力,既包括对产品的再制造性设计,也包括对产品的再制造生产过程设计,还包括对产品的再制造物流设计,贯穿于再制造的全过程,面向再制造的全系统,具有独特而重要的作用。再制造工程设计的理论与技术内容体系框架如图 2-2 所示。

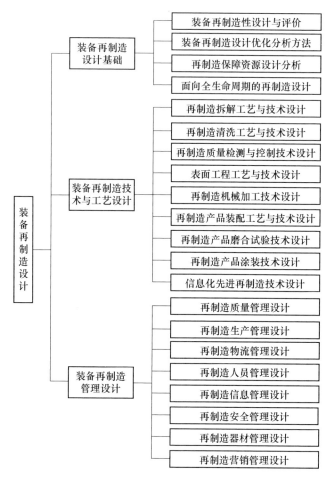

图 2-2 再制造工程设计的理论与技术内容体系框架

▶ 2.1.3　再制造工程设计的基本观点

采用全系统、全生命、全费用、绿色化的观点来进行再制造全过程的设计分析，是再制造工程设计研究的基本观点，也是再制造工程建设与发展中的重要观点。

▶ 1. 产品全系统观点

产品全系统观点就是要在再制造工程设计分析中，把使用产品和再制造保障设备作为一个整体系统加以研究，弄清它们之间的相互联系和外界的约束条件，通过综合权衡，使它们互相匹配、同步、协调发展，谋求产品及其再制造系统的整体优化。

▶ 2. 产品全生命观点

产品全生命观点就是要统筹把握产品的全生命过程，使其各个阶段互相衔接、密切配合、相辅相成，以达到产品"优生、优育、优用"的目的。再制造的发展拓展了产品的生命周期阶段，将原来的退役报废改变为高品质的再制造利用。在论证、研制中要充分考虑使用、维修、再制造和贮存的因素。同时，在使用、维修和再制造中要充分利用研制生产中形成的特性和数据，合理、正确地使用、维修和再制造，并在使用保障中积累有关数据和反馈信息，为再制造过程提供信息支撑。

▶ 3. 产品全费用观点

除产品使用性能外，还应当重视经济性，即产品的购买、使用和再制造应当是经济上可承担的，这就要考虑产品的全生命费用。再制造是产品全生命中新的阶段，也是产品全费用过程中和制造费用相同的部分，虽然其投入费用小于原型新品制造，但可以达到与原型新品相同的价值。因此，退役产品再制造要采用全费用的观点，将再制造作为产品全生命周期费用的重要内容，对不同方案的再制造周期费用及再制造产品的新生命周期费用进行估算、比较，提高产品整体的效能-费用比。

▶ 4. 产品绿色化观点

产品绿色化是指产品进行绿色设计、清洁生产、绿色使用和退役后高品质的再制造，减少全生命周期的资源消耗和环境污染。产品绿色化观点在材料选用、资源消耗、产品设计、清洁生产和污染排放等方面提出了具体的要求和限制，是贯穿于产品全生命周期的重要内容。退役产品再制造也要将绿色化贯穿于整个工作过程，最大化地采用清洁生产和绿色技术，减少生产过程的环境污染，使再制造产品属于绿色产品。

▶2. 1. 4　再制造工程设计的发展方向

在个性化、信息化和全球化市场压力下，多品种、小批量的生产方式已成为必然趋势，这就对传统以大批量产品作为生产基础的再制造模式提出了巨大挑战，迫使要在再制造系统规划设计领域提供更多的技术方法，以适应未来再制造生产的多变需求。在再制造工程设计领域，国外发达国家自20世纪90年代开始了一定的研究，并在实际工程中得到了初步应用。我国当前在该领域开展了一定的研究，但主要表现为产品再制造性设计与评价应用水平低，再制造生产系统规划设计研究少，再制造逆向物流体系不健全，这将会造成未来产品再制造困难大、成本高、效益低，无法适应再制造作为我国战略型新兴产业的发展需求。因此，为了促进再制造工程的发展，需要在再制造工程设计的下列关键领域明确应用现状和发展目标，以指导再制造工程设计的研究和工程实践。

▶1. 产品再制造性设计与评价

产品再制造性是表征产品再制造能力的属性，但因其具备的设计与再制造的时间跨度、设计指标的不确定性以及技术发展迅速等特性，都为再制造性设计与量化评价带来了难题，使得目前产品设计中大多没有考虑到产品的再制造性，使得产品末端时的再制造效益较低，再制造生产难度大。因此，迫切需要通过研究产品再制造性特征，构建设计与评价手段，来促进再制造性设计与评价的工程应用。一是要研究产品设计中的再制造性指标论证、再制造性指标解析与分配、再制造性指标验证等技术方法，为提高产品再制造性设计与验证技术的应用水平及应用方法提供技术和手段支撑，构建产品再制造性设计的标准化程序；二是要研究废旧产品的再制造性具有的不确定性，并根据再制造技术、生产设备及废旧产品本身服役性能特征来建立多因素的废旧产品再制造性评价技术方法与手段，可以为废旧产品的再制造生产决策提供直接依据，提高再制造效益。

▶2. 再制造生产系统规划设计

再制造生产在物流及生产方式上面临着与制造不同的特殊问题，对其进行系统规划和优化设计，可以显著提升再制造实施效益。但目前再制造生产大多规模较小，而且往往为制造企业的一部分，多采用制造系统的生产规划模式，这影响了再制造生产系统效能的发挥。因此，需要考虑如何能够借助再制造的信息流，规划设计建立质量可靠、资源节约的高效再制造生产系统，这已经成为完善再制造系统设计的重要因素。一是针对未来小批量的再制造生产方式，需要研究利用模块化和信息化等技术方法，实现再制造生产系统的柔性化，加强再制造生产资源保障的配置效益、人员和技术等保障资源利用方式，提供集约化再制造生产系统的规划技术方法，提高再制造生产综合效益；二是面向未来再制造系统的综合生产需求，借鉴吸收先进的制造技术领域的思想和方法，重点研究再制造成组技术、精益再制造生产技术和清洁再制造生产技术等工程应用，形成先进再制造生产系统设计技术方法，来提高再制造生产系统的综合应用效益。

▶ 3. 再制造逆向物流优化设计

再制造逆向物流是再制造生产的基础保证，但目前对再制造的逆向物流大多停留在理论研究分析的阶段，还没有形成系统的再制造逆向物流综合体系，在实践中主要还是依靠再制造企业自身的物流体系来完成废旧产品的回流。因此，需要进一步研究再制造的逆向物流在废旧产品数量、质量和时间等方面的不确定性影响因素，加强再制造逆向物流的研究，为再制造生产提供可靠的保证。一是要通过采用运筹学等方法，构建基于不同条件下的再制造逆向物流选址数学模型和技术方法，为再制造逆向物流的科学布址提供方法手段；二是研究不同技术方法来设计构建用于再制造的废旧产品的高品质逆向物流体系，满足不确定废旧产品物流信息条件下废旧产品稳定回收的要求，并能够实时根据废旧产品物流信息进行优化控制调控。

▶ 4. 再制造信息管理与应用设计

对再制造信息进行有效管理是提高再制造效益和规划设计的基础与前提，但因为目前对再制造信息研究的缺乏，以及再制造产业的初步发展，尚没有建立起有效的信息管理系统，无法实现再制造信息的有效挖掘与应用。因此，需要采用系统工程的研究方法，研究认识再制造信息复杂性和不确定性等特点，设计构建强健的再制造信息管理架构和应用系统，促进再制造业的发展。一是根据信息管理系统开发的基本要求，结合再制造工程中信息的特征，规划设计并开发面向再制造全过程的再制造信息管理系统，实现再制造信息的全域采集与管理控制，为再制造生产决策规划提供依据；二是以面向再制造全过程的信息管理系统为基础，并充分利用再制造生产系统及物流系统中的传感器及信息处理传输设备等硬件设备，建立面向再制造全域的再制造物联网，为面向再制造的科学设计、规划与工程应用提供支撑。

2.2 再制造性设计与评价

▶ 2.2.1 再制造性设计基础

▶ 1. 再制造性内涵

废旧产品的再制造性（Remanufacturability）是决定其能否进行再制造的前

提，是再制造基础理论研究中的首要问题。再制造性是产品设计赋予的，是表征其再制造的简便、经济和迅速程度的一个重要的产品特性。再制造性定义为：废旧产品在规定的条件下和规定的费用内，按规定的程序和方法进行再制造时，恢复或升级到规定性能的能力。再制造性是通过设计过程赋予产品的一种固有的属性。

定义中"规定的条件"是指进行废旧产品再制造生产的条件，它主要包括再制造的机构与场所（如工厂或再制造生产线、专门的再制造车间、旧品储存仓库等）和再制造的保障资源（如所需的人员、工具、设备、设施、备件和技术资料等）。不同的再制造生产条件有不同的再制造效果。因此，产品自身再制造性的优劣，只能在规定的条件下加以度量。

定义中"规定的费用"是指废旧产品再制造生产所需要消耗的费用及其相关环保消耗费用。给定的再制造费用越高，则再制造产品能够完成的概率就越大。再制造最主要的表现在经济方面，再制造费用也是影响再制造生产的主要因素，所以可以用再制造费用来表征废旧产品再制造能力的大小。同时，可以将环境相关负荷参量转化为经济指标来进行分析。

定义中"规定的程序和方法"是指按技术文件规定采用的再制造工作类型、步骤和方法。再制造的程序和方法不同，再制造所需的时间和再制造效果也不相同。例如，一般情况下换件再制造要比原件再制造加工费用高，但加工时间短。

定义中"再制造"是指对废旧产品的恢复性再制造、升级性再制造、改造性再制造和应急再制造。

定义中"规定性能"是指完成的再制造产品效果要恢复或升级达到规定的性能，即能够完成规定的功能和执行规定任务的技术状况，通常来说要不低于原型新品的性能。这是产品再制造的目标和再制造质量的标准，也是区别于产品维修的主要标志。

综合以上内容可知，再制造性是产品本身所具有的一种本质属性，无论在原始制造设计时是否考虑进去，其都客观存在，且会随着产品的发展而变化。再制造性的量度是随机变量，只具有统计上的意义，因此用概率来表示，由概率的性质可知：$0 < R(a) < 1$。再制造性具有不确定性，在不同的环境条件、使用条件、再制造条件、工作方式和使用时间等情况下，同一产品的再制造性是不同的，离开具体条件谈论再制造性是无意义的。随着时间的推移，某些产品的再制造可能发生变化，以前不可能再制造的产品会随着关键技术的突破而增大其再制造性，而某些能够再制造的产品会随着环保指标的提高而变得不可再制造。评价产品的再制造性包括从废旧产品的回收至再制造产品的销售整个阶段，其具有地域性、时间性和环境性。

▶▶ 2. 再制造性参数

再制造性参数是度量再制造性的尺度，常用的再制造性参数有以下几种：

（1）再制造费用参数　再制造费用参数是最重要的再制造性参数。它直接影响废旧产品再制造的经济性，决定了生产厂商的经济效益，又与再制造时间紧密相关，所以应用得最广。

1）平均再制造费用（$\bar{R}_{mc}$）。平均再制造费用是产品再制造性的一种基本参数。其度量的方法为：在规定的条件下和规定的费用内，废旧产品在任一规定的再制造级别上，再制造产品所需总费用与在该级别上被再制造的废旧产品的总数之比。简而言之，是废旧产品再制造所需实际消耗费用的平均值。当有 n 个废旧产品完成再制造时，有

$$\bar{R}_{mc} = \frac{\sum_{i=1}^{n} C_i}{n} \tag{2-1}$$

式中　C_i——第 i 个产品的再制造费用。

$\bar{R}_{mc}$ 只考虑实际的再制造费用，包括拆解、清洗、检测诊断、换件、再制造加工、安装、检验和包装等费用。对同一种产品，在不同的再制造条件下，也会有不同的平均再制造费用。

2）最大再制造费用（R_{maxc}）。在许多场合，再制造部门更关心绝大多数废旧产品能在多少费用内完成再制造，这时，则可用最大再制造费用参数。最大再制造费用是按给定再制造度函数最大百分位值（$1-a$）所对应的再制造费用值，即预期完成全部再制造工作的某个规定百分数所需的费用。最大再制造费用与再制造费用的分布规律及规定的百分位有关。通常可定 $1-a=95\%$ 或 90%。

3）再制造产品价值（R_{pc}）。再制造产品价值指根据再制造产品所具有的性能，确定的其实际价值，可以以市场价格作为衡量标准。由于新技术的应用，可能使得升级后的再制造产品价值要高于原来新品的价值。

4）再制造环保价值（V_{re}）。再制造环保价值指通过再制造而避免新品制造过程中所造成的环境污染处理费用及废旧产品进行环保处理时所需要的费用总和。

5）利润率（R_e）。利润率指单个再制造产品通过销售获得的净利润与投入成本的比值，可表示为

$$R_e = \frac{R_b}{R_c} \times 100\% \tag{2-2}$$

式中　R_e——利润率；

　　　R_b——再制造产品通过销售获得的净利润；

　　　R_c——产品再制造投入成本。

6）价值回收率（R_{cb}）。价值回收率指回收的零部件价值与再制造产品总价值的比值，可表示为

$$R_{cb} = \frac{R_{rc}}{R_{pc}} \times 100\% \tag{2-3}$$

式中　R_{cb}——价值回收率；

　　　R_{rc}——回收的零部件价值；

　　　R_{pc}——再制造产品总价值。

价值回收率用来衡量再制造的经济效益，与再制造过程中的技术投入及再制造产品的属性有关。

（2）再制造时间参数　再制造时间参数反映再制造人力和机时消耗，直接关系到再制造人力配置和再制造费用，因此也是重要的再制造性参数。

1）再制造时间（R_t）。再制造时间指退役产品或其零部件自进入再制造程序后，通过再制造过程恢复到合格状态的时间。一般来说，再制造时间要小于制造时间。

2）平均再制造时间（$\overline{R}_t$）。平均再制造时间指某类废旧产品每次再制造所需时间的平均值。再制造可以指恢复性、升级性和应急性等方式的再制造。其度量方式为：在规定的条件下和规定的费用内，某类产品完成再制造的总时间与该类再制造产品总数量之比。

3）最大再制造时间（R_{maxct}）。最大再制造时间指达到规定再制造度所需的再制造时间，即预期完成全部再制造工作的某个规定百分数所需时间。

（3）再制造性环境参数

1）材料质量回收率（R_W）。材料质量回收率表示退役产品可用于再制造的零件材料质量与原产品总质量的比值，计算公式为

$$R_W = \frac{W_R}{W_P} \tag{2-4}$$

式中　R_W——材料质量回收率；

　　　W_R——可用于再制造的零件材料质量；

　　　W_P——原产品总质量。

2）零件数量回收率（R_N）。零件数量回收率表示退役产品可用于再制造的零件数量与原产品零件总数量的比值，计算公式为

$$R_N = \frac{N_R}{N_P} \tag{2-5}$$

式中　R_N——零件数量回收率；

　　　N_R——可用于再制造的零件数量；

　　　N_P——原产品零件总数量。

3）节材率（R_{ma}）。废旧整机拆解后的零部件分成可再制造件、直接利用件和弃用件。

节材率用可再制造件和直接利用件质量之和与原产品总质量之比来表示，计算公式为

$$R_{ma} = \frac{W_{rm} + W_{ru}}{W_p} \times 100\% \qquad (2\text{-}6)$$

式中　　R_{ma}——节材率；

W_{rm}——可再制造件质量；

W_{ru}——直接利用件质量；

W_p——原产品总质量。

通常来说，节材率与再制造技术相关，选用先进的再制造技术可以提高节材率，进而提高再制造的环境性。

4）节能率（R_{re}）。再制造以废旧产品为毛坯进行加工生产，不需要经过回炉处理，可节约大量能量。通常再制造节材率越高，其节能越多，环境性越好，再制造性越好。

再制造节能率可用节约的能量（即回炉耗能减去实际再制造耗能）与回炉耗能的比值来表示，计算公式为

$$R_{re} = \frac{P_{md} - P_{rm}}{P_{md}} \times 100\% \qquad (2\text{-}7)$$

式中　　R_{re}——再制造节能率；

P_{rm}——实际再制造耗能；

P_{md}——回炉耗能。

5）CO_2减排率（R_{rq}）。和废旧毛坯经回炉成原始材料再加工成零部件相比，再制造可大量减少 CO_2 排放，可用 CO_2 减排率来表示。再制造所回收材料率越高，通常其减少废气排放量越多，则其环境性越好，再制造性越好。

CO_2减排率可用实际减少的排放量（即回炉制造 CO_2 排放量与再制造 CO_2 排放量的差值）与回炉制造 CO_2 排放量的比值来表示，计算公式为

$$R_{rq} = \frac{E_{md} - E_r}{E_{md}} \times 100\% \qquad (2\text{-}8)$$

式中　　R_{rq}——CO_2 减排率；

E_r——再制造 CO_2 排放量；

E_{md}——回炉制造 CO_2 排放量。

总之，产品再制造具有巨大的经济、社会和环境效益，虽然再制造是在产品退役后或使用过程中进行的活动，但再制造能否达到及时、有效、经济和环保的要求，却首先取决于产品设计中注入的再制造性，并与产品使用等过程密

切相关。实现再制造及时、经济且有效，不仅是再制造阶段应当考虑的问题，而且必须从产品的全系统、全生命周期进行考虑，在产品的研制阶段就进行产品的再制造性设计。

2.2.2 再制造性设计方法

1. 再制造性分析

（1）再制造性分析的目的与过程　再制造性分析的目的可概括为以下几方面：

1）确立再制造性设计准则。这些准则应是经过分析，结合具体产品所要求的设计特性。

2）为设计决策创造条件。通过对备选的设计方案分析、评定和权衡研究，以便做出设计决策。

3）为保障决策（确定再制造策略和关键性保障资源等）创造条件。显然，为了确定产品如何再制造、需要什么关键性的保障资源，就要求对产品有关再制造性的信息进行分析。

4）考察并证实产品设计是否符合再制造性设计要求。对产品设计再制造性的定性与定量分析，是在试验验证之前对产品设计进行考察的一种途径。

图 2-3 是再制造性分析过程示意图。整个再制造性分析工作的输入来自订购方、承制方和再制造方三方面的信息，订购方的信息主要是通过各种合同文件、论证报告等提供的再制造性要求和各种使用与再制造、保障方案要求的约束。承制方的信息来自各项研究与工程活动的结果，特别是各项研究报告与工程报告。其中最为重要的是维修性、人素工程、系统安全性、费用分析和前阶段的保障性分析等的分析结果。再制造方主要提供类似的再制造性相关数据以及再制造案例。当然，产品的设计方案，特别是有关再制造性的设计特征，也是再制造性分析的重要输入。通过各种分析，将能选择与确定具体产品的设计准则和设计方案，以便获得满足包含再制造性在内各项要求的协调产品设计，再制造性分析的输出，还将给再制造性分析和制订详细的再制造计划提供输入，以便确定关键性（新的或难以获得的）的再制造资源，包括检测诊断硬、软件和技术文件等。

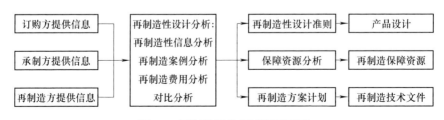

图 2-3　再制造性分析过程示意图

由此可见，再制造性分析好比整个再制造性工作的"中央处理机"，它把来自各方（订购方、承制方和再制造方）的信息经过处理转化，提供给各方面（设计和保障），在整个研制过程中起着关键性作用。

（2）再制造性分析的内容 再制造性分析的内容相当广泛，概括地说就是对各种再制造性定性与定量要求及其实现措施的分析、权衡，主要内容如下：

1）再制造性定量要求，特别是再制造费用和再制造时间。

2）故障分析定量要求，如零件故障模式、故障率、修复率和更换率等。

3）采用的诊断技术及资源，如自动、半自动和人力检测测试的配合，软、硬件及现有检测设备的利用等。

4）升级性再制造的费用、频率及工作量。

5）战场或特殊情况下损伤的应急性再制造时间。

6）非工作状态的再制造性问题，如使用中的再制造与再制造间隔及工作量等。

（3）再制造性设计分析方法 再制造性设计分析可采用定性与定量分析相结合，主要有以下几种分析方法：

1）故障模式及影响分析（Failure Mode and Effect Analysis，FMEA）——再制造性信息分析。要在一般产品故障或零件失效分析基础上着重进行"再制造性信息分析"和"损坏模式及影响分析（Damage Mode and Effect Analysis，DMEA）"。前者可确定故障检测、再制造措施，为再制造性及保障设计提供依据；后者为意外突发损伤应急再制造措施及产品设计提供依据。

2）运用再制造性模型。根据前述的输入和分析内容，选取或建立再制造性模型，分析各种设计特征及保障因素对再制造性的影响和对产品完好性的影响，找出关键性因素或薄弱环节，提出最有利的再制造性设计和测试分系统设计。

3）运用生命周期费用（Life Cycle Cost，LCC）模型。在进行再制造性分析，特别是分析与明确设计要求、设计与保障的决策时，必须把产品生命周期费作为主要的考虑因素。要运用LCC模型，确定某一决策因素在LCC模型中的影响，进行有关费用估算，作为决策的依据之一。

4）比较分析。无论是在明确与分配各项设计要求，还是选择与保障方案，乃至在具体设计特征与保障要素的确定中，比较分析都是有力的手段。比较分析主要是将新研产品与类似产品（比较系统）相比较，利用现有产品已知的特性或关系，包括使用再制造中的经验教训，分析产品的再制造性及有关保障问题。比较分析可以是定性的，也可是定量的。

5）风险分析。无论在考虑再制造性设计要求还是保障要求与约束时，都要注意评价其风险、不能满足这些要求与约束的可能性与危害性，并采取措施预防以减少其风险。

6）权衡技术。各种权衡是再制造性分析中的重要内容，要运用各种各样的综合权衡技术，如利用数学模型和综合评分、模糊综合评判等方法都是可行的。

以上 1）~6）各项，属于一般系统分析技术，在再制造性分析时要针对分析的目的和内容灵活应用。例如，在 LCC 模型中，可以不计与再制造性无关的费用要素。

（4）保证正确分析的要素

1）再制造性分析是一项贯穿于整个研制过程且范围相当广泛的工作，除再制造性专业人员外，还要充分发动设计人员来做。分析工作的重点是在方案的论证与确认和工程研制阶段。

2）再制造性分析要与其他工作，特别是与保障性分析紧密结合，协调一致，防止重复。

3）要把测试诊断系统的构成和设计问题作为再制造性分析的重要内容，并与其他测试性工作密切配合，以保证测试诊断系统设计的恰当性及效率。

4）综合权衡研究是再制造性分析的重要任务，不但要在系统级进行权衡以便对系统的备选方案进行评定，而且要在各设计层次进行以作为选择详细设计的依据。当其他工程领域（特别是可靠性和人素工程等）的综合权衡影响到再制造性时，应通过分析对这种影响做出估计。更改产品设计或测试等保障设备时，要分析其对再制造性的影响，修正有关的报告，提出应采取的必要措施。

▶▶ **2. 再制造性定性设计要求**

恰当地提出和确定再制造性定性要求，是搞好产品再制造性设计的关键环节。对产品再制造性的一般要求，要在明确该产品在再制造性方面使用需求的基础上，按照产品的专用规范和有关设计手册提出。更重要的是，要在详细研究和分析相似产品再制造性的公共特点，特别是在相似产品不满足再制造性要求的设计缺陷的基础上，根据产品的特殊需要及技术发展预测，有重点、有针对性地提出若干必须达到的再制造性定性要求。这样既能防止相似产品再制造性设计缺陷的重现，又能显著地提高产品的再制造性。例如：在某产品中设计了高性能且结构复杂的控制系统，因此再制造性要求的一个重点是电子部分要实现模块化和自动检测；针对相似产品的再制造性缺陷，在机械部分有针对性地提出某些有关部件的互换性、延长寿命的要求，提高标准化程度，部分主要部件应能够重用，便于换件再制造。

参照再制造全过程中各步骤的要求，再制造性定性设计要求的一般内容包括以下几个方面：

（1）易于运输性 废旧产品由用户到再制造厂的逆向物流是再制造的主要环节，直接为再制造提供了不同品质的毛坯，而且产品逆向物流费用一般占再制造总体费用比率较大，对再制造具有至关重要的影响。产品设计过程必须考虑末端产品的运输性，使得产品更经济、安全地运输到再制造工厂。例如：对于在装卸时需要使用叉式升运机的大的产品，要设计出足够的底部支承面；尽量减少产品突出部分，以避免其在运输中碰坏，并可以节约贮存空间。

（2）易于拆解性　拆解是再制造的必需步骤，也是再制造过程中劳动最为密集的生产过程，对再制造的经济性影响较大。再制造的拆解要求能够尽可能保证产品零件的完整性，并减少产品接头的数量和类型，减少产品的拆解深度，避免使用永固性的接头，考虑接头的拆解时间和效率等。在产品中使用卡式接头、模块化零件和插入式接头等均有利于拆解，并能减少装配和拆解的时间，但也容易造成拆解中对零件的损坏，增加再制造费用。因此，在进行易于拆解的产品设计时，对产品的再制造性影响要进行综合考虑。

（3）易于分类性　零件的易于分类可以明显降低再制造所需时间，并提高再制造产品的质量。为了使拆解后的零件易于分类，设计时要采用标准化的零件，尽量减少零件的种类，并应在设计时对相似的零件进行标记，增加零件的类别特征，以缩短零件分类时间。

（4）易于清洗性　清洗是保证产品再制造质量和经济性的重要环节。目前存在的清洗方法包括超声波清洗法、水或溶剂清洗法和电解清洗法等。可达性是决定清洗难易程度的关键，设计时应该使外面的部件具有易清洗且适合清洗的表面特征，如采用平整表面、合适的表面材料和涂料，减少表面在清洗过程中的损伤概率等。

（5）易于修复（升级、改造）性　对原制造产品的修复、升级和改造是再制造过程中的重要组成部分，可以提高产品质量，并能够使之具有更强的市场竞争力。因为再制造主要依赖于零部件的再利用，设计时要增加零部件的可靠性，尤其是附加值高的核心零部件；要减少材料和结构的不可恢复失效，防止零部件的过度磨损和腐蚀；要采用易于替换的标准化零部件和可以改造的结构，并预留模块接口，增加升级性；要采用模块化设计，通过模块替换或者增加来实现再制造产品的性能升级。

（6）易于装配性　将再制造零部件装配成再制造产品是保证再制造产品质量的最后环节，对再制造周期也有明显影响。采用模块化设计和零部件的标准化设计对再制造装配具有显著影响。据估计，再制造设计中如果拆解时间能够减少10%，通常装配时间可以减少5%。另外，再制造中的产品应该允许尽可能多次的拆解和再装配，所以设计时应考虑产品具有较高的连接质量。

（7）提高标准化和互换性程度　标准化、互换性、通用化和模块化不仅有利于产品设计和生产，而且可使产品再制造更为简便，显著减少再制造备件的品种和数量，简化保障，降低对再制造人员技术水平的要求，大大缩短再制造工时。所以，它们也是再制造性的重要要求。

（8）提高可测试性　产品可测试性的提高可以有效地提高再制造零部件的质量检测及再制造产品的质量测试，增强再制造产品的质量标准，保证再制造的科学性。

▶ 3. 再制造性定量指标分析

（1）再制造性指标的选择　再制造性参数选定后，就要确定再制造性指标。确定指标相对确定参数来说更加复杂和困难。一方面，过高的指标（如要求再制造时间过短）需要采用高级技术、高级设备、精确的性能检测并负担随之而来的高额费用；另一方面，过低的指标将使产品再制造利润过低，降低再制造生产厂商进行再制造的积极性，缩短产品的有效服役时间。因此，在确定指标之前，订购商、再制造部门和承制方要进行反复评议。由订购商、再制造部门从再制造的需要出发，提出适当的最初要求，通过协商使指标现实可行，既能满足再制造需求，降低生命周期费用，又能够在设计时实现。因此，指标通常给定一个范围，即使用指标应有目标值和门限值，合同指标应有规定值和最低可接受值。

再制造性参数的选择主要考虑以下几个因素：

1）产品的再制造需求是选择再制造性参数时要考虑的首要因素。

2）产品的结构特点是选定参数的主要因素。

3）再制造性参数的选择要和预期的再制造方案结合起来考虑。

4）选择再制造性参数必须同时考虑所定指标如何考核和验证。

5）再制造性参数选择必须和技术预测与故障分析结合起来。

（2）再制造性指标量值

1）目标值。产品需要达到的再制造使用指标。这是再制造部门认为在一定条件下，满足再制造需求所期望达到的要求值，是新研产品再制造性要求要达到的目标，也是确定合同指标规定值的依据。

2）门限值。产品必须达到的再制造指标。这是再制造部门认为在一定条件下，满足再制造需求的最低要求值。若比这个值再低，则该产品将不适用于再制造，这个值是一个门限，因此称为门限值。它是确定合同指标最低可接受值的依据。

3）规定值。研制任务书中规定的产品需要达到的合同指标。它是承制方进行再制造性设计的依据，也就是合同或研制任务书规定的再制造性设计应该达到的要求值。它是由使用指标的目标值按工程环境条件转换而来的。这要依据产品的类型、使用、再制造条件等来确定。

4）最低可接受值。合同或研制任务书中规定的产品必须达到的合同指标。它是承制方研制产品必须达到的最低要求，是订购方进行考核或验证的依据。最低可接受值由使用指标的门限值转换而来。

（3）再制造性指标确定的依据　确定再制造性指标通常要依据下列因素：

1）再制造需求是确定指标的主要依据。再制造性指标，特别是再制造费用指标，首先要从再制造的需求来论证和确定。再制造性主要是再制造部门的需要。例如，各类产品的再制造费用和性能可以直接影响再制造的利润，削弱产品再制造的能力。因此，应从投入最小、收益最大的原则来论证和确定允许的再制造费用。

2）国内外现役同类产品的再制造性水平是确定指标的主要参考值。详细了解现役同类产品再制造性已经达到的实际水平，是对新研产品确定再制造性指标的起点。一般来说，新研产品再制造性指标应优于同类现役产品的水平。在再制造性工程实践经验不足、有关数据较少时，用国外同类产品的数据资料作为参考也十分重要。

3）预期采用的技术可能使产品达到的再制造性水平是确定指标的又一重要依据。采用现役产品成熟的再制造性设计能保证达到现役产品的水平。针对现役同类产品的再制造性缺陷进行改进就可能达到比现役产品更高的水平。

4）现役的再制造体制、物流体系和环境影响是确定指标的重要因素。再制造体制是追求产品利润的体现，并且符合产品的可持续发展战略。例如，汽车的再制造通常是先由汽车的各个部件的再制造厂完成不同类部件的再制造，然后再由汽车再制造厂完成总体的装配。

5）再制造性指标的确定应与产品的可靠性、维修性、生命周期费用、研制进度和技术水平等多种因素进行综合权衡，尤其是产品的维修性与再制造性关系十分密切。

（4）再制造性指标确定的要求　在论证阶段，再制造方一般应提出再制造性指标的目标值和门限值，在起草合同或研制任务书时应将其转换为规定值和最低可接受值。再制造方也可只提出一个值（即门限值或最低可接受值）作为考核或验证的依据。这种情况下，承制方应另外确立比最低可接受值要求更严的设计目标值作为设计的依据。

在确定再制造性指标的同时还应明确与该指标相关的因素和条件，这些因素是提出指标时不可缺少的说明，否则再制造性指标将是不明确且难以实现的。与指标有关的因素和约束条件如下：

1）预定的再制造方案。再制造方案中包括再制造工艺、设备、人员和技术等。产品的再制造性指标是在规定的再制造工艺条件下提出的。同一个再制造性参数在不同条件下的指标要求是不同的。没有明确的再制造方案，指标也是没有实际意义的。

2）产品的功能属性。产品再制造既可以是恢复到原型新品时的功能，也可以是通过再制造升级，提升其功能以满足更高需要，所以不同的功能属性决定了其将采用不同的再制造生产工艺,对再制造性也会有明显影响。

3)再制造性指标的考核或验证方法。考核或验证是保证实现再制造性要求必不可少的手段。若仅提出再制造性指标而没有规定考核或验证方法,则这个指标也是空的。因此必须在合同附件中说明这些指标的考核或验证方法。

4)还要考虑到再制造性也有一个增长的过程,也可以在确定指标时分阶段规定应达到的指标。例如,设计定型时规定一个指标,生产定型时再规定一个较好的指标,再制造评价时规定一个更好的指标。因为随着技术的不断进步,再制造的费用也相对会不断降低。

确定指标时,还要特别注意指标的协调性。当对产品及其主要分系统、装置提出两项以上再制造性指标时,要注意这些指标间的关系,应相互协调,不发生矛盾,包括指标所处的环境条件和指标的数值都不能矛盾。再制造性指标还应与可靠性、维修性、安全性、保障性和环境性等指标相协调。

▶ **4. 再制造性设计步骤**

再制造性设计是再制造性工程的核心和关键环节,为保证再制造性设计的质量,再制造性设计应遵循如图 2-4 所示的程序。

(1)再制造性设计需求分析 需求分析是明确再制造性的要求和约束条件,这是进行设计的依据,可把要求和约束条件转化为再制造性技术指标,并落实到各层次产品设计中,再制造性目标才可能实现。明确要求和约束条件是明确再制造性设计重点的基础,也是分析和找出设计缺陷的依据,是再制造性设计评审的依据,还是指标权衡和方案权衡的重要依据。

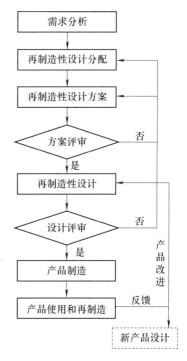

图 2-4 再制造性设计程序

再制造性设计需求分析需要考虑如下因素:

1)用户提出的再制造性大纲是设计方明确再制造要求和约束条件的主要依据,应对用户要求做深入分析,充分考虑与理解再制造用户的最终要求。

2)应对再制造要求和约束条件做深入分析,明确再制造性设计的重点和难点,约束性分析还包括研制周期、费用和再制造条件(生产和保障条件),以及再制造用设备、设施、工具、人员和技术等资源的约束。

3)信息收集和调研。包括收集国内外再制造性特点和难点,到实地考察调研,了解现有类似产品的再制造性设计缺陷,以避免这些缺陷在新产品中重现。

4）产品功能与结构分析。再制造性是产品的重要设计属性之一，它融于产品而不可能独立存在，再制造性分配图与产品的功能、结构层次图是一致的，充分分析了解产品的功能和结构层次是把再制造性要求落实到产品的基础。

（2）再制造性设计分配　把再制造性设计要求分配到产品的各功能和结构层次，明确各部分的再制造性设计目标和要求，避免设计的盲目性。最终应提供产品各功能和结构层次的再制造性设计要求。再制造性设计分配需考虑以下因素：

1）由需求分析所提供的明确的再制造性设计要求。

2）再制造性设计分配应以可靠性和再制造性设计分配为前提条件。

3）需要明确各零部件的再制造级别及其再制造要求。

4）再制造性设计需要明确采用的再制造类别（恢复型再制造、升级型再制造、改造型再制造等）或综合型再制造。

5）产品的功能和结构层次明确，应把再制造性设计分配到需要进行更换或再制造加工的最低零件级水平。

6）再制造性活动应考虑到再制造活动中的准备、拆解、检测、加工、装配和涂装等环节。

7）应对再制造的专业性技术活动进行明确，即对再制造任务根据专业技术特点，做出全面的专业性分配。

（3）再制造性设计方案

1）再制造性方案设计的任务。把再制造性设计分配结果转化为具体的设计方案书，这个方案书是再制造性保证的组成部分，再制造性设计方案书中应包括下述几个方面的再制造方案：

① 不同再制造级别中的再制造方案。

② 不同再制造类别中的再制造方案。

③ 产品不同功能和结构层次上的再制造方案。

④ 不同专业技术的再制造方案。

2）再制造性设计方案中的技术措施。在设计中能否采用合理、正确的技术措施，是实现再制造性指标的关键环节，也是指导后续详细设计的依据，再制造性设计方案中应考虑下述技术措施：

① 电气技术措施。如电气模块中的故障诊断、测试和再制造策略等要求。

② 结构上的考虑。如产品的拆解方案和模块划分原则。

③ 连接上的考虑。在机械连接中是用螺纹连接、铰接、卡接还是快锁连接。电气连接中是用焊接、搭接还是插接。

④ 再制造空间的考虑。

⑤ 易损件的考虑。

⑥ 再制造设备工具的考虑。

3）再制造性设计方案评审。再制造性设计方案评审的目的是根据再制造性目标和再制造性分配的要求，审查设计方案中的技术措施能否保证达到预期要求。再制造性设计方案评审可与产品设计方案评审同时进行。

（4）再制造性设计的评审　再制造性设计指的是将有助于再制造性的种种具体技术措施融入产品的详细设计中。

再制造性设计评审可与产品评审同时进行，但不可忽略或取消再制造性设计评审，必须按再制造性目标、再制造性分配、再制造性方案和再制造性设计准则审查产品的再制造性。为保证评审的全面性，可借助于各种内容的再制造性核查表，逐条进行核查，以避免某些要素的遗漏。

（5）设计的反馈及修正

1）设计过程中的迭代修正。随着设计过程的深入发展，在功能结构的可能性、经济性和再制造性之间出现新的矛盾时，需进行综合权衡，而对已做出的设计进行修正。这一修正不仅在评审后进行，而且在工作的各个阶段都应进行。即使在制造阶段、甚至使用阶段也会有改善再制造性的要求。这时往往需要重新审视和修正再制造性分配（局部修正），并对产品做出必要的和可能的改进。

2）使用和再制造反馈。在产品使用和再制造过程中，为了发现和确定设计中不符合人机工程之处，应系统地积累再制造经验。再制造性设计缺陷的收集和分析，可运用现场观察和彩旗作业分析等方法。分析结果可用于指导现有产品或装置的改进以及新产品的设计。

3）改进措施。对于发现的再制造性设计缺陷，可采取以下改进措施：

① 改进产品设计特征，如改善该产品的拆解性、清洗性和可拆性等。

② 改进产品再制造的保障条件，如增加或改进所用的工具和检测仪器等。

▶ 2.2.3　再制造性验证与评价

▶ 1. 再制造性影响因素分析

由于再制造性设计还没有在产品设计过程中进行普遍的开展，因此目前对退役产品的评价主要还是根据技术、经济及环境等因素进行综合评价，以确定其再制造性量值，定量确定退役产品的再制造能力。再制造性评价的对象包括废旧产品及其零部件。

废旧产品是指退出服役阶段的产品。退出服役的原因主要包括：产品产生不能进行修复的故障（故障报废）、产品使用中费效比过高（经济报废）、产品性能落后（功能报废）、产品的污染不符合环保标准（环境报废）、产品款式等不符合人们的爱好（偏好报废）等。

再制造全周期指产品退出服役后所经历的回收、再制造加工及再制造产品的使用直至再制造产品再次退出服役阶段的时间。再制造加工周期指废旧产品进入再制造工厂直至加工成再制造产品进入市场前的时间。

由于再制造属于新兴学科，再制造设计是近年来新提出的概念，而且处于新产品的尝试阶段，以往生产的产品大多没有考虑再制造特性。当该类废旧产品送至再制造工厂后，首先要对产品的再制造性进行评价，判断其能否进行再制造。国外已经开展了对产品再制造特性评价的研究。影响再制造性的因素错综复杂，废旧产品的再制造特性及其影响因素如图 2-5 所示。

图 2-5　废旧产品的再制造特性及其影响因素

由图 2-5 可知，产品再制造的技术可行性、经济可行性、环境可行性和产品服役性等影响因素的综合作用决定了废旧产品的再制造特性，而且四者之间也相互产生影响。

再制造特性的技术可行性要求废旧产品在再制造加工的技术及工艺上可行，可以通过原产品恢复、升级恢复或者提高原产品性能，而不同的技术工艺路线又对再制造的经济性、环境性和产品的服役性产生影响。

再制造特性的经济可行性是指进行废旧产品再制造所投入的资金小于其综合产出效益（包括经济效益、社会效益和环保效益），即确定该类产品进行再制造是否有利可图，这是推动某种类废旧产品进行再制造的主要动力。

再制造特性的环境可行性是指对废旧产品再制造加工过程本身及生成后的再制造产品在社会上利用后所产生的影响小于原产品生产及使用所造成的环境污染成本。

再制造产品的服役性主要指再制造加工生成的再制造产品本身具有一定的使用性，能够满足相应市场需要，即再制造产品是具有一定时间效用的产品。

通过以上几方面对废旧零件再制造特性的评价后，可为再制造加工提供技术、经济和环境综合考虑后的最优方案，并为在产品设计阶段进行面向再制造的产品设计提供技术及数据参考，指导新产品设计阶段的再制造考虑。正确的再制造性评价还可为进行再制造产品决策、增加投资者信心提供科学的依据。

▶▶ **2. 再制造性的定性评价**

产品的再制造性评估主要有两种方式，一是对已经使用报废和损坏的产品在再制造前对其进行再制造合理性评估，这类产品一般没有按再制造要求进行设计；二是当进行新产品的设计时对其进行再制造性评估，并用评估结果来改进设计，增加产品再制造性。

对已经报废或使用过的旧产品进行再制造，必须符合一定的条件。部分学者从定性的角度进行了分析。德国的 Rolf Steinhilper 教授从评价以下八个不同方面的标准来进行对照考虑：

1）技术标准（废旧产品材料和零件种类以及拆解、清洗、检验和再制造加工的适宜性）。

2）数量标准（回收废旧产品的数量、及时性和地区的可用性）。

3）价值标准（材料、生产和装配所增加的附加值）。

4）时间标准（最大产品使用寿命和一次性使用循环时间）。

5）更新标准（关于新产品比再制造产品的技术进步特征）。

6）处理标准（采用其他方法进行产品和可能的危险部件的再循环工作和费用）。

7）与新制造产品关系的标准（与原制造商间的竞争或合作关系）。

8）其他标准（市场行为、义务、专利和知识产权等）。

美国的 Lund Robot 教授通过对 75 种不同类型的再制造产品进行研究，总结出以下七条判断产品可再制造性的准则：

1）产品的功能已丧失。

2）有成熟的恢复产品的技术。

3）产品已标准化，零件具有互换性。

4）附加值比较高。

5）相对于其附加值，获得原料的费用比较低。

6）产品的技术相对稳定。

7）顾客知道在哪里可以购买再制造产品。

以上的定性评价主要针对已经大量生产、已损坏或报废产品的再制造性。这些产品在设计时一般没有考虑再制造的要求，在退役后主要依靠评估者的再制造经验以定性评价的方式进行。

▶▶ 3. 再制造性的定量评价

废旧产品的再制造特性定量评价是一个综合的系统工程，研究其评价体系及方法并建立再制造性评价模型，是科学开展再制造工程的前提。不同种类的废旧产品其再制造性一般不同，即使是同类型的废旧产品，也会因为产品的工作环境及用户不同而出现多种多样导致产品报废的方式，如部分产品是自然损耗达到了使用寿命而报废，部分产品是因为特殊原因（如火灾、地震及偶然原因）而导致报废，部分产品是因为技术、环境或者拥有者的经济原因而导致报废，不同的报废原因导致了同类产品具有不同的再制造性。目前废旧产品再制造性定量评估通常可采用以下几种方法，具体可参考相关资料进行。

（1）费用-环境-性能评价法　该方法是从费用、环境和再制造产品性能三个方面综合评价各个方案的方法。

（2）模糊综合评价法　该方法是通过运用模糊集理论对某一废旧产品再制造性进行综合评价的一种方法。模糊综合评价法是用定量的数学方法处理那些对立或有差异、没有绝对界限的定性概念的较好方法。

（3）层次分析法　该方法是一种将再制造性的定性和定量分析相结合的系统方法。层次分析法是分析多目标、多准则的复杂系统的有力工具。

▶ 4. 再制造性的试验评定

再制造性试验评定是产品研制、生产乃至使用阶段再制造性工程的重要活动。其总的目的是考核产品的再制造性，确定其是否满足规定要求；发现和鉴别有关再制造性的设计缺陷，以便采取纠正措施，实现再制造性增长。此外，在再制造性试验与评定的同时，还可对有关再制造的各种保障要素（如再制造计划、备件、工具、设备和技术资料等资源）进行评价。

产品研制过程中进行了再制造性设计与分析，采取了各种监控措施，以保证把再制造性设计到产品中去。同时，还用再制造性预计、评审等手段来了解设计中的产品的再制造性状况。但产品的再制造性到底怎样以及是否满足使用要求只有通过再制造实践才能真正检验。试验与评定正是用较短时间、较少费用及时检验产品再制造性的良好途径。

再制造性试验与评定的一般程序可分为准备阶段和实施阶段。目前尚未对其实施的要求、方法和管理做出详细规定，此处仅根据其他的方法做简单介绍。

（1）试验与评定的准备　准备阶段的工作通常包括制订试验计划，选择试验方法，确定受试品，培训试验再制造人员及准备试验环境、设备等。试验之前，要根据相关规定，结合产品的实际情况、试验时机及目的等，制订详细的计划。

选择试验方法与制订试验计划必须同时进行。应根据合同中规定要验证的再制造性指标、再制造率、再制造经费、时间及试验经费和进度等约束，综合考虑选择适当的方法。

再制造性试验的受试品，对核查来说，可取研制中的样机，而对验证来说，应直接利用定型样机或在提交的等效产品中随机制取。

参试再制造人员要经过训练，达到相应再制造部门的再制造人员的中等技术水平。试验的环境条件、工具、设备、资料和备件等保障资源，都要按实际使用再制造情况准备。

（2）试验与评定的实施　实施过程主要有以下各项工作：

1）确定再制造作业样本量。如上所述，再制造性定量要求是通过参试再制造人员完成再制造作业自来考核的。为了保证其结果有一定的置信度，减少决策风险，必须进行足够数量的再制造作业，即要达到一定的样本量。但样本量过大，会使试验工作量、费用及时间消耗过大，可以结合维修性验证来进行。一般来说，再制造性一次性抽样检验的样本数量要求在 30 个以上。

2）选择与分配再制造作业样本。为保证试验具有代表性，所选择的再制造作业样本最好与实际使用中进行的再制造作业样本一致。所以，对恢复性再制造来说，优先选用对物理寿命退役产品进行的再制造作业。试验中把对产品在功能试验、可靠性试验、环境试验或其他试验所使用的样本量，作为再制造性试验的作业样本。当达到自然寿命所需时间太长或者再制造条件不充分时，可用专门的模拟系统来加速寿命试验，快速达到其物理寿命，供再制造人员试验使用。为缩短试验延续时间，也可全部采用虚拟再制造方法。

在虚拟再制造中，再制造作业样本量还要合理地分配到产品各部分、各种故障模式中。其原则是按与故障率成正比分配，即用样本量乘以某部分、某模式故障率与故障率总和之比作为该部分、该模式故障数。

3）虚拟与现实再制造。对于虚拟或现实试验中的末端产品，可由参试再制造人员进行虚拟再制造或现实再制造，按照技术文件规定程序和方法，使用规定设备器材等进行再制造试验，同时记录其相关费用和时间等信息。

4）收集、分析与处理试验数据。试验过程要详细记录各种原始数据，对各种数据要加以分析，区分有效与无效数据，特别是要分清哪些费用应计入再制造费用中。然后，按照规定方法计算再制造性参数或统计量。

5）评定。根据试验过程及其产生的数据，对产品的再制造性做出定性与定量评定。定性评定主要是针对试验、演示中再制造操作情况，着重检查再制造的要求等，并评价各项再制造保障资源是否满足要求；定量评定是按试验方法中规定的判决规则，计算确定所测定的再制造作业时间或工时等是否满足规定指标要求。

6）编写试验与评定报告。再制造性试验与评定报告的内容与格式要求应制订详细的规定。在核查、验证或评价结束后，试验组织者应分别写出再制造性试验与评定报告。如果再制造试验是同维修性或其他试验结合进行时，则在其综合报告中应包含再制造性试验与评定的内容。

2.3 再制造生产系统规划

再制造生产系统规划是保障废旧产品资源化循环利用的必要环节，是充分发挥再制造先进工艺与装备优势的重要技术支撑，同时也是提升再制造产品市场竞争力、促进再制造产业化发展的关键举措。数十年来，我国再制造经历了维修、表面处理和再制造等由低向高的进化跃升与创新发展，随着再制造产业规模的扩大，先进的绿色、智能装备与工艺不断地创新和应用，再制造生产任务、能力和性能要求等有了显著增长，使得再制造生产决策和管理面临严峻挑战。

再制造生产系统规划是再制造生产管理的核心内容。与传统制造不同，再制造以废旧产品为毛坯，其毛坯种类多、投产时间随机分布、失效形式与程度差异性大等个性化特征造成了生产环境的高度不确定，导致再制造生产规划的研究与实施困难。如何组织、规范并拉动废旧产品回收、生产资源配置、生产任务配置和产品质量控制等多个再制造生产环节的优化运作，最大限度地发挥再制造先进技术装备与循环效益优势，保障稳定、高效、经济和低碳的生产运行，是当前迫切需要解决的关键问题。

本节将从再制造生产系统规划的概述出发，构建再制造生产系统规划的运行模型，重点论述再制造回收模式与时机规划问题、再制造性评价与工艺规划问题、再制造车间任务规划问题、再制造产品可靠性评估与增长规划问题以及再制造生产系统规划实施问题，为再制造企业规模化、集约化、柔性化和精益化升级发展提供研究与实践的方向、目标及思路。

2.3.1　概述

1. 概念与内涵

再制造生产系统规划（Remanufacturing Production System Planning），是以提升再制造生产过程的经济与社会效益为目标，在将废旧产品转变为再制造产品的输入、输出过程中，综合考虑资源要素（包括人员、设备、物料、再制造生产规划理论与方法）以及环境要素（包括市场环境、技术环境、经济环境和生态环境），实施废旧产品回收、再制造方案设计、再制造加工和再制造产品检测等再制造生产系统运作全流程的优化决策过程。

从再制造生产系统规划的基本概念总结出再制造生产系统规划的内涵如下：

（1）再制造生产系统规划是一个多要素关联集成的协调过程　系统中任意要素与存在于该系统中的其他要素是相互关联、相互作用、相互影响的，当系统资源与环境要素发生变化时，其生产能力、功能需求和性能要求等也相应地改变和调整，以实现再制造生产过程的资源利用最大化、环境污染最小化和经济利润最佳化，维持再制造生产系统的整体最优状态，实现再制造企业的最大综合效益。

再制造生产系统规划是一个多环节的优化决策过程。面向再制造生产活动的各个环节，包括废旧产品回收环节的回收模式与时机规划问题、再制造方案设计环节的再制造性评价与工艺规划问题、再制造加工运行环节的再制造车间任务规划问题，以及再制造产品检测环节的再制造产品可靠性评估与增长规划问题等。

（2）再制造生产系统规划是一个动态不确定的复杂过程 废旧产品回收、再制造工艺设计、再制造加工和再制造产品检测等环节无时无刻不伴随着物料流、能量流、环境流和信息流的动态变化，其系统内部的全部硬件和软件也是处于不断发展、不断更新且不断完善的动态变化之中，同时，由于废旧产品种类多、投产时间随机分布、失效形式与程度差异性大等个性化特征，造成生产系统具有高度不确定性，导致生产过程的时变与离散特征影响更为显著，生产系统规划过程更加复杂。

▶▶ **2. 科学意义与工程价值**

（1）有利于科学制订再制造生产方案 从再制造生产整体层面集成考虑废旧产品回收、再制造方案设计、再制造加工和再制造产品检测等环节，研究再制造生产系统的规划问题，是对再制造理论体系的必要补充与完善，同时也是科学制订再制造生产方案的现实需求。再制造以废旧产品为毛坯，再制造生产所具有的个性化特点，使得生产系统规划的各个关键业务流程（即生产决策环节）均存在较大的不确定性，再制造生产活动难以有效实施。例如，废旧产品失效时间、形式和程度等个性化特征，导致了再制造回收模式与时机、工艺路线、任务配置以及产品可靠性等的不确定性。因此，探究再制造生产系统规划各环节不确定因素的影响、明确决策变量构成并制订科学的再制造生产方案，是保证再制造生产系统各个环节之间的协调运作，实现再制造生产稳定、高效且优化运行的必要举措。

（2）有利于发挥再制造生产系统的效能 目前再制造生产大多规模较小，而且往往为制造企业的一部分，多采用制造系统的生产规划模式，这影响了再制造生产系统效能的发挥。因此，考虑到再制造与制造生产的区别与联系，针对多品种、小批量的再制造生产特点，面向再制造生产方式与活动的持续改进，综合现代先进的管理工程与工业工程学科知识，以制造系统工程学科为纽带，有机结合资源与环境工程、物流工程、可靠性工程、机械工程、表面工程和信息工程等多学科知识，研究再制造生产系统规划问题，能够加强再制造生产系统的任务处理能力，实现再制造生产系统的规模化、集约化、柔性化与精益化，提升再制造生产的资源节约、效益和产品质量提升等综合效能。

（3）有利于促进再制造工程的实施与发展 再制造工程的实施是提升废旧资源利用率，实现低碳制造与可持续发展的重要途径，再制造生产系统规划是再制造工程的关键内容之一，对于驱动再制造工程实施具有重要作用，而关于这方面仍然缺乏系统性的研究，传统的再制造生产规划基本上依靠经验，很难达到预期效果，不利于再制造工程的发展。目前，亟需全面、深入地研究再制造生产系统规划问题，揭示再制造生产规划的主要内容，建立再制造生产规划的理论与技术体系，提供再制造生产规划实施的总体框架及方案，为再制造工程的实施与发展提供支撑。

▶3. 运行模型

从广义上讲，再制造生产系统规划通过合理配置生产要素，在将再制造毛坯转变为再制造产品的过程中，能够有效缩短再制造产品的生产周期，提高生产效率和质量，降低成本、资源与能源消耗；从狭义上讲，再制造生产系统规划是一个由人员、设备、物料、方法和环境等多要素耦合构成、具有特定属性的决策空间，要素相互之间、要素与整体之间都存在着特定的联系，使得再制造生产系统规划具有特定的运行目标、功能、流程与数据支撑。从系统科学与系统工程的角度，对再制造生产系统规划的运行特征进行研究，提出了一种四层结构的再制造生产系统规划的运行模型，如图 2-6 所示。

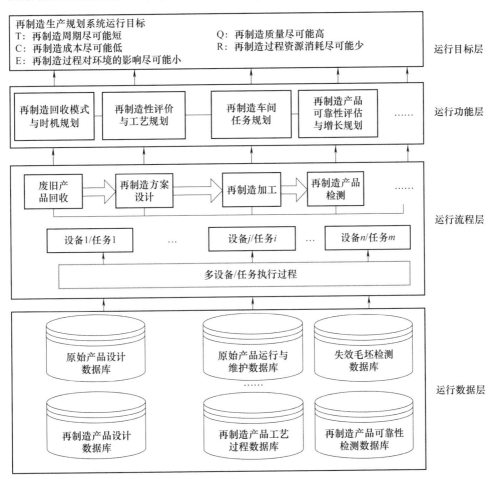

图 2-6　再制造生产系统规划的运行模型

再制造生产系统规划的运行模型中，四层结构之间的关系非常紧密，形成一个有机的整体。再制造生产系统规划的运行首先要确定运行目标以及动力所在，否则就会失去方向性，因此第一层为运行目标层，包括"T、Q、C、R、E"五大运行目标，即期望再制造生产系统在运行过程中实现周期短、质量好、成本低、资源节约且对环境影响小，最终达到经济效益和社会效益协调优化，最大限度地发挥再制造先进技术装备与循环效益优势，是可持续发展战略在再制造工程实践中的直接体现；第二层是第一层战略目标的功能支撑层，为考虑了多目标优化运行目的再制造生产系统规划提供方法与技术支撑，包括再制造回收阶段与再制造生产阶段规划两大功能，其中，再制造回收阶段主要解决回收模式与时机规划问题，再制造生产阶段主要涉及再制造性评价与工艺规划、再制造车间任务规划、再制造产品可靠性评估与增长规划等功能，两大阶段的规划构成了再制造生产系统规划的基本内容模块；第三层为运行流程层，是再制造生产系统规划作用的主要对象环节，包含两条运行流程主线，即多任务执行过程和多设备运行过程两大主线，共同面向由废旧产品回收、再制造方案设计、再制造加工、再制造产品检测等生产运行流程；第四层为运行数据层，为整个再制造生产系统规划的运行提供数据支撑，包含原始产品设计数据库、原始产品运行与维护数据库、失效毛坯检测数据库、再制造产品设计数据库、再制造产品工艺过程数据库和再制造产品可靠性检测数据库等模块。

2.3.2 再制造回收模式与时机规划

回收废旧产品是再制造生产系统规划的首要环节。废旧产品回收的接收方是再制造企业，供应方是客户，这样就形成了一对多的局面，具有分散性和随机性的特点，这些特点反映到废旧产品回收环节，多表现为对客户使用行为或下游成员的产品退回行为的被动反应，而不是企业规划或决策的结果，导致了废旧产品产生的时间和数量的不确定性，大大增加了废旧产品回收的困难度，严重影响了再制造生产中原料的供应。在再制造生产系统规划中，只有回收足够的废旧产品数量才能获得再制造的规模效益。选择什么样的回收模式，保证稳定的回收渠道与回收数量，提高废旧产品回收率；在什么时机进行废旧产品回收，避免废旧产品被过度使用而造成的再制造成本高或无法再制造，最大化废旧产品再制造的经济效益与环境效益，成为废旧产品回收环节的两大关键问题，需要科学、有效的废旧产品回收时机规划理论与方法作为支撑。

1. 再制造回收模式规划

在生产商延伸制度下，依据对回收活动的主导角色，可以将再制造回收组织模式分为三种：制造商回收（Manufacturer Take-Back，MT）、零售商回收（Retailer Take-Back，RT）、第三方负责回收（Third Party Take-Back，TPT）。除了单一渠道回收模式外，还有混合回收模式，根据供应链逆向渠道参与方的不同，所对应的混合回收模式有：制造商和零售商混合回收（Manufacturer Retailer Hybrid Take-Back，MRHT）、零售商和第三方混合回收（Retailer Third–Party Hybrid Take-Back，RTHT）、制造商和第三方混合回收（Manufacturer Third–Party Hybrid Take-Back，MTHT）。再制造回收模式规划是以提高废旧产品回收率和再制造率为目标，以回收过程产生的经济成本、环境效益和社会影响等为基本约束条件，以便于废旧产品再制造生产组织，利于再制造生产系统整体效能发挥最大化为原则，从多种不同的再制造回收模式中选择合适的回收模式的过程。

再制造回收模式规划的内涵主要包含如下几个方面。

1）再制造回收模式规划的方案具有多样性。针对不同再制造企业的生产条件，面向不同的再制造产品，依据不同的规划标准，有多种不同的回收模式可以作为备选规划方案，不同的回收模式规划方案在企业的回收体系构建成本、经营风险、信息反馈速度、信息保密程度和服务专业化程度等方面均具有各自的优缺点，再制造回收模式规划即从不同的回收方案中选出最符合再制造企业需要且最有利于产品再制造的模式，再制造回收方案的正确选择将对企业提高废旧产品回收率，以及促进再制造闭环供应链的完善起到重要作用。

2）再制造回收模式规划的决策指标具有多属性。再制造企业进行废旧产品回收时会产生初始回收点的运营费用、处理中心的建设费用、运营成本、运输成本及人工成本等，追求经济利益最大化是企业的目标，因此成本是再制造回收模式规划的重要决策指标。但也应该兼顾回收过程的环境效益和社会影响等，合理的回收模式有利于节约资源、保护环境，塑造企业良好的社会形象。并且产品回收渠道的组织依赖于产品特性、逆向供应链结构和再制造企业的能力等。因此只有综合考虑多属性的决策指标，才能保证再制造回收模式规划的效能。

3）再制造回收模式规划的方法具有集成性。再制造回收模式规划方案的多样性以及决策指标的多属性，决定了全面的回收模式规划的指标体系是由大量的定性和定量指标共同组成的。因此再制造回收模式难以采取单一的定量计算或定性评价的方法进行规划，建立定性分析和定量计算两者集成的方法体系，才能确保再制造回收模式规划的有效实施。

▶ 2. 再制造回收时机规划

传统的再制造模式下，废旧产品的回收时机往往选择在产品报废失效后，即"末端再制造"，这也是当前再制造回收的主流模式。然而对其进行再制造时，往往有一部分附加值高的关键零部件严重失效到无法进行再制造，最终只能以报废的形式进行处理，这种形式的回收通常会对环境造成污染，并形成资源浪费，再制造效益低。

产品在服役过程中不可避免地会出现故障失效的现象，在服役前期常采用维修策略进行功能恢复，但在产品服役后期，由于疲劳、磨损以及腐蚀等多种失效形式的耦合作用，使得产品的失效频率增高，维修次数和维修成本也逐渐上升，频繁地采用维修策略经济性并不高，选择恰当的时机对产品进行回收再制造，实现性能修复和提升非常关键。产品的故障率是随使用时间规律变化的，大致分为三个阶段，即早期故障期、偶发故障期和耗损故障期，这个变化曲线即为浴盆曲线，如图 2-7 所示。

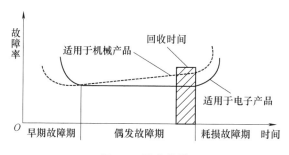

图 2-7　浴盆曲线

从图 2-7 中可以看出，再制造具有回收时机最佳性特征，回收时间过早，产品的原始使用价值未得到充分利用，造成资源浪费；回收时间过晚，旧件的再制造难度增大，可再制造性不高。因此对废旧产品的回收时间节点进行主动控制，在产品零部件还没有完全失效的情况下就将其回收进行再制造，即在偶发故障期或耗损故障期的某个时间进行回收，则关键零部件的可再制造率即可大大提高。由此可知，什么时期采用维修策略，哪个时间点之后进行产品回收、实施再制造策略，这都需要进行合理规划，从而使产品在多生命周期内服役的经济效益和环境效益均达到最佳。

再制造回收时机规划的内涵主要包含如下几个方面：

1）再制造回收时机规划的目的在于确定废旧产品进行主动回收的最佳时间区域。目前，主动再制造已经得到了学者与从业者的广泛认同，相对于在产品废弃后再对其零部件进行单件的、个性化的复杂决策（即决策其能否再制造的被动再制造模式），主动再制造是通过对产品整个生命周期的经济性、环境性和技术性等整体性能的多目标决策确定一个时间区域，当产品使用到该时间区域时，便主动地对其进行再制造。由于产品的性能演化规律决定了产品在服役过程客观上必定存在最佳的再制造时间区域，在这一最佳的时间点进行回收，恢复原设计功能、性能可达到最优，产品的可再制造性最佳。

2）再制造回收时机规划的重要作用在于能够有效降低由废旧产品即再制造毛坯、投产时机与数量不确定性对再制造生产系统带来的影响。对于同一再制造方案、同一批次的产品，在正常的工作状态下，由于再制造时间的主动选择，再制造毛坯在数量和质量上的不确定性得到最大限度降低，有效地规避了被动再制造模式下不确定性所造成的影响，从而使得再制造工艺相对一致，加工质量与产品可靠性得到一定程度的保障，且易于实施车间再制造生产任务的计划与调度，能够实现再制造的批量生产，对再制造工程的产业化、规模化发展起到促进作用。

3）再制造回收时机规划的本质在于产品服役周期与再制造综合效益的博弈。产品在服役过程中，随着服役周期的增加，零部件的磨损加剧，产品性能变差，故障率上升，到达耗损故障期。此时，发生失效的零部件数量增多，其性能演化规律大致服从"浴盆曲线"，从产品的服役时间进入浴盆曲线的第三阶段开始，产品性能急剧下降，直至失效。若再制造时间选择点为产品失去服役能力后，则此时的再制造费用昂贵，难度较大，零部件往往损耗严重，甚至丧失再制造的价值，造成对资源的极大浪费。如图 2-8 所示，通过对产品服役周期与再制造综合效益的博弈，规划再制造回收时机，在该时间区域对产品进行再制造改造和升级，产品的可再制造最佳、经济性最好且技术性要求最低。

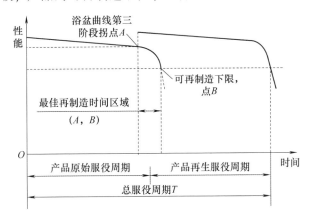

图 2-8　产品服役周期与再制造综合效益的博弈

2.3.3　再制造性评价与工艺规划

对废旧产品及其零部件的再制造性评价与工艺规划是再制造车间生产实施的前提。由于再制造毛坯服役状况和缺陷形式的不确定性，以及再制造生产需求的高度个性化，致使废旧产品及其零部件能否再制造，以及如何再制造存在较大的模糊性及波动性。因此，在实施再制造生产前，需要对废旧产品及其零部件进行再制造性评估与工艺规划，从而制订科学合理的处理策略、工艺路线与工艺参数，最终形成详细的再制造生产方案。

1. 再制造性评价

再制造性是指废旧产品在规定的条件下和规定的时间内，综合考虑技术、经济和环境等因素，通过再制造能使其恢复或升级到规定性能的能力。产品经过一段时间的服役后，其零部件的性能可能存在不同程度的损伤，产品能被再制造的前提条件是产品或零部件所损伤的性能可以被恢复。规定的条件即现有的再制造设备、工具、人员、技术资料和运输条件等，当再制造条件不同时，同一产品的再制造性很可能不同，只有在具体条件下讨论再制造性才有意义。规定的时间是指废旧产品从拆卸开始到生成再制造产品所用的时间。规定性能是指再制造产品所要达到的性能要求，一般不低于原型新品性能。

废旧产品可再制造性评价以废旧产品为评价对象，综合考虑废旧产品的失效状况、再制造技术性、经济性和环境性等因素，是一个极其复杂的过程，其评价结果是实施再制造的决策依据。因此，在对废旧产品实施再制造之前，需要对其可再制造性进行科学、合理的评价。废旧产品再制造性评价的内涵概括为以下几点：

（1）评价对象的特殊性　再制造性评价的对象是废旧产品，不同废旧产品所具有的剩余价值及毛坯质量状况不相同，从而导致废旧产品的可再制造性也不相同。废旧产品的再制造性是其固有属性，包括固有再制造性和使用再制造性，是由产品设计阶段、使用阶段和再制造阶段共同决定的。产品设计阶段决定了废旧产品的固有再制造性，使用阶段和再制造阶段决定了废旧产品的使用再制造性。

（2）评价因素的全面性　废旧产品可再制造性评价既要考虑产品自身质量状况，还要考虑当前的技术水平，以及在现有技术水平下进行再制造时，技术性、经济性、环境性和服役性是否可行，从而建立零部件层再制造性评价指标体系。在技术性指标中，主要考虑失效特性和工序可行性；在服役性指标中，重点考虑剩余使用寿命、服役性能和服役时间，通过对相关指标的量化，确保评价指标建立的全面性。

（3）评价过程的科学合理性　科学合理的评价过程能确保废旧产品及其零部件再制造性评价结果的准确可靠，废旧产品的再制造性评估一般从废旧产品的剩余寿命评估开始，一直到废旧产品的处理策略生成结束为止，是综合考虑多因素进行定性与定量相结合的评价过程，从而科学有效地挖掘废旧产品所蕴含的剩余价值。

▷ **2. 再制造工艺规划**

再制造工艺规划决定着产品如何加工，是生产准备的第一步，是一切生产活动的基础。再制造工艺规划以废旧产品全生命周期为指导，确定合适的工艺方法及其加工参数，对废旧产品及其零部件进行修复和改造，是废旧产品与再制造产品之间的桥梁，如图2-9所示。再制造工艺规划对保证产品质量、提高劳动生产率、降低加工成本、缩短生产周期以及优化利用资源都有直接影响，因此，制订合理的再制造工艺规划方案显得尤为重要。

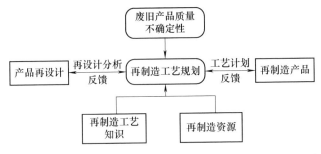

图 2-9　再制造工艺规划——废旧产品与再制造产品之间的桥梁

在再制造工艺规划之前，首先要制订废旧零部件再制造工艺规划的任务目标，然后根据各任务目标的特点及需求，对废旧零部件再制造工艺规划的关键技术进行深入研究，建立一整套再制造工艺规划技术流程，其次要在再制造工艺规划实施过程中，不断完善和优化再制造工艺规划技术流程，推动废旧零部件再制造工艺规划的持续改善。由于废旧零部件再制造工艺规划本身包含众多因素，再加上废旧零部件质量的不确定性对再制造工艺规划过程变量的作用，使得工艺规划中各要素关系相当复杂。再制造工艺规划的特点如下：

（1）工艺约束条件多　再制造过程中涉及一系列工艺约束，如加工路线、设备参数和技术手段等。

（2）再制造工艺路线不确定性　再制造以废旧零部件作为毛坯，其失效特征及质量水平存在一定的差异，使得再制造路线呈现出随机性。

（3）经验与试探性很强　再制造工艺规划过程难以用定量关系来描述，并存在许多不确定性因素。因此再制造工艺流程的设计离不开经验，而且设计出的工艺流程一般都要经过反复的修正过程。

（4）具有一定相似性工艺实例大量存在　多数情况下，废旧零部件再制造是通过修改或重用以前类似的经验方案，这种基于实例推理的技术是对企业已有的工艺设计资源和设计经验的一种选择性的继承和发展，它不仅使得企业原有的设计资源得到重用，而且大大提升了企业的再制造能力和效率。

2.3.4　再制造车间任务规划

再制造车间任务规划对于降低再制造生产成本、提高再制造效率、缩短再制造周期和节约能源消耗等均起着非常关键的作用，是实现再制造车间运行高效率、高柔性和高可靠性的核心。相比于传统制造车间，再制造车间的生产流程长、物流混乱、可变因素众多且随机扰动情况复杂，传统的任务规划方法难以直接应用于再制造生产，面对日渐扩大的再制造产业规模，如何在满足再制造生产运作中多相关约束（资源约束、技术约束和交货期约束等）条件下，快速反应多可变因素造成的实时随机扰动，实现再制造车间生产性能（再制造成本、效率及能源消耗等）的最优化显得尤为重要，亟需将现有的规划方法与再制造的个性化生产特点相结合，提出适合于再制造的车间任务规划方法。

1. 任务规划中的扰动特征

在实际的再制造生产过程中存在大量的随机扰动事件，如紧急插单、交货期变动、加工延迟或提前、报废品产生、设备保养与维护等。这些随机扰动事件对再制造车间任务规划方案造成不同程度影响，因此，在再制造车间任务规划的过程中，其任务规划方案并非一成不变，通过对随机扰动事件的分类分析，对于结合任务规划的基本内容，制订相适应的扰动响应策略与重新进行任务规划的机制十分重要。

根据扰动事件的来源形式，再制造车间的扰动可划分为以下两类：

（1）来自车间内部环境的扰动　这类扰动主要体现在任务规划中和工件状态与设备处理能力上，是由内部环境变化引起的，本质上是生产车间环境与工艺的复杂性所致，具体指设备的生产能力、在制品的存放时间、工件的准备与加工时间和工件的运输时间等变化的扰动，也指产品在设计和工艺规划过程中可能存在的缺陷导致其不能顺利地被再制造加工，各种故障随时可能出现，另外人员在加工过程中因操作不熟练造成的操作失误或操作延迟、因身体不适或心情波动造成的工作效率不稳定、关键技术人员紧缺和操作人员缺工等也是非常重要的扰动。这些扰动因素常常导致现有的任务规划方案失去效应，从而导致整个生产系统的效率降低，进一步影响生产系统的性能。

（2）来自车间外部环境的扰动　这类扰动主要受市场经济体制以及外部环境或条件变化影响，如产品的需求量与价格波动、外购件加工与采购周期变化、客户临时增加或取消订单等。这些扰动与车间生产系统自身无关，是由车间外部环境变化引起的，但这些扰动发生时，若不能及时对其响应和处理，则必然会影响现有作业的执行。

基于不确定扰动事件对再制造车间任务规划的扰动类型和扰动程度，可将其划分为以下两类：

（1）确定型扰动事件　导致现有规划方案失效的确定型扰动事件，如客户追加大量订单和订单加急等确定扰动事件，将直接影响车间层批量划分。这类扰动事件对原方案影响变化幅度大、变化时间无任何预兆且呈离散分布，对现有规划方案的破坏非常严重，需针对当前工况对已有调度方案进行全局修正，从车间层批量划分开始响应，重新制订任务规划方案。

（2）模糊型扰动事件　对现有调度方案的影响不确定的模糊型扰动事件，如取消订单、工件报废和在制品数量变化等不确定扰动事件。这类扰动事件对原方案的影响程度不确定，可能是轻微影响，也有可能扰动多次积累后，造成原方案的失效，需要根据实际的生产环境与生产条件进行扰动程度的评估分析，从而进一步判断重新进行任务规划的响应时机和响应层级。

面向生产任务，再制造车间跨越了车间层、工艺单元层和设备层等不同层级，车间层由一条或多条工艺链（多台加工设备交互）构成，为减少物料转移次数与生产准备时间、提升加工效率与工人操作技能等，工艺链通常采用成组技术布局，将不同的加工设备按其工艺特征划分为多个工艺单元来完成具有相同或相似工艺的加工任务；工艺单元层主要由缓冲区以及单台或多台具有相似功能的加工设备构成；设备层则表现了设备个体具体加工运行活动的不同状态，包括待机、空载、负载等。不同层级任务规划的功能与目标不同，可归纳为以下三个子问题：

（1）车间层批量划分问题　批量划分是再制造企业对再制造产品的市场需求、车间的加工技术和加工能力等约束进行系统评估后，做出车间任务统筹安排，在生产周期内，以启动生产成本、库存持有成本和逾期拖欠成本等为目标，合理规划每个时间段投产再制造产品及其零部件的类型和数量，形成各时段的待加工批量任务集。

（2）工艺单元层任务分配问题　工艺单元可根据加工任务或实际生产要求的变化快速调整，适用于多品种、小批量再制造柔性生产。工艺单元层任务分配问题要求根据批量任务集，以综合生产效益（加工效率、加工成本和能源消耗等）为目标，合理分配加工任务到每个工艺单元，同时从工艺单元中选择最优的加工设备，即为各工艺单元内部各加工设备分配最优的加工批量任务。

（3）设备层作业任务排序问题　作业任务排序以各设备接收到的生产效益最优的加工批量任务为对象，通过对各设备加工任务中不同零部件划分子批量，并调整子批量的加工顺序，使车间生产任务的完工时间最短。

2.3.5　再制造产品可靠性评估与增长规划

再制造产品可靠性是指在规定的条件下和规定的时间内，产品（总成或零部件）无故障运行并完成规定性能的能力，是再制造产品质量的重要评价指标之一。再制造产品的毛坯是废旧零部件，通常被认为是"二手产品"，其性能与可靠性不能保证，造成再制造产品市场份额不高、产业发展缓慢。因此，再制造产品可靠性评估与增长规划是再制造车间生产规划亟需解决的问题。

通过研究再制造产品可靠性评估方法，获取产品再制造生产过程与再服役使用过程的可靠度，识别瓶颈环节与关键影响因素，构建可靠性增长规划模型，从再制造产品设计阶段、产品再制造加工阶段、产品再服役使用阶段，提供再制造产品可靠性增长方案，保证再制造产品性能优良且经久耐用，对于提高再制造产品的公众接受度、增强再制造产品与企业的市场竞争力具有重要的意义和作用。

▷1. 可靠性评估

现阶段针对再制造产品的可靠性研究很少，其研究多基于传统制造新产品的可靠性理论，利用概率统计方法对产品的可靠性特征量进行统计推断，包括点估计、区间估计和假设检验等。然而，再制造产品的可靠性不但与再制造工艺条件和加工技术相关，还与其服役使用环境、维护保养技术相关。因此，全面而准确地评估再制造产品可靠性的好坏，需要综合考虑再制造产品加工工艺过程的可靠性与再服役使用过程的可靠性。

（1）加工工艺过程的可靠性　再制造产品工艺过程涉及加工对象（废旧产品及零部件）、再制造工艺方法、再制造设备（拆解设备、清洗设备、再加工设备、再装配设备及检验检测设备）、工艺装备（刀具和夹具等）以及工艺操作人员等，是一个复杂的动态过程。整个过程具有工艺路线随机性及不确定性、零部件损伤信息不可知性和再制造工艺特殊性等特点，必须对所有再制造零部件的可靠性进行严格检验，以保证再制造零部件达到新零部件的出厂标准。

（2）再服役使用过程的可靠性　再制造的生产任务多为小批量生产，可供分析的样本数量较少，可通过信息融合技术，将这些试验信息、历史信息等多种信息进行分析、关联和处理，从而获得再制造产品运行更广泛的可靠性信息和更可信的再制造产品可靠性评定或预测结论。

▷2. 可靠性增长规划

再制造产品的可靠性增长规划是通过不断优化影响可靠性的潜在因素，使最终产品可靠性得到保证和提升的过程。其实现的关键是针对再制造设计阶段、再制造加工阶段和使用阶段中影响最终产品可靠性的薄弱环节提出改进措施，并预测未来故障的发生时间，分析再制造产品可靠性增长趋势，主要分为以下三个阶段：

（1）设计阶段　根据客户对再制造产品的性能要求，制定产品可靠性设计标准；进行再制造产品可靠性分配，对故障率较高的新件、再制造件和原件等进行可靠性规划，完善与改进产品可靠性设计方案。

（2）加工阶段　对直接影响质量的再制造工序进行严格控制，确保该工序符合规定要求；建立再制造工艺质量控制点，对各关键再制造工序进行严格检验，合格后才能转入下一道再制造工序，注重关键结构件的精密加工工艺，制订严格的关键件再制造工艺路线等；对再制造机床关键配套件及再制造件等进行优选；结合再制造机床装配质量要求，建立合理的装配调试工艺和规范，采用先进装配调试工艺装备和测试检验设备，以保证装配调试质量。

（3）使用阶段　在使用过程中对故障信息进行整理并做统计分析，针对发现的再制造产品薄弱环节，加强相关子系统、单元等的维护保养；使用时严格遵守注意事项和操作规范，保证其在使用时的可靠性，同时进行质量反馈和技术改进。

▶▶ 2.3.6　再制造生产规划实施

再制造生产规划实施从再制造回收阶段与车间生产阶段入手，对废旧产品的回收、再制造方案设计、再制造加工运行、再制造产品检测中综合性能表现不佳的环节及其要素进行优化重组，实现再制造生产过程的资源利用最大化、环境污染最小化和经济利润最大化，维持再制造生产系统的整体最优状态，实现再制造企业的最大综合效益。

为全面分析再制造生产规划实施的关键要素，明确再制造生产规划实施的主要内容，提出了一种"一条主线，四大体系"的再制造生产规划实施的总体方案，如图 2-10 所示。"一条主线"是指再制造生产规划实施的过程主线；"四大体系"是指再制造生产规划的技术支撑体系、知识支撑体系、措施保障体系和标准规范体系。

再制造生产规划的实施过程是再制造生产规划系统实施框架的核心和主线。首先要设计再制造生产规划系统，包括系统需求分析、系统结构设计、系统功能设计和系统运作流程设计等，明确各阶段各环节的关键问题与任务，并根据各环节任务的特点及功能性需求，对再制造生产规划的关键技术进行系统、深入的分析，建立覆盖产品再制造生产全流程的再制造生产规划实施体系；其次要在实施中不断改善和优化再制造生产规划实施流程，在不断的试验与研究中，掌握其内在规律和本质，从再制造与决策、试验与优化、维护与开发、分析与评价等方面，推动再制造生产规划实施过程的持续改善。

知识支撑体系是再制造生产规划持续发展的重要源泉。再制造生产规划的知识支撑体系的构建主要包括以下几个方面：

1）对我国再制造生产规划经验进行总结，包括废旧产品回收机制、零部件失效机理、剩余寿命评估方法、再制造加工方法、产品质量检测方法等。

2）引进国外再制造生产规划技术，并消化与吸收，以及借鉴国外先进的再制造生产规划的实施模式。

3）开展试验模拟分析，持续改进再制造生产方案，并促进再制造生产规划实施的技术支撑体系、标准规范体系和措施保障体系的不断丰富与完善。

技术支撑体系是再制造生产规划实施的关键。再制造生产规划实施过程的效能，在很大程度上是由技术支撑体系决定的。再制造生产规划技术支撑体系主要包括以下几个方面：

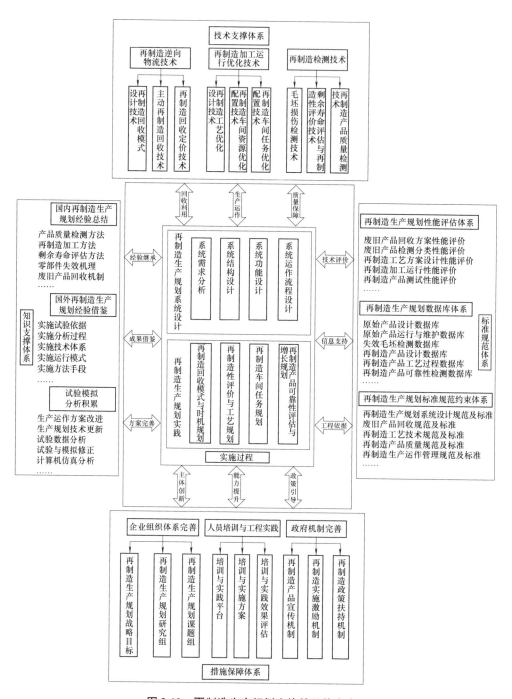

图 2-10 再制造生产规划实施的总体方案

1）再制造逆向物流技术，包括再制造回收模式设计技术、主动再制造回收技术和再制造回收定价技术等。

2）再制造加工运行优化技术，包括再制造工艺优化设计技术、再制造车间资源优化配置技术和再制造车间任务优化配置技术等。

3）再制造检测技术，包括毛坯损伤检测技术、剩余寿命评估与再制造性评价技术和再制造产品质量检测技术等。

标准规范体系是提升再制造生产规划性能的重要依据。为支持、指导和规范再制造生产规划的实施，需要建立与完善再制造生产规划性能评估体系、数据库体系和标准规范约束体系。再制造生产规划性能评估体系是指对再制造生产运作过程中的废旧产品回收、废旧产品检测分类、再制造工艺方案设计、再制造加工运行和再制造产品测试等环节进行评价的模型库和方法库；再制造生产规划数据库体系为实施再制造生产规划提供必要的信息支撑，包括原始产品设计数据库、原始产品运行与维护数据库、失效毛坯检测数据库、再制造产品设计数据库、再制造产品工艺过程数据库和再制造产品可靠性检测数据库等；再制造生产规划标准规范约束体系是指在再制造生产规划过程中支持系统设计、废旧产品回收、再制造、质量和生产运作管理等的技术标准与规范。

措施保障体系是从主体、人才和政策等方面实施再制造生产规划的重要保证。再制造生产系统规划的实施，一方面要强化企业再制造生产规划的系统意识，发挥企业作为技术创新主体的积极作用，加强企业再制造生产规划技术创新能力，支持研发和应用新技术和新工艺；另一方面要建立完善的人员培训与工程实践相结合的再制造生产规划人员的能力提升机制，加速人才队伍的建设，为再制造生产规划提供人才保证；此外，政府有关部门需要进一步加大再制造的宣传、激励和引导，促进我国再制造企业变被动为主动，尽快顺应内外部经济环境和发展形势，深化对再制造的认识，有步骤、分阶段地将再制造生产规划真正融入再制造工程实践中。

2.4 再制造保障资源规划

2.4.1 再制造生产设备规划

1. 概述

再制造设备是指废旧产品再制造生产所需的各种机械、电器和工具等的统称。一般包括拆解和清洗工具设备、检测仪器、机械机工和表面加工设备、磨合与试验设备以及包装工具设备等。另外，一些再制造过程中的运输设备和仓储设备等也属于再制造保障设备。再制造设备是再制造保障资源中的重要组成部分，在具体废旧产品再制造前，必须尽早考虑和设计，并在再制造阶段及时进行丰富与完善，以满足高质量再制造的需求。

再制造设备分类方法较多。就其用途，再制造设备可以分为机具与加工设备、计量与校准设备、检测与测量设备、试验设备和搬运设备等。最常见的分类方法是根据设备的通用程度，分为通用设备和专用设备。

通用设备是指通常广泛使用且具有多种用途的再制造设备，如手工工具、压气机、液力起重机、示波器和电压表等。

专用设备是指专门为某一产品所研制的，能完成某种特定再制造功能的设备，如为完成发动机气门座的性能恢复而专门研制的微弧等离子自动加工机。专用设备应根据再制造规模及技术需求而进行研制或采购。

▶ 2. 确定再制造设备的影响因素

如果再制造生产设备确定不当，则可能致使一些设备长期闲置，而有些设备保障能力不足，给废旧产品的再制造能力造成直接影响，还会影响企业的生产规划。因此，正确、合理地选择和确定再制造设备是再制造保障资源中的第一个环节，必须严格把好这一关，为再制造选择技术上先进、经济上合算、工作上实用、生产上环保的废旧产品再制造设备。在确定再制造生产设备时应考虑以下几方面问题：

1）根据再制造的废旧产品种类和数量，预计废旧产品的随机到达数量和质量。

2）废旧产品的再制造费用或平均再制造费用。

3）保障设备的设计特性，除任务功能和性能外，还包括可靠性、维修性、测试安装时间、操作方便性及利用率等。

4）工作与环境因素，包括工作日的长短、人员效率以及温度、噪声等与人有关的环境因素。

5）要考虑各再制造岗位的设置及其任务分工。应根据再制造工作和再制造方案分析的结果，综合考虑各再制造岗位的任务。当现有设备数量、功能与性能不能满足复杂废旧产品再制造需要时，再考虑补充再制造设备。

6）应使专用设备的品种和数量减少到最低限度。规划再制造设备时，在满足再制造生产要求的前提下，应优先确定通用的再制造生产设备，特别是自制产品。

7）要综合考虑再制造生产设备的适用性、有效性、经济性和设备本身的保障问题。

8）再制造生产设备应强调标准化、通用化、系列化、综合化和小型化。在满足功能和性能要求的基础上，力求简单、灵活、轻便、易维护，且便于运送和携带。

⟫ **3. 再制造设备确定工作流程**

应用再制造工作分析，并参照现有废旧产品技术参数及选定的废旧产品再制造保障方案，根据各再制造岗位应完成的再制造工作，确定再制造设备的具体要求，并据此评定各再制造岗位的再制造生产能力是否与生产计划相配套。

当废旧产品再制造前对每项再制造工作进行分析时，要提供保障该项工作的再制造设备的类型和数量方面的需求资料，利用这些资料可确定在每一再制造岗位上所需再制造设备的总需求量。

当需要配备价格十分昂贵的再制造设备时，应慎重研究，进行费用权衡，尽量寻找廉价的替代品，必要时甚至可考虑修改再制造生产方案。根据再制造工作分析中确定的再制造生产任务与生产保障设备之间的关系，以及保障设备功能要求和被加工单元的参数描述，参考废旧产品的品质和状况，可以确定出在各个再制造岗位上需配备的生产设备的品种与数量。

总的来说，再制造生产设备选用的基本原则是优先选用通用生产设备，其次为专用生产保障设备。对于正常运行的再制造企业，在进行新类型再制造产品生产保障设备配置时，要按已有保障设备、对已有的保障设备进行局部改造、沿用货架产品、对货架产品进行改造以及新研制保障设备的顺序，来确定新类型废旧产品再制造生产保障设备。

在确定再制造设备前，要论证并确定包括再制造产品的可靠性、维修性等要求在内的性能要求，要制订出完整的计划，说明应进行的工作，严格地执行规定的作业程序，明确与相关专业工作的接口，并做好费用和生产进度的安排。保障设备类型、数量确定计划的实施，保证所确定的再制造设备要求的落实。

各级再制造机构配备的设备类型、性能和数量等，必须与产品再制造所采用的技术和再制造任务量相适应，并与再制造人员的技术水平相匹配。配备的设备种类和数量，既要保证再制造任务的完成，又要考虑设备的利用率和经济性。保障性分析对设备提出的要求，是确定配备设备的重要依据。在实际工作中，可按给定的再制造任务量和再制造工时定额等计算设备配备的数量。

图 2-11 所示为废旧产品再制造生产保障设备确定过程。要在再制造生产实践中，来检验再制造设备保障的总体性能（含可靠性）和完备性，并根据需要进行改进和补充。这种改进、补充同样要遵循以上程序。

⟫ **4. 再制造设备类型确定方法**

依据再制造工程分析结果所确定的产品再制造策略、再制造时机、再制造费用、再制造环境及再制造时间等，并参考废旧产品通常再制造生产设备需求和类似产品的再制造设备需求，可以初步确定产品所需再制造生产保障设备的清单。在确定再制造生产保障设备初步清单时，可以采用多种方法辅助进行。由于再制造设备类型确定考虑因素相对较少，又有大量的相似产品可供借鉴，因此采用的辅助方法的程序大多并不复杂，专家打分法是常采用的一种方法。

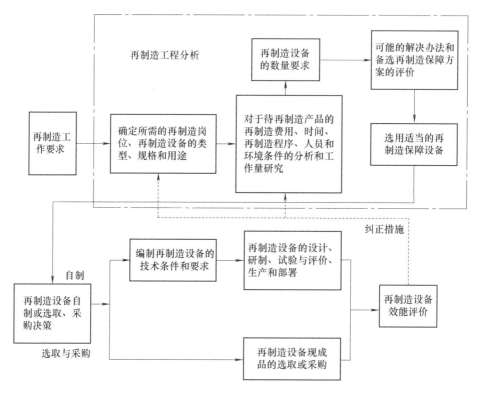

图 2-11　废旧产品再制造生产保障设备确定过程

专家打分法是一种定性的分析方法，在确定再制造生产保障设备初步清单时非常有效。该方法是在经过再制造工程分析，确定了恢复性再制造与升级性再制造等再制造策略和再制造方案，并进行了再制造工作划分之后的基础上，邀请一些在废旧产品再制造中积累了丰富经验的专家，对再制造工作可能使用的设备资源予以打分，并由决策者根据各位专家的权重进行加权分析，最终根据分值比重确定出初步的再制造生产保障设备清单。

采用专家打分法确定再制造设备类型的方法非常简单，即罗列所有可能的再制造设备选项，由专家组成的评定小组予以打分，并对各个单项设备依据各个专家的权重系数进行汇总，按分值的高低，同时权衡经费需求，选择所需的再制造生产设备即可。专家打分评定表见表 2-1。

表 2-1　专家打分评定表

评定设备的名称	
该设备的零部件倘若故障或失效会影响产品的正常再制造运行吗	
使用该设备的产品部件因故障或失效而需要维修的频率高吗	
该设备用于再制造的拆解、清洗还是加工等功能	
产品再制造配备的现有其他设备或方法可以替代吗	
有其他更为简易的设备或方法予以替代吗	
真的是必需的吗	
……	
该设备需求状况的最终打分	

注：对于表中的问答，回答是或否；对于最后一项，应参考前几项的答案，打出具体的分数 P。

当评定小组各专家打分完毕后，予以汇总，利用式（2-9）计算出某产品的专家总体评定分数：

$$M = \sum_{i=1}^{n} \beta_i P_i \qquad (2\text{-}9)$$

式中　M——某产品的专家总体评定分数；

　　　β_i——第 i 个专家的权重系数；

　　　P_i——第 i 个专家对该产品的评定分数；

　　　n——评定小组专家总数。

将再制造生产设备予以罗列，比较 M 值的大小，通过权衡分析可以确定出再制造生产保障设备的初步清单。然后，对初步确定的再制造生产保障设备清单进行筛选、合并、综合，并依据如下工作确定出最终的再制造生产保障设备清单：

1）逐个分析每一生产保障设备，考虑其在再制造工作中的必要性，如果可有可无，则再参考下面几条，确定是否删除。

2）分析保障设备技术上实施的可行性。

3）进行保障设备的费用分析，确定配备该保障设备的效益。

4）对各种分析中同一系统提出的相同项目进行合并。

5）对各种分析中不同系统提出的相同或相似项目进行综合。

6）分析提出的保障设备是否满足再制造产品使用方提出的性能指标要求。

2.4.2　再制造人员规划

1. 再制造人员确定依据与步骤

人员是完成废旧产品再制造的重要组成部分。在废旧产品再制造时，必须要有一定数量的、具有一定专业技术水平的人员从事再制造的生产工作，以生成能够重新销售使用的高质量再制造产品。因此，在产品再制造前及再制造过程中，必须确定再制造生产所需的人员数量、专业及技术水平等人力因素，并对再制造人员进行有效的管理、强化培训与考核，实施合理的激励政策，减少或避免再制造差错，提高人员综合素质。

（1）人员确定的主要依据　在确定再制造人员专业类型、技术等级及其数量时，主要依据如下：

1）废旧产品再制造工作分析结果。

2）不同类型废旧产品回收规模及品质。

3）类似废旧产品的再制造人员需求。

4）再制造生产批量和岗位设置。

5）所属企业的专业类型、人员编制及培训规模等。

（2）再制造人员确定的一般步骤　在进行废旧产品再制造人员确定时，废旧产品再制造部门可以把人员的编制定额、专业设置、培训情况和技术水平作为确定再制造人员要求的主要约束条件，从产品设计阶段增强产品的再制造性设计。在产品退役后，要根据相关依据进行再制造人员分配，开展再制造的生产保障工作规划，并根据实际退役产品的性能状况，对人员配置及岗位设计进行调整。再制造人员的数量、专业和技术等级，依据不同的再制造单位、废旧产品类型及再制造生产技术含量，通常按以下步骤加以确定：

1）确定再制造人员专业类型及技术等级要求。根据再制造工作分析对所得出的不同岗位的专业工作加以归类，并参考以往产品再制造工作经验和类似产品再制造人员的专业分工，确定再制造人员的专业及其相应的技能水平。

2）确定再制造人员的数量。根据再制造工作分析，需要做必要的岗位和工作量的分析、预计工作，通常可利用有关分析结果和计算模型来确定再制造人员的数量。

▶▶ **2. 再制造人员类型的确定**

再制造人员类型的确定主要涉及人员的专业及其技术等级。对于人员类型的确定，依据再制造工作类型、再制造岗位设置及废旧产品类型与品质等信息，参考普通生产人员配置合理与不合理之处以及类似产品再制造的人员配置模式，采用不同的确定方法来确定主要的人员类型。确定人员类型的方法很多，且多是定性的方法，如专家打分法和相似系统法等。这里主要介绍相似系统法。

相似系统法作为一种定性的分析方法，在人员数量的具体确定上存在较大的困难，但在确定人员类型上，它却是一种快速而有效的方法。现实中，在确定人员需求时，由于很多情况下都缺乏必要的数据，人们分析某一事物时，首先要选定一个熟悉的相似系统进行对比，进而产生一定的感性认识并进一步具体分析。因此，相似系统法的基本思路：分析人员首先选定与待定再制造产品比较相似的产品，进而根据相似产品的再制造保障人员类型确定待定产品的保障人员类型。根据具体情况，可以选择相似的整产品，也可以选择产品中的相似零部件。相似产品的选取是以专业分类作为基准的，即以某类专业为准，确定待定再制造产品的相似产品，即基准比较系统。确定相似产品时，以下几项内容必须具备：

1）与待定再制造产品相似的产品结构、功能。

2）与待定再制造产品相似的退役状态。

3）与待定再制造产品相似的退役批量。

4）与待定再制造产品相似的年再制造生产计划。

5）与待定再制造产品较为相似的再制造策略。

6）与待定再制造产品较为相似的人员编制情况。

通常状况下，对于待定再制造产品，以整产品作为相似系统的情况较少。因此，可以将待定产品划分为足够小的局部系统，并为各个局部系统寻找相似系统，依据相似系统的人员类型配置状况决定待定产品各个局部系统的人员类型状况，进而予以权衡分析，确定待定产品整体的人员类型状况。对于这一方法，没有明确规定的程序，只要遵从其方法思路，达到预期效果即可。

▶▶**3. 再制造人员数量的确定**

（1）直接计算法 通过计算各再制造单位的再制造工作量，直接计算各设置的再制造岗位对再制造技术人员的数量要求：

$$M = \frac{\left(\sum_{j=1}^{r} \sum_{i=1}^{k_j} n_j W_{ji} \right) \eta}{H_0} \tag{2-10}$$

式中 M——某再制造单位所需再制造人员数；

r——某再制造单位可完成再制造的废旧产品型号数；

k_j——j 型号废旧产品再制造工作的项目数；

n_j——某再制造单位负责再制造 j 型号废旧产品的数量；

W_{ji}——j 型号产品完成第 i 项再制造工作所需的工时数；

H_0——再制造人员每人每年规定完成的再制造工时数；

η——再制造工作量修正系数。如考虑废旧产品退役状态所造成的工作量的波动或考虑非再制造工作占用的时间，$\eta > 1$。

另外，也可由再制造工作分析汇总表，计算各不同专业总的再制造工作量，并按式（2-11）粗略估算各专业人员数量：

$$M_i = \frac{T_i N}{H_d D_y y_i} \tag{2-11}$$

式中　M_i——第 i 类专业人数；

　　　T_i——再制造一台废旧产品第 i 类专业所需工时数；

　　　N——年度需生产再制造产品的总数；

　　　H_d——每人每天工作时间（工时）；

　　　D_y——年有效工作日；

　　　y_i——出勤率。

（2）分析计算法　分析计算法的主要步骤如下：

1）确定需实施的全部再制造工作。

2）预测每项工作所需的年度工时数，其中需确定完成每项再制造工作的工时及完成每项再制造工作的年数。

3）根据全年用于再制造的工作时间求得所需人员数量。

预测所需产品再制造人员数量的公式如下：

$$M = \frac{NM_H}{T_N(1-\varepsilon)} \tag{2-12}$$

式中　M——再制造人员数量；

　　　T_N——年时基数 =（全年日历天数 - 非再制造工作天数）× 每日工作时数；

　　　ε——再制造生产设备计划修理停工率；

　　　N——年度再制造产品生产总数；

　　　M_H——每年每台再制造产品预计的再制造工作工时数（每台产品再制造工时定额）。

预测出所需产品再制造人员数量之后，还应将分析结果与相似产品的再制造人员专业进行对比，做相应的调整，初步确定出各专业人员数量，并根据再制造产品的要求与使用情况加以修正。

在确定再制造人员数量与技术等级要求时，要控制对再制造人员数量和技术等级的过高要求。当再制造人员数量和技术等级要求与实际可提供的人员有较大差距时，应通过使用简便的再制造生产保障设备、加强技术培训和调整再制造产品质量要求等措施来降低对再制造人员数量和技术等级的要求。

▶ 2.4.3　再制造备件保障规划

▶ 1. 基本概念

（1）再制造备件　再制造备件是指用于废旧产品再制造过程中替换不可再制造加工修复的废弃件的新零件。备件是再制造器材中十分重要的物资，对于保证再制造过程的顺利进行和再制造产品的质量都具有极其重要的影响。用于再制造装配的零件主要有两个来源，首先是废旧产品中可直接利用件和再制造加工修复的零件，其次是从市场采购的标准件，以替代废旧产品中无法再制造或不具备再制造价值的零部件，称这些新采购的零件为备件。随着再制造产品复杂程度的提高和退役产品失效状态的多变，再制造备件品种和数量的确定与优化问题也越来越突出，备件费用在再制造费用中所占比例也呈现上升的趋势。

（2）再制造备件供应量　再制造备件供应量指一个批量再制造产品生产周期内，新备件供应给再制造装配工序的数量。一般情况下要求供应量等于需要量，但有时因废旧件的再制造情况不稳定，会造成备件供应的不确定性，影响备件采购及存储的数量。所以新备件的保障也要根据筹措的难度、供应标准与实际需求的状况做相应调整。

（3）再制造备件需要量　再制造备件需要量是指在规定的时间内，完成批量废旧产品的再制造装配所需某类备件的数量。由定义可知，再制造备件需要量与一定的再制造时间和批量相对应。从平均意义上来讲，若使用时间长和批量大，则备件的需要量就大；反之，则需要量小。在实际预计与统计中，需要量一般对应于一个批量供应周期。值得指出的是，再制造备件需要量还应包括人为因素造成的需求，如丢失、操作失误或再制造装配中的损坏等。

（4）再制造备件需求率及其影响因素　再制造备件需求率反映了废旧产品再制造需要备件的程度。它不仅取决于退役产品零部件的故障率，还取决于零件的再制造策略、零部件对损坏的敏感性、产品使用环境条件、产品使用强度和产品管理水平等多方面因素。其主要因素如下：

1）零部件的故障率。零部件的故障率是产品的一种固有特性，它反映了零部件本身的设计和制造水平。其大小直接影响着备件的需求率。所以，提高零部件的设计制造质量，是减小备件需求率的根本措施。

2）零件的再制造策略。按照不同的再制造目的，选择相应的再制造策略，也会调整相应的零部件废弃率，进而影响再制造备件的供应量。例如，为了提高再制造产品的可靠性，可提高废旧零件的废弃率，这样就会增加新备件的供应量。同样，升级性的再制造策略，也会增加许多原产品没有的备件供应需求。

3）零部件对损坏的敏感性。指在搬运或再制造装配等过程中，零部件因非正常因素而受到损坏的可能性。该非正常因素主要包括人为差错和操作不当等。例如，在运输、装配或贮存时，零部件可能在搬运过程中被损坏，也可能被安装工具所损坏。当对该件本身或在其附近对与其功能有关的部分进行再制造时，也可能发生损坏。

4）产品使用环境条件。退役产品所在服役地区的温度、湿度、风沙、腐蚀程度和大气压力的变化都会影响产品的失效模式，从而影响备件需求率。

5）产品的使用强度。产品退役前的使用强度，很大程度上决定了产品退役后的技术状态，使用强度大的产品一般故障率比较高，不可再制造件的数量也相应增多，就需要增加相关备件的供应量。尤其是超出正常使用要求范围的产品退役后，会影响产品零部件的故障率，造成某些零部件变质或性能下降，导致零件的再制造率下降。

6）产品管理水平。产品管理水平也会影响备件需求率。例如退役前不按规定进行操作必定造成过多的故障、人为的损坏及丢失等，也将增加备件需求率。

▶▶ 2. 再制造备件确定步骤

再制造备件的确定与优化是一项非常复杂的工作，需要进行退役产品性能分析、再制造产品性能需求分析、失效模式分析及再制造性与再制造保障分析等多方面的信息资料，并与再制造保障诸要素权衡后才能合理地确定。再制造备件确定流程如图 2-12 所示。

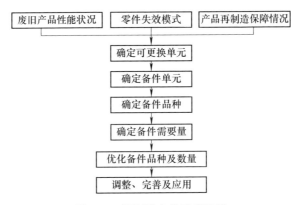

图 2-12　再制造备件确定流程

1）进行再制造工作分析，确定可更换单元。备件保障的依据是备件的需求，要搞清备件的需求状况，必须对退役产品的性能状况、再制造产品的性能目标、零部件的失效模式及再制造方案等情况进行分析。退役产品性能分析主要包括退役产品的服役经历和物理状况等的分析；退役产品故障分析主要有故障模式、零件失效概率及再制造率的分析；再制造产品性能分析则着重分析再制造产品要求达到的性能目标，进而确定其再制造方案；再制造保障分析则着重分析再制造任务、再制造策略、再制造工艺技术及再制造工具设备。备件对应于废旧产品中的需更换单元。通过上述分析，可以明确各再制造方案中，负责再制造的可更换单元的种类，为确定备件品种奠定基础。

2）进行逻辑决断分析，筛选出备件单元。可更换单元的确定主要取决于产品的再制造方案、构造和再制造加工能力，通常经过上述分析，确定的可更换单元较多，进行分析时数据收集及处理难度较大。为此首先应进行定性分析，将明显不应储备备件的单元筛选掉。逻辑决断分析包括两个问题的决断，一是分析可更换单元在寿命过程中更换的可能性，若更换的可能性很小，则可不设置备件；二是判断其是否为标准件，若是标准件，则可按需采购。经过逻辑决断分析可筛选出备件单元。

3）运用备件品种确定方法，确定备件品种。这一步是对备选单元进行分析，以确定备件的品种。一般应考虑影响备件的一些主要因素，如备件的耗损性、关键性和经济性等。

4）运用再制造加工修复的零件失效与统计资料，确定备件需要量。确定了备件品种之后，还需确定备件的需要量。对于在用产品，备件需要量可由使用过程中收集的资料经统计方法确定。

5）运用备件数量确定方法进行计算与优化。在满足废旧产品再制造计划目标及再制造经费要求的条件下，通过数学模型，计算出各备件最佳的数量。

6）调整、完善及应用。经过分析计算出的备件品种和数量，可能存在着某些不足，还需根据再制造具体生产情况和不同批量间的差异加以调整和完善。调整时应对咨询意见和试用情况信息进行全面分析，并查明分析计算出现误差的原因。

▶ 3. 再制造备件确定方法

废旧产品拆解后所有的零件可以分为四类，第一类是全部可直接利用件，该类零件全部可以直接利用，不需要再制造加工；第二类是需再制造加工件，指全部需要再制造加工的零件；第三类是抛弃的零件，不可进行再制造恢复，主要指消耗件；第四类是上述三种形式都可能发生的零件，指批量拆解后的某型零件，经过检测后，部分可以直接利用，部分可以再制造后利用，部分需要抛弃后换新的。其中第一类和第二类零件都不用准备备件，可以直接使用原件，不存在备件问题。

再制造产品装配所需零件主要有两个来源，一是来自于废旧产品本身原有的零件；二是来自于采购的新备件。前者是最大量的核心零件，也是再制造获得价值的主要源泉；后者是少量的，主要用来代替废旧件拆解后其中的低附加值零件、不具备再制造价值或技术上不可能再制造的废弃件。但新备件也是再制造装配的重要组成部分，对再制造产品质量具有重要的影响。例如各类高分子材料的密封环备件，因老化而不可再制造，但其直接影响着再制造产品的密封性能，对产品的质量具有重要的影响。

（1）废弃件的备件确定　对于全部抛弃的废弃件来说，其所需备件品种和数量的确定方法相对比较简单，备件品种可以通过对废旧产品所有零部件的统计分析来确定，只要是废旧产品中包含的，并且完全不可再制造的零件，都需要采购备件。

不可再制造的零件的备件需求数量为

$$N_p = N_u P_n \tag{2-13}$$

式中　N_p——某型零件的备件数量；

N_u——再制造的废旧产品数量；

P_n——每台废旧产品所含的某型零件的数量。

（2）部分可再制造的废旧零件的备件确定　部分可再制造的废旧零件是第四类零件，存在抛弃、直接利用和再制造利用三种形式，这类零件的性能状态比较复杂。例如废旧发动机拆解后的曲轴，如果存在严重裂纹，则不可再制造；如果尺寸及性能完好，则可以直接利用；剩下是可以再制造的。此类零件的再制造备件确定，需根据废旧产品零部件失效模式的分析结果，并结合实践统计经验进行数量的确定。

由于构成废旧产品零部件的数量成千上万，每一零部件都有其可能的失效模式，但不同的失效模式及故障率对再制造性的影响也相差甚远。通过各种定性分析方法确定出备件的品种后，再根据失效模式及失效率来计算所需备件的数量。

对于可部分再制造的废旧零件的备件贮备数量为

$$N_p = N_u P_n (1 - \mu - \lambda) \tag{2-14}$$

式中　N_p——某型零件的备件数量；

N_u——再制造的废旧产品数量；

P_n——每台废旧产品所含的某型零件的数量；

μ——可再制造率；

λ——可直接利用率。

（3）备件案例分析　某型斯太尔发动机曲轴失效统计见表2-2，其存在可再制造与不可再制造两种状态。因此，如果批量再制造，则需要准备其备件。如果进行10000台此型废旧发动机的再制造，则至少需要准备的备件数量为

$$10000 \times 1 \times (2 + 0.1 + 3 + 2 + 0.9)\% = 800 (根)$$

需要准备曲轴备件约800根。

表2-2　某型斯太尔发动机曲轴失效统计

零件名称	失效模式	失效概率	失效情况描述	可否再制造
斯太尔发动机曲轴	磨损	84%	磨损	可
	扭曲	3%	扭曲度未超过恢复标准	可
		2%	扭曲度超过恢复标准	否
	断裂	0.1%	断、裂纹	否
	抱轴划伤	5%	抱轴、划伤程度较轻	可
		3%	抱轴、划伤程度严重	否
	烧伤	2%	缺油烧伤	否
	砸瓦	0.9%	连杆轴颈砸瓦	否

2.5 再制造升级性设计

2.5.1 概述

1. 基本概念

产品再制造升级性是表征产品再制造升级能力的固有属性，无论产品是否在设计阶段考虑其再制造升级内容，它都是客观存在的，但如果在产品设计阶段就考虑如何在其末端时进行再制造升级，则可以显著提升其具有的再制造升级性参数，提高再制造升级效益。因此，在产品设计时就应考虑产品再制造升级性。

产品再制造升级性设计是指在综合利用已有设计理论和方法的基础上，重点研究产品再制造升级过程中技术、经济、环境及服役影响特性和资源优化利用特性，设计出在其生命周期过程中便于再制造升级的产品，在满足产品自身生长需求、用户功能需求和企业盈利需要的同时，满足社会可持续发展的需要。

2. 主要特征

产品再制造升级性设计的基础是现有的设计理论、方法与工具以及先进的设计理念与技术，并综合运用各种先进的设计方法和工具进一步为升级性设计提供了实施的高效和高可靠性保证。再制造升级性设计需要综合考虑产品在再制造升级中的所有活动，力求在产品设计中体现产品在全生命周期范围内，与再制造升级相关的技术性、经济性和环境协调性的有效统一。例如升级性设计要求产品设计者、企业决策者、再制造专家、技术预测专家和环境分析专家等组成开发团队进行综合考虑，其中，考虑的因素涉及材料、生产设备、零部件供应与约束、产品制造、装配、运输、销售、使用维护、再制造流程以及技术发展等再制造的各个阶段。

产品再制造升级性设计过程通常是一个自顶向下的过程，经历了产品→部件→零件→材料各个过程，是产品系统设计的具体体现。而对产品再制造升级性的分析需要采用从底向上的观点，底层活动数据的累计得到总体的产品特性。针对产品的再制造升级性设计达成了以下几点共识：

1）再制造升级性设计的对象是新研产品。

2）再制造升级性设计的理论基础是产品设计理论与方法。

3）再制造升级性设计的方法基础是并行设计。

4）再制造升级性设计的信息基础是计算机对再制造升级数据的分析与挖掘。

5）再制造升级性设计的技术基础是设计工具及其面向未来的产品功能预测。

6）再制造升级性设计要充分重视人的经验和决策作用。

7）再制造升级性设计是对技术、经济、环境、管理、材料和制造等的综合运用。

因此，再制造升级性设计具有系统性、集成性、并行性、时间性和空间性等特点。再制造升级性设计思想必将被越来越多的企业及产品开发人员接受和采纳。

3. 基本过程

再制造升级性设计的基本过程如图 2-13 所示。

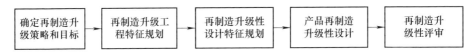

图 2-13　再制造升级性设计的基本过程

1）获取并正确理解产品设计的升级性技术需求。

2）进行由再制造升级技术需求到升级工程特征规划的配置。

3）再制造升级性设计特征进一步细化为描述明确、易于理解、与产品密切相关的设计准则。

4）结合产品设计，落实设计准则。

5）进行再制造升级性设计符合性检查与评审。

2.5.2　面向产品全生命周期过程的再制造升级性活动

在一个产品的全生命周期过程中，再制造升级工程过程依托于产品设计与再制造升级两个阶段，并发生不同的活动内容。产品全生命周期过程中的再制造升级性工作如图 2-14 所示。

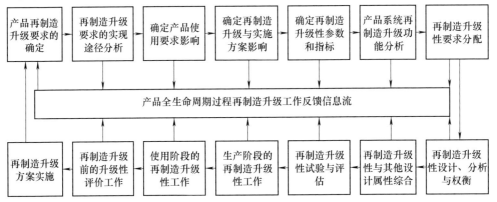

图 2-14　产品全生命周期过程中的再制造升级性工作

（1）产品再制造升级要求的确定　在确定要求的过程中，重点关注有关再制造升级的特殊要求，如产品系统的拆解性、模块化、标准化以及再制造升级费用等。按照定性、定量术语，将再制造升级的要求进行表述，并具体区分出升级性要求和升级保障要求等内容。

（2）再制造升级要求的实现途径分析　在产品系统中重点关注再制造升级的要求，通过什么样的技术途径加以实现。要根据具体要求，考察多种备选技术方案，并进行可行性论证。

（3）确定产品使用要求影响　确定产品系统使用的功能要求及其对再制造升级的影响，进行使用要求设计与再制造升级要求设计间的矛盾协调与处理，明确产品为完成功能所使用的设计需求对再制造升级的影响，列出主要因素，并通过矛盾矩阵进行协调解决。

（4）确定再制造升级与实施方案影响　重点分析再制造升级及其保障方案中与再制造升级直接相关的因素，并进行规范化处理，使其能够作为升级性设计的输入。这些直接影响因素包括再制造升级的基本策略、再制造升级保障描述以及再制造升级性能需求等。

（5）确定再制造升级性参数和指标　按照再制造升级的整体要求确定具体的升级性定量要求参数，并需要设计人员根据目标的重要程度来决定哪些目标更为优先。

（6）产品系统再制造升级功能分析　重点对产品再制造升级分解出的升级功能进行详细分析，确定出产品的再制造升级职能和再制造升级过程等。

（7）再制造升级性要求分配　按照功能分析定义，将产品的升级性定性、定量要求逐步向底层分析，其中定性要求转化为升级性设计准则，定量要求转化为零部件的升级性定量要求。

（8）再制造升级性设计、分析与权衡　再制造升级性设计、分析与权衡是在产品论证阶段、方案研制阶段和工程研制阶段反复进行的过程。这一过程中，首先根据定性、定量要求进行升级性设计，然后运用升级性分析技术对具体的升级性设计方案进行建模分析，最后运用升级性权衡技术对多个设计方案进行权衡分析，确定设计方案。

（9）再制造升级性与其他设计属性综合　把升级性设计方案与工艺性、可靠性、维修性和安全性等其他设计属性进行综合，在大范围内进行设计权衡。

（10）再制造升级性试验与评估　通过对一个或多个模块进行模拟或实际试验来验证再制造升级时间、费用等参数，验证连接拆解、损伤修复的难易程度，并开展升级保障设施的预置试验。

（11）生产阶段的再制造升级性工作　生产阶段的重点是对已经设计的升级性进行保证，分析生产工艺对升级性的影响，为生产做好必要准备，同时进行升级性信息的收集、分析与反馈。

（12）使用阶段的再制造升级性工作　产品使用阶段升级性的重点是提高系统的升级性，通过使用过程中升级性信息的收集与分析，实现使用过程中升级性增长，同时提出升级性设计的更改建议。

（13）再制造升级前的升级性评价工作　在产品因功能无法满足要求而需要再制造升级前，需要根据产品自身属性与产品相关功能技术进化发展情况，来科学地形成并评判再制造升级方案，形成最佳再制造升级途径。

（14）再制造升级方案实施　根据前端分析，形成经过评价达到最优化的再制造升级方案，并提交再制造升级生产部门，按方案组织再制造升级生产。

2.5.3　再制造升级性定性设计方法

在产品最初设计阶段，可以根据需要制订出升级性定性要求，它是进一步量化升级性定量指标的具体途径或措施，也是制订升级性设计准则的依据。参考维修性的有关内容，定性要求的制订可以依据再制造性及其他设计指标要素的定性要求，并参考相似产品的设计要求，再结合具体产品功能模块划分及功能技术需求发展，来给出明确的定性要求。再制造升级性定性要求功能模型如图 2-15 所示。

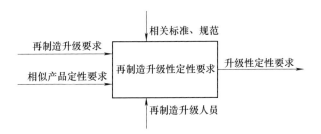

图 2-15　再制造升级性定性要求功能模型

再制造升级性的定性设计内容与方法可从产品功能模块的替换性、零部件的重用性、环保性和经济性等方面进行描述。产品再制造升级性定性设计内容与方法见表 2-3。

表 2-3　产品再制造升级性定性设计内容与方法

领域	内　容	作　用	方　法
功能的可更新性	模块化设计	可实现模块的更替或拆除，实现功能升级	通过功能分类与集成来实现模块化分组
	功能预置设计	通过预测，预留未来的功能扩展结构	可以改造的结构，并预留模块接口，增加升级性
	标准化接口设计	便于进行模块更换	采用标准接口，可以在必要时进行模块增加或替换，实现功能升级

领域	内 容	作 用	方 法
零部件的重用性	可修复性设计	实现零件的修复后重用	设计时要增加零部件的可靠性，尤其是附加值高的核心零部件，要减少材料和结构的不可恢复失效，防止零部件的过度磨损和腐蚀
	长寿命设计	实现零部件的直接重用	通过适当增加强度或选择材料来实现零部件的寿命延长
	可拆解性设计	实现零部件的无损拆解，提升零部件重用率	减少产品接头的数量和类型，减少产品的拆解深度，避免使用永固性的接头，考虑接头的拆解时间和效率等。在产品中使用卡式接头、模块化零件和插入式接头等均有利于拆解
	无损清洗设计	合理设计清洗表面，避免在清洗过程中造成损伤	设计时应该使外面的部件具有易清洗且适合清洗的表面特征，如采用平整表面合适的表面材料和涂料，减小表面在清洗过程中的损伤概率等
	易于分类设计	实现零件的科学分类，增强重用的便利性	采用标准化的零件，尽量减少零件的种类，并应在设计时对相似的零件进行标记，增加零件的类别特征
经济性	运输性设计	合理设计外表面和结构，避免造成运输中的破坏，减小运输的体积，降低运输费用	例如，对于在装卸时需要使用叉式升运机的大的产品，要设计出足够的底部支承面；尽量减少产品突出部分，以避免在运输中碰坏，并可以节约贮存空间
	标准化设计	便于进行标准化易损件的更换，减少生产加工费用	采用易于替换的标准化零部件和结构
	可测试性设计	便于检测，降低检测费用	预留检查空间或检测元件
	装配性设计	易于装配，降低生产费用	采用模块化设计和零部件的标准化设计，以提高装配性
环保性	绿色材料选择	降低环境污染及因材料不符合环保要求而报废的情况	采用绿色环保材料，杜绝国家禁止使用的材料，增强材料的服役性
	绿色工艺设计	实现绿色拆解、清洗、加工和包装，减少生产过程中造成的环境污染	强调无损拆解；采用物理清洗技术；采用高可靠性检测方法，避免误检率；采用可重用包装材料；加强工序中废弃物环保处理等

▶▶ 2.5.4 再制造升级性定量要求分析确定

再制造升级性定量要求分析确定主要是根据再制造升级性的需求，选定再制造升级性的评价参数并确定再制造升级性指标。与确定评价参数相比，确定再制造升级性指标更加复杂和困难，因此在确定指标之前，产品研制部门要和产品使用部门、再制造升级部门进行反复评议，再制造升级部门从产品使用需求和再制造升级实施需要提出适当的最初要求。通过协商使指标既能满足再制造升级需求，又能够在设计时实现。指标通常给定一个范围，即使用指标应有目标值和门限值，合同指标应有规定值和最低可接受值。制订再制造升级性定量要求的功能模型如图2-16所示。

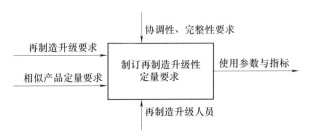

图2-16 制订再制造升级性定量要求的功能模型

再制造升级性参数的选择主要考虑以下几个因素：

1）产品的再制造升级需求是选择再制造升级性参数时要考虑的首要因素。

2）产品的结构特点是选定参数的主要因素。

3）再制造升级性参数的选择要和预期的再制造升级方案结合起来考虑。

4）选择再制造升级性参数必须同时考虑所定指标如何考核和验证。

5）再制造升级性参数选择必须和技术预测与故障分析结合起来。

再制造升级人员提出的再制造升级实施时的参数与指标，应转换为实际产品设计时的参数与指标，明确定义及条件。通常采用专家估计的方法来进行转换，再制造升级性参数与指标转换功能模型如图2-17所示。再制造升级方要确定出产品的升级性定量要求，对于重要的分系统或部件，也应提出升级性要求，并做出规定。产品的设计人员需要根据再制造升级人员的定量需求，完成整个产品及其零部件的升级性要求指标的转换。

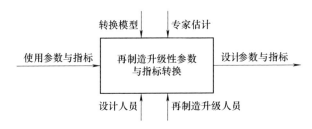

图2-17 再制造升级性参数与指标转换功能模型

总之，新产品的再制造升级性设计是一个综合的并行设计过程，需要综合分析功能、技术、经济、环境、材料和管理等多种因素，进行系统考虑，保证产品全生命周期中的再制造升级能力，以实现产品的最优化回收。因此，产品的再制造升级性设计属于环保设计、绿色设计的重要组成部分，其目的是提高产品的再制造升级能力，实现产品的可持续发展和多生命周期。

参 考 文 献

[1] 朱胜，姚巨坤. 再制造设计基础 [M]. 哈尔滨：哈尔滨工业大学出版社，2019.

[2] 姚巨坤，朱胜. 再制造升级 [M]. 北京：机械工业出版社，2017.

[3] BRAS B，MCINTOSH M W. Product，process，and organizational design for remanufacture：an overview of research [J]. Robotics and Computer Integrated Manufacturing. 1999，15（3）：167-178.

[4] AMEZQUITA T，HAMMOND R M，SALAZAR M，et al. Characterizing the remanufacturability of engineering systems [C]. 21st Annual Design Automation Conf. vol. 82，New York：ASME，DE，1995：271-278.

[5] 张国庆，荆学东，浦耿强，等. 汽车发动机可再制造性评价 [J]. 中国机械工程，2005，16（8）：739-742.

[6] 刘赟，徐滨士，史佩京，等. 废旧产品再制造性评估指标 [J]. 中国表面工程，2011，24（5）：94-99.

[7] 徐滨士，等. 装备再制造工程 [M]. 北京：国防工业出版社，2013.

[8] STEINHILPER R. Remanufacturing：the ultimate form of recycling [M]. Germany：Fraunhofer IRB Verlag，1998.

[9] LUND R. The remanufacturing industry-hidden giant [R]. Boston University，Boston，Massachusetts，1996.

[10] 朱胜，姚巨坤. 装备再制造升级及其工程技术体系 [J]. 装甲兵工程学院学报，2011，25（6）：67-70.

第 3 章

———

再制造生产工艺技术

3.1　再制造拆解技术

3.1.1　再制造拆解内涵

1. 基本概念

再制造拆解是指将废旧产品及其部件有规律地按顺序分解成零部件，并保证在执行过程中最大化预防零部件性能进一步损坏的过程。再制造拆解是实现高效回收策略的重要手段，是再制造过程中的重要工序，也是保证再制造产品质量及其实现再制造资源最大化利用的关键步骤。废旧产品只有拆解后才能实现完全的材料回收，并且有可能实现零部件的再利用和再制造。拆解的主要应用领域包括产品维修、材料回收、零部件的重用和再制造等。科学的再制造拆解工艺能够有效保证再制造零件的质量性能和几何精度，显著缩短再制造周期、降低再制造费用并提高再制造产品质量。再制造拆解作为实现有效再制造的重要手段，不仅有助于零部件的重用和再制造，而且有助于材料再生利用，实现废旧产品的高品质回收。

废旧产品经再制造拆解后得到零部件，对其进行清洗检测后一般可分为三类：第一类是可直接利用的零件（经过清洗检测后不需要再制造加工，可直接在再制造装配中应用的）；第二类是可再制造的零件（通过再制造加工后达到再制造装配质量标准的）；第三类是报废件（无法直接再利用和进行再制造，而需要进行材料再循环处理或者其他无害化处理的）。

2. 再制造拆解分类

传统废旧产品再制造需要对其零部件进行完全拆解，但如果产品再制造由多个部门承担时，根据不同部门承担的零部件再制造内容不同，可以采取部分拆解或目标拆解，例如对不承担某一部件再制造的企业，可以不对该部件进行完全拆解。

（1）按拆解目的分类　按拆解目的，可将再制造拆解方法分为破坏性拆解和非破坏性拆解。再制造拆解的基本要求是尽量采用非破坏性拆解，以便最大化回收废旧产品的附加值。

破坏性拆解是指在产品进行拆解时，对拆解的一个或多个零件产生了损伤，导致零件不能自动恢复原状。破坏性拆解过程是不可逆的。实施破坏性拆解，要根据再制造决策，以及零部件的具体状况来选用。例如：螺钉产生锈蚀，必须使用破坏性方式才可以拆解；对一些焊接件，在必要时也只能采用破坏性拆解。

非破坏性拆解是指在产品进行拆解时，所有零件都没有被损伤。实施非破坏性拆解方式，其过程是可逆的。一般情况下，产品拆解时使用较多的是非破坏性拆解方式。非破坏性拆解可以使零部件在再制造中重用，降低再制造生产成本。

（2）按拆解程度分类　按拆解程度，可将再制造拆解方法分为部分拆解、完全拆解和目标拆解。

部分拆解是出于经济和技术等因素的考虑，在拆解产品到某个零件时，其余零部件所具有的回收价值已经小于这些零部件的拆解和清洗费用，或者该部件不在本单位进行再制造，则对该零件或部件就没有进一步拆解的必要，此时终止拆解。这种只将废旧产品中的部分零部件进行拆解的方式称为部分拆解，在实际中应用比较广泛。

完全拆解就是将整个产品拆解成一个单独的零件为止。在再制造拆解中，对所有能够重用的零件都要求实现完全拆解，对不可用或不在本级进行再制造的部件，则可不进行拆解。

目标拆解是在对产品进行拆解时，一般先根据回收决策，确定产品中各个零件的回收级别和策略，进行直接再制造重用、材料再循环和环保处理等，就可以确定需要拆解的零部件，再对它们进行拆解，这种拆解方式称为目标拆解。目标拆解方式由于考虑到经济、环境和技术等因素，是再制造中主要采用的方式。

（3）按再制造拆解方式分类　按拆解方式，可将再制造拆解方法分为顺序拆解和并行拆解。顺序拆解是指产品拆解时，每次只拆解一个零件。并行拆解是指产品拆解时，每次可以拆解几个零件，这可以提高拆解效率，降低拆解成本。

3.1.2　再制造拆解方法

再制造拆解方法按拆解的方式可分为击卸法、拉拔法、压卸法、温差法及破坏法。在拆解中应根据实际情况，采用不同的拆解方法。

1. 击卸法

击卸法是指利用锤子或其他重物在敲击或撞击零件时产生的冲击能量拆卸零件。这是拆解工作中最常用的一种方法，它具有使用工具简单、操作灵活方便、不需要特殊工具与设备及适用范围广泛等优点。但是，如果击卸方法不正确，则容易造成零件损伤或破坏。击卸大致分为三类：第一类是用锤子击卸，即在拆解中，由于拆解件是各种各样的，一般都是就地拆解，因此使用锤子击卸十分普遍；第二类是利用零件自重冲击拆解，在某些场合可利用零件自重冲击能量来拆解零件，锻压设备锤头与锤杆的拆解往往采用这种办法；第三类是利用其他重物冲击拆解，在拆解结合牢固的大、中型轴类零件时，往往采用重型撞锤。

2. 拉拔法

拉拔法是使用专用顶拔器把零件拆解下来的一种静力拆解方法。它具有拆解件不受冲击力，拆解比较安全，不易破坏零件等优点，其缺点是需要制作专用拉具。这种方法适用于拆解对精度要求较高且不许敲击或无法敲击的零件。

3. 压卸法

压卸法是利用手压机、油压机进行的一种静力拆卸方法，适用于拆卸形状简单的过盈配合件。

4. 温差法

温差法是利用材料热胀冷缩的性能，加热包容件，使配合件在温差条件下失去过盈量，实现拆解的方法，常用于拆卸尺寸较大的零件和热装的零件。例如，用液压压力机或千斤顶等工具和设备拆解尺寸较大、配合过盈量较大的零件或无法用击卸、顶压等方法拆解的零件时，可使用温差法。为使过盈较大、精度较高的配合件容易拆解，也可用此种方法。

5. 破坏法

若必须拆解焊接或铆接等固定连接件时，则可采用车、锯、錾、钻和割等方法进行破坏性拆解。此时要尽可能保存核心价值件或主体部位不受损坏，而对其附件可以采用破坏的方法拆解。

3.1.3 再制造拆解关键技术及研究目标

1. 可拆解性设计技术

（1）概述　可拆解性是评价产品再制造性优劣的重要指标之一，产品的可拆解性设计（Design For Disassembly，DFD）已成为产品再制造设计的重要内容。可拆解性设计是指使机械产品能够或易于拆解成零部件的设计。可拆解性作为产品结构设计的一个评价标准，通过产品可拆解性研究实现产品高效率、低成本地进行组件、零件的目标拆解或材料的分类拆解，以便使废旧产品得到充分、有效的回收和重用，以达到节约资源、节约能源和保护环境的目的。现代化装备多是机电结合的技术密集型装备，其零部件在设计过程中大多侧重其使用功能、加工工艺与装配性能，很少考虑装备的可拆解性，从而导致整个装备或产品在报废或失效后，可再制造的零部件由于拆解困难而难以再制造，或者由于拆解过程费时、费力且经济性差，导致再制造价值不大。因此，开展可拆解性设计研究是装备再制造工程的重要研究内容之一。面向装备再制造的可拆解性设计，要求对装备功能、性能、可靠性、可回收性及可拆解性等进行统筹评估，把可拆解性作为产品具体结构设计的一项评价准则，使再制造毛坯能够高效无损地被拆解下来，从最大程度上满足再制造要求。国外军用装备维修保障经验表明，通过快速拆解与再制造，五台战损坦克可以重新拼装组合出三台实战坦克，从而确保了战斗力。

产品可拆解性设计的合理性对拆解过程影响很大，也是保证产品具有良好再制造性能的主要途径和手段。可拆解性设计原则就是为了将产品的可拆解性要求转化为具体的产品再制造设计而确定的通用或专用设计准则和原则，针对不同目标的产品可拆解性设计原则一直是设计领域研究的重点。国际再制造专家预言，十年之内，所有产品都是可以拆解和再利用的。

面向再制造的可拆解性设计要求，在装备设计的初期将可拆解性和再制造性作为结构设计的指标之一，使产品的连接结构易于拆解，维护方便，并在装备废弃后能够充分有效地回收利用。面向装备再制造的可拆解性设计准则见表3-1，但是由于废旧机电产品的处理方式不同，因此这些可拆解性设计准则必须根据具体的目标有选择地使用。例如，面向材料回收的可拆解性设计要求材料尽可能单一，从而保证材料回收的方便。

表 3-1　面向装备再制造的可拆解性设计准则

设 计 准 则	具 体 内 容
与材料有关的设计准则	1）减少材料的种类数
	2）尽可能使用可回收的材料
	3）使用回收后的材料生产零部件
	4）减少危险、有毒、有害材料的数量
	5）对有毒、有害材料进行清楚标志
	6）对塑料和相似零件的材料进行标志
	7）相互连接的零部件材料尽可能兼容
	8）粘结与连接的零部件材料不兼容时应易于分离
与连接件有关的设计准则	1）减少连接件数目
	2）减少连接件型号
	3）减少拆解距离
	4）拆解方向一致
	5）避免破坏被连接零件
	6）拆解空间应便于拆解操作
	7）采用相同的装配和拆解操作方法
	8）采用易拆和可破坏性拆解的连接件

（续）

设 计 准 则	具 体 内 容
与装备结构有关的设计准则	1）应保证拆解过程中的稳定性
	2）采用模块化设计，减少零件数量
	3）减少电线和电缆的数量与长度
	4）连接点、折断点和切割分离线应明显
	5）将不能回收的零件集中在便于分离的某个区域
	6）将高价值的零部件布置在易于拆解的位置
	7）将有毒、有害材料的零部件布置在易于分离的位置
	8）避免嵌入塑料中的金属件和塑料零件中的金属加强件

（2）挑战　随着中国制造的逐渐崛起，未来机械、机电一体化和电子等产品的结构日益复杂，要求在产品设计的初期将可拆解性作为结构设计的指标之一，使产品的连接结构易于拆解，维护方便，并在产品废弃后能够充分有效地回收利用和再制造。对于产品可拆解性设计的挑战与其设计准则要求相一致。一是要求产品拆解具有非破坏性。拆解有两种基本方式：第一种方式是可逆的，即非破坏性拆解，如螺钉的旋出、快速连接的释放等；第二种方式是不可逆的，即破坏性拆解，如将装备的外壳切割开，或采用挤压的方法将某个部件挤出，会造成一些零部件的损坏。非破坏性拆解设计的关键问题是能否将装备中的零部件完整拆解下来而不损害零件的材料和零件的整体性能，以及方便地更新零部件；而破坏性的拆解仅适用于材料回收。二是要求产品具备模块化设计。模块化是在考虑产品零部件的材料、拆解、维护及回收等诸多因素的影响下，对产品的结构进行模块化划分，使模块成为装备的构成单元，从而减少零部件数量，简化产品结构，有利于装备的更新换代，便于维护和拆解回收。在面向再制造工程的可拆解性设计中，模块化设计原则具有重要的意义，也是巨大的挑战。

（3）目标　可拆解性设计是实现资源再生利用的首要环节，通过产品可拆解性设计，在产品设计初始阶段将报废后的拆解性作为设计目标，最终实现产品的高效回收利用与再制造。一方面，将可拆解性设计应用于重点行业领域典型产品的新品设计，实现再制造毛坯的快速、无损拆解，提高再制造拆解效率，降低拆解成本，减少非破坏性拆解比例。另一方面，在开展旧件再制造过程中，开展再制造产品的可拆解性设计，从材质、结构和再制造工艺角度，综合考虑产品第二个甚至多个服役周期的拆解问题，改善再制造产品在二次再制造甚至多次再制造时的可拆解性。

▶▶**2. 拆解规划技术**

（1）概述　拆解规划技术包括拆解序列生成与优化、拆解建模、拆解工艺设计、拆解生产线设计等多方面的内容。对产品目标零部件拆解进行准确建模是进行拆解规划和决策的重要前提。目前国内外对拆解规划的研究方向众多，但总结起来主要集中在拆解建模、拆解序列规划和拆解序列评价等三个方面。拆解建模是拆解规划研究过程的信息基础和逻辑基础，是拆解规划的最初步骤。拆解模型包含了产品的各类信息数据，包括实体信息、物理信息、装配关系信息以及约束关系信息等，完整的拆解模型可体现产品的功能与工作原理。拆解序列指拆解过程中将零部件依次从产品主体上拆解分离的先后次序，拆解序列规划是拆解规划的核心内容。不同的拆解顺序对应的拆解时间、拆解耗能等显然是有所差别的，同样也导致拆解工具使用顺序、拆解效率和拆解成本的差异。好的拆解序列可缩短拆解时间，提高拆解效率，降低拆解成本。拆解序列评价的目标是提高产品的拆解性，通过评价目标函数对拆解性的量化表达，在反馈设计阶段使产品易于装配和拆解、提高拆解工艺可行性、使更换零件操作方便快捷，直接提高了拆解过程的效率。

目前已建立了多种拆解模型，如基于图论的无向图、有向图、AND/OR 图和层次模型等，建模的出发点是零部件节点的拆解而非零部件之间对应的约束的拆除，对拆解过程中的空间约束和干涉、复杂的并发和组合等描述缺乏有效手段。同时，对零部件的不完全拆解问题和目标拆解问题难以进行准确的建模分析。另一种常用的分析模型是产品拆解树，将产品零部件作为树的节点，以节点的父子关系表示零部件之间的拆解约束。产品拆解树可以方便地在 PDM 和 CAD 设计中导入产品结构树，然后按照拆解问题的特殊要求对其进行修改，生成产品拆解树。该方法直观、简单，但难以描述产品的复杂拆解结构约束关系。上述方法都着重描述了以零部件间的几何拓扑信息为主的零部件拆解研究，而对零部件拆解的经济性能和拆解成本等因素未加考虑，实际上对最大回收效益的考虑是其研究的一个重要的方面，因此在产品拆解过程规划时，必须考虑零部件的回收价值及影响零部件拆解的关键因素。Petri 网理论因此被引入到产品的拆解回收研究中，张东生等建立了包含零部件回收价值及拆解成本的产品拆解 Petri 网模型，并实现了拆解 Petri 网的自动生成，最后运用 Petri 网基于不变量的性能分析方法对产品的拆解序列进行了优化，得到了满足约束条件的产品最优拆解序列。

（2）挑战 拆解规划过程中，拆解信息的提取及拆解模型的建立是研究拆解问题的基础。产品的拆解模型存储和表达了待拆解产品中各零部件的信息及其之间的关系，反映和描述了产品拆解过程的所有相关因素及关系。

建立产品的拆解模型是实现拆解序列规划的前提，拆解序列恰当与否直接影响再制造产品的成本和资源回收率。针对汽车和工程机械等目前较为成熟的再制造产品领域，面向中小型零部件，开展了初步的再制造可拆解性设计和路径规划设计，但多数尚处于研究阶段，距离工程应用和指导实际再制造生产还有一定差距。产品拆解建模缺少系统性的理论和方法支持。如何根据产品本身的零件信息和装配约束信息等特征优化算法、合理高效地构建拆解模型，有待该领域人员进一步研究。随着再制造产品范围和规模的扩大，传统的机械产品进一步向机电复合和高端电子产品过渡，产品的功能和结构趋于复杂化，相应的拆解序列求解也日益复杂。过多的节点导致可行序列数目呈几何级数量递增，难以获得最优序列。如何简化解集空间是拆解序列优化无法避免的重要问题，如何合理地将产品按等级划分为拆解模块是当今研究的一个热点和挑战。拆解序列评价研究应全面系统地给出可拆解性评价指标。目前的研究主要从拆解时间、拆解成本和环境影响程度等方面对拆解序列进行评价，如何使评价更合理是拆解规划问题的重要研究目标。因此，如何合理建立可靠的简化拆解模型，在此基础上获取合理的拆解序列集合并获取最优序列是当前拆解规划技术面临的挑战。

（3）目标　完善产品拆解规划的理论和方法，针对汽车、矿山、工程机械、大型工业装备、铁路装备及医疗和办公设备等不同行业领域的典型高附加值产品，开展拆解规划研究，建立有效和具有普适性的拆解模型，开发行之有效的拆解评估系统，提高拆解规划的效率，降低拆解成本，提高最优化拆解序列的获取概率。

3. 拆解工艺与装备

（1）概述　目前再制造拆解在国内外主要还是借助工具及设备进行的手工拆解，是再制造过程中劳动密集型工序，存在效率低、费用高和周期长等问题，影响了再制造的自动化生产程度。国外已经开发了部分自动拆解设备，如德国一直在研究废线路板的自动拆解方法，采用与线路板自动装配方式相反的原则进行拆解。国内关于拆解装备的研究和应用还局限于个别行业的典型产品和部件，更多的是开发各种拆解工装和夹具，距离智能化和自动化深度拆解装备的研发还存在较大差距。

（2）挑战　传统的拆解方法和过程，一定程度上存在着效率低、能源消耗高、费用高和污染高等问题。因此，需要研究选用清洁生产技术及理念，制订清洁拆解生产方案，实现再制造拆解过程中的"节能、降耗、减污、增效"的目标。清洁拆解方案包括：研究拆解管理与生产过程控制，加强工艺革新和技术改进，实现最佳清洁拆解路线，提高自动化拆解水平，研究在不同再制造方式下，废旧产品的拆解深度、拆解模型和拆解序列的生成及智能控制，形成精确化拆解模型，减少拆解过程中的环境污染和能源消耗。此外，还要加强拆解过程中的物料循环利用和废物的回收利用。

（3）目标　在再制造拆解作业过程中，应根据不同的废旧产品，利用机器人等现代自动化技术，开发高效的再制造自动化拆解设备，并在此基础上建立比较完善的废旧产品自动化再制造拆解系统，实现大型机械装备、复杂机电系统和精密智能装备的深度、无损拆解，使拆解效率和无损拆解率显著提高，同时实现拆解过程中有害废弃物的环保处理和有效控制。

3.2 再制造清洗技术

3.2.1 再制造清洗概念及要求

1. 基本概念

再制造清洗是指借助于清洗设备将清洗液作用于废旧零部件表面，采用机械、物理、化学或电化学方法，去除废旧零部件表面附着的油脂、锈蚀、泥垢、水垢和积炭等污物，并使废旧零部件表面达到所要求清洁度的过程。产品的清洁度是再制造产品的一项主要质量指标，清洁度不良不仅影响产品的再制造加工，而且往往能够造成产品的性能下降，容易出现过度磨损、精度下降和寿命缩短等现象。同时良好的产品清洁度，也能够提高消费者对再制造产品质量的信心。

与拆解过程一样，清洗过程也不可能直接从普通的制造过程借鉴经验，这就需要再制造商和再制造设备供应商研究新的技术方法，开发新的再制造清洗设备。根据零件清洗的位置、复杂程度和零件材料等不同，在清洗过程中，所使用的清洗技术和方法也会不同，常常需要连续或者同时应用多种清洗方法。

为了完成各道清洗工序，可使用一整套各种专用的清洗设备，包括喷淋清洗机、浸浴清洗机、喷枪机、综合清洗机、环流清洗机和专用清洗机等，对设备的选用需要根据再制造的标准、要求、环保、费用以及再制造场所来确定。

2. 再制造清洗的基本要素

待清洗的废旧零部件都存在于特定的介质环境中，一个清洗体系包括四个要素，即清洗对象、零件污垢、清洗介质及清洗力。

（1）清洗对象　指待清洗的物体，如组成机器及各种设备的零件和电子元件等。而制造这些零件和电子元件的材料主要有金属材料、陶瓷（含硅化合物）和塑料等，针对不同清洗对象要采取不同的清洗方法。

（2）零件污垢　指物体受到外界物理、化学或生物作用，在表面上形成的污染层或覆盖层。所谓清洗就是指从物体表面上清除污垢的过程，通常是指把污垢从固体表面上去除掉。

（3）清洗介质　指清洗过程中提供清洗环境的物质，又称为清洗媒体。清洗介质在清洗过程中起着重要的作用，一是对清洗力起传输作用，二是防止解离下来的污垢再吸附。

（4）清洗力　清洗对象、零件污垢及清洗介质三者间必须存在一种作用力，才能使得污垢从清洗对象的表面清除，并将它们稳定地分散在清洗介质中，从而完成清洗过程，这个作用力称为清洗力。在不同的清洗过程中，起作用的清洗力不同，大致可分为以下七种力：溶解力、分散力、表面活性力、化学反应力、吸附力、物理力和酶力。

3.2.2 再制造清洗内容

拆解后对废旧零部件的清洗主要包括清除油污、水垢、锈蚀、积炭和油漆等内容。

1. 清除油污

凡是和各种油料接触的零件在拆解后都要进行清除油污的工作，即除油。油可以分为两类：可皂化的油，就是能与强碱起作用生成肥皂的油，如动物油和植物油；不可皂化的油，就是不能与强碱起作用的油，如各种矿物油、润滑油、凡士林和石蜡等。

这两类油都不溶于水，但可溶于有机溶剂。去除这些油类，主要用化学方法和电化学方法。有机溶剂、碱性溶液和化学清洗液是常用的清洗液。清洗方式有人工方式和机械方式，包括擦洗、煮洗、喷洗、振动清洗和超声清洗等。

2. 清除水垢

机械产品的冷却系统经过长期使用硬水或含杂质较多的水后，在冷却器及管道内壁上会沉积一层黄白色的水垢，其主要成分是碳酸盐和硫酸盐，部分还含有二氧化硅等。水垢使水管截面缩小，导热系数降低，严重影响冷却效果，影响冷却系统的正常工作，因此在再制造过程中必须予以清除。水垢的清除方法一般采用化学去除法，包括磷酸盐清除法、碱溶液清除法和酸洗清除法等。对于铝合金零件表面的水垢，可用5%浓度的硝酸溶液或10%～15%浓度的醋酸溶液。清除水垢用的化学清除液要根据水垢成分与零件材料慎重选用。

3. 清除锈蚀

锈蚀是因为金属表面与空气中氧、水分子以及酸类物质接触而生成的氧化物，如 FeO、Fe_3O_4 和 Fe_2O_3 等，通常称为铁锈。去锈的主要方法有机械法、化学酸洗法和电化学酸蚀法等。

机械法除锈主要是利用机械摩擦、切削等作用清除零件表面锈层，常用的方法有刷、磨、抛光和喷砂等。

化学酸洗法主要是利用酸对金属表面锈蚀产物的溶解以及化学反应中生成

的氢对锈层产生的作用并使其脱落。常用的酸包括盐酸、硫酸和磷酸等。

电化学酸蚀法主要是利用零件在电解液中通以直流电后产生的化学反应而达到除锈的目的，包括将被除锈的零件作为阳极和把被除锈的零件作为阴极两种方式。

4. 清除积炭

积炭是由于燃料和润滑油在燃烧过程中不充分燃烧，并在高温作用下形成的一种由胶质、沥青质、润滑油和炭质等组成的复杂混合物。如发动机中的积炭大部分积聚在气门、活塞和气缸盖等上，这些积炭会影响发动机某些零件散热效果，恶化传热条件，影响其燃烧性，甚至会导致零件过热，形成裂纹。因此，在此类零件再制造过程中，必须将其表面积炭清除干净。积炭的成分与发动机结构、零件部位、燃油、润滑油种类、工作条件以及工作时间长短等有关。

清除积炭目前常使用机械法、化学法和电解法等。机械法用金属丝刷与刮刀去除积炭，方法简单，但效率较低，不易清除干净，并易损伤表面；用压缩空气喷射核屑法清除积炭能够明显提高效率。化学法指将零件浸入氢氧化钠、碳酸钠等清洗液中，温度在 80 ~ 95℃，使油脂溶解或乳化，积炭变软后再用毛刷刷去并清洗干净。电解法指将碱溶液作为电解液，工件接于阴极，使其在化学反应和氢气的共同剥离作用力下去除积炭，其去除效率高，但要掌握好清除积炭的规范。

5. 清除油漆

拆解后零件表面的原保护漆层一般都需要全部清除，并经冲洗干净后重新喷漆。对油漆的清除可先借助已配制好的有机溶剂、碱性溶液等作为退漆剂涂刷在零件的漆层上，使之溶解软化，再用手工工具去除漆层。

3.2.3 再制造清洗关键技术及研究目标

1. 溶液清洗技术

（1）现状 溶液清洗是目前工业和再制造领域应用最为广泛的清洗方式，几乎涵盖了化学清洗的全部内容，其基本原理是以水或溶剂为清洗介质，利用水、溶剂、活化剂以及酸、碱等化学清洗剂的去污作用，借助工具或设备有效清洗零件表面油污、颗粒等污染物。清洗手段包括溶剂清洗、酸洗和碱洗等。水是大多数无机酸、碱、盐的成本低廉、应用极广且良好的溶剂和清洗介质。但单纯以水为溶剂的某些清洗液是难以渗透到被清洗的整个表面的，因此必须借助溶剂、酸、碱以及助剂对复杂污染物进行清洗去除。

目前溶液清洗中常用的化学试剂，特别是溶剂类清洗液中，除了 C、H 元素外，还有 O、N、Si、S 以及卤族元素 F、Cl、Br、I 等八种元素可以构成溶剂分子。其中，S 由于通常具有刺激性气味，且构成溶剂通常具有毒性和腐蚀性，因此不适合作为清洗用溶剂。I 元素由于具有较高的化学活性，稳定的含 I 溶剂难以实现规模商品化应用。因此，可以用于清洗的溶剂原子仅限于 C、H、O、N、Si、F、Cl、Br 等八种。当前工业领域常用的清洗介质主要包括溶剂、活化剂和化学清洗剂等。

烃类溶剂中，芳香烃纯溶剂包括苯、甲苯和二甲苯，其 KB 值高，苯胺点低，对油溶性污垢的溶解能力很强；但其毒性强，会造成大气污染与光化学烟雾，尤其是苯的毒性更强；容易燃烧和爆炸，当空气中苯的含量大于 1.5% 时，即可能引起爆炸。醇类溶剂可以和水以任意比例混溶，高浓度的水溶液对油脂有较好的溶解能力，对某些活化剂也有较强的溶解能力，可用于清除被清洗表面的活化剂残留物，此外还有很强的杀菌能力，常用于消毒。酯类溶剂属于中性物质，毒性较小，有芳香气味，不溶于水，可溶解油脂，因此可用作油脂的溶剂。常用于油污清洗的酯类溶剂有乙酸甲酯、乙酸乙酯和乙酸正丙酯等。

在清洗过程中，利用活化剂的水溶液，从固体表面清除能溶于水、不溶于水、固体的和液体的污垢的基本步骤，都是先对被清洗固体表面进行润湿，从基底上去除污垢；再利用清洗剂的分散作用，使污垢稳定地分散于溶液中。这两步的效果，均取决于被清洗材料和污垢间界面的性质。

清洗效率取决于活化剂的化学结构、被清洗材料及其表面状态、污垢的组成和性质、清洗剂的组成及各组分之间的相互作用、清洗工艺条件和水质状况等。一般而言有下述规律：疏水基的链增长，活化剂的吸附性和对油污的清除效果增大。烷基中没有支链的活化剂的润湿性较差，但是清洗性较好；多支链的活化剂有较好的润湿性，而清洗性欠佳。烷基中碳数相同的活化剂，当疏水基移向碳链的中心时，其吸附性和清洗性明显降低，润湿性显著增加。链长对离子型活化剂的清洗性、吸附性和润湿性的影响，远大于对非离子型活化剂的影响。具有较高表面活性和较低表面张力的清洗剂溶液，对油污有较强的增溶、乳化作用，有利于油污的清除。

酸洗。酸性清洗法常用无机酸和有机酸作为清洗主剂。无机酸有盐酸、硫酸、硝酸、磷酸、氢氟酸和氨基磺酸等，其溶解力强、速度快、效果明显且费用低。但即使有缓蚀剂存在，无机酸性清洗剂对金属材料的腐蚀性仍很大，易产生氢脆和应力腐蚀，并在清洗过程中产生大量酸雾，造成环境污染。有机酸有柠檬酸、甲酸、草酸、羟基乙酸、酒石酸、乙二胺四乙酸（EDTA）、聚马来酸（PMA）、聚丙烯酸（PAA）、羟基乙叉二磷酸（HEDP）、乙二胺甲叉磷酸（EDTMP）等。有机酸大多为弱酸，不含有害的氯离子成分，对设备本体腐蚀倾向小。有机酸对水垢的溶解速度较慢，清洗温度要在 80℃ 以上，清洗时间要长一些，成本高，适用于清洗贵重设备。

碱洗。碱性清洗法是一种以碱性物质为清洗主剂的化学清洗方法，比较古老，清洗成本低，被广泛应用。碱性清洗剂可以单独使用，也可以和其他清洗剂交替或混合使用。主要用于清除油垢，也用于清除无机盐、金属氧化物、有机涂层和蛋白质垢等。用碱洗除锈、除垢等，比采用酸洗的成本高，且除锈、除垢的速度慢。但是，除对两性金属的设备以外，不会造成金属的严重腐蚀，不会引起工件尺寸的明显改变，不存在因清洗过程中析氢而造成对金属的损伤，金属表面在清洗后与钝化之前，也不会快速返锈等。

显然，目前常用的溶液清洗材料大多对环境、人体具有负面影响，特别是一些有毒试剂、酸液和碱液的废液排放是造成人类疾病、大气污染、水污染、土壤污染和环境破坏的主要原因，也使清洗成为再制造过程中的重要污染环节，削弱了再制造节能减排的重要作用。另一方面，目前的常用化学试剂的清洗效率还有待进一步提高，特别是对于一些新兴的再制造领域，如电子和航空航天领域，对零件表面清洗质量要求高；而石油化工和矿山机械等领域废旧零部件表面污染物种类多，表面重度油污去除难度大，要求清洗剂具有优异的污染物去除能力。

（2）挑战　从环境、经济和效率的角度分析，溶液清洗面临的主要挑战包括三方面：一是减少溶液清洗中有毒、有害化学试剂的使用，提高化学清洗过程中废液的环保处理效果，降低清洗过程对环境的污染；二是开发新的化学合成技术，制备低成本的环境友好型化学试剂，获得可大规模应用的新型无毒、无害、低成本化学清洗材料；三是通过新型清洗材料的合成，获得具有超强清洗力的高效清洗材料，提高特殊领域再制造毛坯表面的清洗效率和清洗效果。

目前，国外已经开展了新型化学清洗材料研究的相关工作。例如，将室温条件下保持离子状态的熔融盐，即离子液体（Ionic Liquids）作为清洗介质用于航空装备、生物医学和半导体等领域零件的清洗，取得了良好的清洗效果。图 3-1 所示为不同阳离子构成的金属基离子液体宏观照片，图中由左至右分别为铜基、钴基、镁基、铁基、镍基和钒基离子液体。

图 3-1　不同阳离子构成的金属基离子液体宏观照片

将离子液体应用于毛刷清洗过程（图 3-2），可以显著提高表面污染物颗粒的清除效率。不锈钢、钛合金、铝合金和镍钴合金等多数金属及其合金都可以使用离子液体进行电化学抛光清洗。

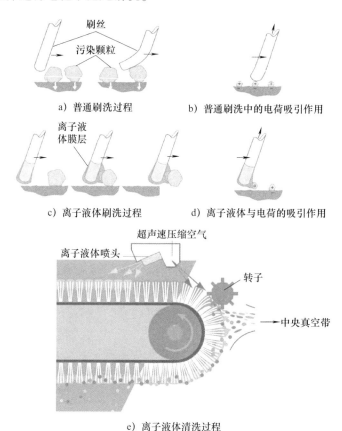

a）普通刷洗过程　　b）普通刷洗中的电荷吸引作用

c）离子液体刷洗过程　　d）离子液体与电荷的吸引作用

e）离子液体清洗过程

图 3-2　离子液体配合毛刷用于污染物颗粒的清洗示意

图 3-3 所示为使用离子液体处理前后钛合金零件表面形貌的宏观照片，通过

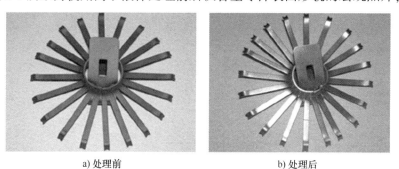

a）处理前　　　　　　b）处理后

图 3-3　使用离子液体处理前后钛合金零件表面形貌的宏观照片

对比可以看出，经过离子液体清洗后，零件露出了洁净、光滑且光亮的基体表面。尽管离子液体作为新型清洗材料可以实现半导体、金属和生物材料表面油污、颗粒等污染物的有效去除，但离子液体具有合成过程复杂、成本高且部分具有毒性等缺点，实现离子液体低成本和无毒化是实现其未来大规模应用的重要前提。

除离子液体外，由水、油和活化剂构成的微乳液是近年新兴的潜在高效溶液清洗材料之一。图3-4所示为不同油-水-活化剂体系盐度构成的微乳液宏观照片。图3-5所示为石油钻杆表面使用微乳液清洗前后的对比照片，可以看出，经过微乳液清洁处理后，钻杆表面油污消失，露出了洁净的基体表面。由于微乳液具有自然形成、吸收或溶解水和油量大、可以改变油污表面润湿性及清洗过程需要机械能小等突出优点，在再制造清洗领域具有广阔的应用前景，特别是将微乳液用于石油、天然气和化工领域工业装备零件的再制造表面清洗的潜力巨大。

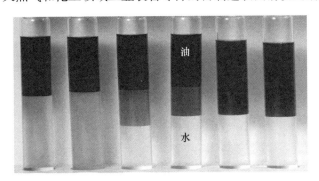

图3-4 不同油-水-活化剂体系盐度构成的微乳液宏观照片

a) 清洗前   b) 清洗后

图3-5 石油钻杆表面使用微乳液清洗前后的对比照片

微生物清洗技术也称为生物酶清洗，用于清洗烃类污染物。其基本原理是利用微生物活动将烃类污染物还原为水和二氧化碳。在清洗过程中，微生物不断释放脂肪酶、蛋白酶和淀粉酶等多种生物酶，打断油脂类污染物的烃类分子链，这一过程将烃类分子分解并释放碳源作为微生物的营养物质，从而刺激微生物进一步将油脂消化吸收，随后污染物会被溶液带走并经过过滤装置将大尺寸固体污染物过滤，由于微生物的繁殖速度快，在 24h 内，单一微生物细胞可以繁殖到 10^{21} 个。因此，微生物清洗过程中可以实现清洗剂的循环使用，使清洗过程长期保持持续进行。与传统清洗剂相比，微生物清洗过程无毒，清洗产生的废水经简单处理就能够达到排放标准。微生物清洗速度较慢，通常采用浸泡方式，通过搅拌使酶与零件表面充分接触达到最佳的清洗效果。图 3-6 所示为使用微生物清洗剂手工清洗金属零件的过程。使用微生物清洗剂进行清洗后，清洗槽表面吸附的油污类污染物同时被有效去除。

图 3-6　使用微生物清洗剂手工清洗金属零件的过程

微生物清洗适用的污染物类型包括原油、切割液、机油、润滑油、液压传动液、有机溶剂和润滑脂等，适用的清洗表面材质包括碳钢、不锈钢、镀锌钢、铜、铝、钛、镍、塑料、陶瓷和玻璃等。同时，由于微生物清洗剂对环境无污染，对人体健康和清洗对象表面无损害，酸碱性接近中性，不溶解、不易挥发、无毒、不可燃，清洗过程温度要求低，清洗废水也没有毒性，从环保角度来看，微生物清洗剂比酸、碱性清洗剂更符合环保要求。目前，微生物清洗方式主要应用于生物、医药领域，在一些修理厂和废水处理厂也得到了应用，但在机械工业领域还未实现商业化，未来在再制造清洗领域具有广阔的应用前景，特别适用于机械产品零部件表面油污类污染物的清洗。

（3）目标　一方面通过新型清洗试剂的研究，开发环境友好型绿色清洗材料，提高溶液清洗效率，降低清洗材料成本，减少清洗过程中有毒、有害物质的使用；另一方面，通过清洗过程中废液的环保处理技术研究，减少有毒、有害物质的排放。总体上，最大限度地降低溶液清洗过程对操作人员的伤害，降低对环境的污染，避免对清洗对象的损伤。

▶▶ 2. 物理清洗技术

（1）现状 利用热、力、声、电、光和磁等原理的表面去污方法，都可以称之为物理清洗。与化学清洗技术相比，物理清洗技术对环境的污染和对工人健康的损害都较小，而且物理清洗对清洗物基体没有腐蚀破坏作用。目前常用的物理清洗技术主要包括吸附清洗、热能清洗、喷射清洗、摩擦与研磨清洗、超声波清洗、光清洗和等离子体清洗等。

1）吸附清洗。吸附清洗利用材料表面污染物对不同的物质表面亲和力的差别，在气体或流体介质中将污垢从原来附着的物体表面转移到另一物体表面，达到去除污垢的目的。适合这种目的而使用的物质称为吸附剂，被吸附的物质（去除的污垢）为吸附物。吸附按作用力的性质可分为物理吸附与化学吸附两类。作为吸附剂，要求其具备的基本特性是与污垢有很强的亲和力而且本身有很大的吸附表面积。吸附剂的表面与污垢之间可能存在物理和化学亲和力，这种亲和力包括分子间作用力、氢键力、静电引力以及化学键力。通常吸附剂表面分子与被吸附物之间是借助分子作用力而吸附的，因为分子之间的作用力普遍存在于物质之间。但根据吸附剂与吸附物的种类不同，它们之间的分子间作用力的大小也不同。因此，同种吸附剂对不同物质的吸附能力的差别很大。在另一些情况下，当污垢粒子与吸附剂表面带有相反电荷时，也可靠静电引力结合而吸附。因此在选择吸附剂时要做具体分析，尽量选择与被吸附物之间亲和力大的吸附剂。例如擦拭物体表面的泥土和黑板上的粉笔灰，使用湿棉布效果较好，而擦拭去除工厂内机器表面上的油性污垢或其他加工产生的废屑，使用化纤干布反而效果好。由于棉布是亲水纤维织成的，而合成纤维织成的布憎水性（亲油性）更好些。常用的吸附剂可分为纤维状吸附剂和多孔型吸附剂以及胶体粒子。纤维状吸附剂是天然或合成的细纤维，织成布状或毡状的物质。用聚乙烯纤维制成的毡布，可以吸附其本身质量的 20 ~ 25 倍的重度油污。在再制造清洗领域中使用的多孔性吸附剂有活性炭、沸石、膨润土、硅藻土、酸性白土和活性白土等。

2）热能清洗。热能清洗在清洗中被广泛地应用。热能的受体有清洗液、被清洗基体和污垢本身，其清洗作用机理主要表现在以下几个方面：

① 对清洗过程的促进作用，主要体现在溶液清洗中。促进作用主要包括两个方面：一是促进化学反应；二是提高污垢在清洗液中的溶解分散性。清洗液对污垢的溶解速度和溶解量也随温度的升高而成比例地提高。所以，升温有利于洗涤过程。在某些高压水射流的管道清洗设备中备有加热设备，用于清洗那些水溶性不太好的污垢。热水可增加污垢的溶解性，防止不溶污垢堵塞管道，

影响清洗效果。又如在所有表面处理中，除油以后都需用热水漂洗或冲洗，有利于把吸附在清洗对象表面的碱和活化剂溶解清除。

② 使污垢的物理、化学状态发生变化，主要体现在高温分解炉清洗中对零件表面和内部油污的清洗。温度的变化常会引起污垢的物理、化学状态变化，使它变得容易被去除。污垢物理状态的改变指固体污垢被熔化、溶化或汽化；化学状态的变化是指固体污垢被热能裂解和分解，污垢改变了原有的分子结构。用加热或燃烧的方法去除工件表面有机物的污垢，使它分解成二氧化碳等气体，这是一种简单的方法。其缺点是易留下灰分残留物，易造成金属的氧化。此外，某些物理强化清洗方法，如激光清洗，其清洗机理在本质上也是热能作用的结果。当高能激光照射在污垢上时，在短时间内迅速将光能转变为超高热能，使表面污垢熔化、汽化而被除去，可在不熔化金属的前提下，把金属表面的氧化物锈垢除去。

③ 使清洗对象的物理性质发生变化，主要体现在和高压饱和蒸汽清洗中。当温度变化时，清洗对象的物理性质也会变化，有时有利于清洗的进行。例如，人们在洗衣服时，用温水比较容易洗净。除了温水可提高清洗剂的效能外，另一个原因是布料中的纤维在较高的温度下浸泡，容易吸水膨胀，使污垢对纤维的吸附力下降，从而变得容易被清洗。

3）喷射清洗。喷射清洗技术属于典型的物理清洗技术，包括高压水射流清洗、干式或湿式喷砂清洗、干冰清洗及抛丸或喷丸清洗等，其基本原理是利用压缩空气、高压水或机械力，将水、砂粒、丸粒或干冰等以较高的速度冲击清洗表面，通过机械作用将表面污染物去除。

① 高压水射流清洗利用高压水的冲刷、楔劈、剪切和磨削等复合破碎作用，将污垢打碎脱落。与传统的化学方法、喷砂抛丸方法、简单机械及手工方法相比，其具有速度快、成本低、清洗率高、不损坏被清洗物、应用范围广和不污染环境等诸多优点。在再制造领域，高压水射流清洗技术可以实现对水垢、发动机积碳、零件表面漆膜和油污等多种污垢的快速有效清洗。目前，在船舶、电站锅炉、换热器、轧钢带除磷和城市地下排水管道等清洗中都得到了广泛应用。

② 喷砂清洗通常可分为干式和湿式两种，干式喷射的磨料主要有不同粒径的钢丸、玻璃丸、陶瓷颗粒和细砂等，湿式喷射的洗液包括常温的水、热水、酸和碱等溶液，还可以使用砂粒与溶剂复合形成的浆料喷射，以获得更好的清洗效果。

③ 干冰清洗是将液态二氧化碳通过干冰制备机（造粒机）制作成一定规格（$\phi 2 \sim \phi 14mm$）的干冰球状颗粒，以压缩空气为动力源，通过喷射清洗机将干冰球状颗粒以较高速度喷射到被清洗物体表面。其工作原理与喷砂清洗原理相似，

干冰颗粒不但对污垢表面有磨削、冲击作用，低温（-78℃）的二氧化碳干冰颗粒用高压喷射到被清洁物表面，使污垢冷却以致脆化，进而与其所接触的材质产生冷收缩效果，从而使污垢减小。目前干冰清洗主要应用于轮胎、石化和铸造行业。

④ 抛（喷）丸清洗依靠电动机驱动抛丸器的叶轮旋转，在气体或离心力作用下把丸料（钢丸或砂粒）以极高的速度和一定的抛射角度抛打到工件上，让丸料冲击工件表面，对工件进行除锈、除砂及表面强化等，以达到清理、强化和光饰的目的。抛（喷）丸清洗主要用于铸件除砂、金属表面除锈、表面强化和改善表面质量等。用抛（喷）丸清洗方法对材料表面进行清理，可以使材料表面产生冷硬层和表面残余压应力，从而提高材料的承载能力并延长其使用寿命。

喷射清洗技术具有环境污染小和清洗效果好的优点，但在实际应用中应当注意以下问题：一是清洗过程中控制压力和时间，减少对清洗表面的机械损伤；二是清洗后零件表面露出新鲜基体，活性高，需要采取必要的防护措施，防止表面锈蚀，通常采用快速烘干或在高压水中添加缓蚀剂的方法；三是要注意清洗后废液与废料的回收和环保处理。

4）摩擦与研磨清洗。在工业清洗领域中，一些用其他作用力不易去除的污垢，使用摩擦与研磨清洗这种简单实用的方法往往能取得较好的效果。例如，在汽车自动清洗装置中，向汽车喷射清洗液的同时，使用合成纤维材料做成的旋转刷子帮助擦拭汽车的表面。用喷射清洗液清洗工厂的大型设备或机器的表面时，用刷子配合擦洗往往能取得更好的清洗效果。

但使用摩擦与研磨清洗去污也存在以下问题需要注意：使用的刷子要保持清洁，防止刷子对清洗对象的再污染；当清洗对象是不良导体时，使用摩擦与研磨清洗有时会产生静电而使清洗对象表面容易吸附污垢；在使用易燃的有机溶剂时，要注意防止由于产生静电引起的火灾。

5）超声波清洗。超声波清洗是清除物体表面异物和污垢最有效的方法，其清洗效率高且质量好，具有许多其他清洗方法所不能替代的优点，而且能够高效率地清洗物体的外表面和内表面。超声波清洗不仅清洗的污染物种类广泛，包括尘埃、油污等普通污染物和研磨膏类带放射性的特种污染物，而且清洗速度快，清洗后污垢的残留物比其他清洗方法要少很多。超声波清洗还可以清洗复杂零件以及深孔、不通孔和狭缝中的污物，并且对物体表面没有伤害或只引起轻微损伤，对环境的污染小，成本相对来说不高，而且对操作人员没有伤害。在实际应用中，超声波清洗常配合溶液清洗一同使用，需要采取适当措施对废液进行环保处理，同时要减少有害化学试剂的使用。

6）光清洗。光是一种电磁波，具有各自的波长和相应的能量。将它应用于物体的清洗是近年来发展起来的，但应用面仍比较窄，设备成本较高。目前，光清洗分为激光清洗和紫外线清洗两种。激光具有单色性、方向性和相干性好等特点。

① 激光清洗。激光清洗的原理正是基于激光束的高能量密度、高方向性并能瞬间转化为热能的特性，将工件表面的污垢熔化或汽化而被去除，同时可在不熔化金属的前提下把金属表面的氧化物锈垢除去。激光清洗过程示意如图 3-7 所示，与传统清洗工艺相比，激光清洗技术具有以下特点：是一种"干式"清洗，不需要清洁液或其他化学溶液；清除污染物的种类和适用范围较广泛，目前主要应用于微电子行业中光刻胶等绝缘材料的去除和光学基片表面外来颗粒的清洗；通过调控激光工艺参数，可以在不损伤基材表面的基础上有效去除污染物；可以方便实现自动化操作等。目前，国外有研究将激光清洗应用于铝合金等金属材料表面焊接前清洗。

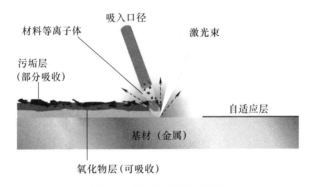

图 3-7　激光清洗过程示意

② 紫外线清洗。在石英、玻璃、陶瓷及硅片和带有氧化膜的金属等材料上的有机污垢物的去除常用到紫外线清洗。紫外线可引起有机物的分解，对微生物有很强的杀灭作用，因此在制备超纯水时，要利用紫外线进行杀菌处理。紫外线促进臭氧分子的生成，当空气中的氧分子吸收 240nm 以下波长的紫外线后会生成臭氧分子，在生成臭氧的同时也生成有强氧化力的激发状态的氧气分子。由于紫外线既可使组成污垢的有机物分子处于激发状态，又能产生臭氧这种具有强氧化力的物质，因此人们研究出利用紫外线-臭氧协同作用的清洗方法，即紫外线-臭氧并用法（UV-O$_3$法），它是干式物理清洗技术中重要的一种。

7）等离子体清洗。等离子体清洗是一种干式物理清洗技术。利用等离子体清洗可以对金属、塑料和玻璃等材料进行除油、清洗及活化等处理，并且可以省去通常采用湿法工艺所必需的干燥工序及废水处理装置，因此它具有比湿式物理清洗技术的工艺流程短、费用低，而且不会污染环境等优点。等离子体的清洗作用机理比较复杂，至今还不太清楚，一般认为是由于等离子体的高动能和紫外线等对污垢共同作用的结果。

（2）挑战　与化学清洗相比，物理清洗对环境和人员的损害更小，对结合力较高的非油污类污染物具有良好的清洗效果。但物理清洗的缺点是在精洗结构复杂的设备内部时，其作用力有时不能均匀地到达所有部位，从而出现死角。有时需要把设备解体进行清洗，因停工面造成损失。为提供清洗时的动力常需要配备相应的动力设备，其占地规模大且搬运不方便。同时，物理清洗的设备成本通常较高，且清洗效率相对较低。

此外，新兴的再制造领域对物理清洗技术提出了一系列新的要求。由于多数物理清洗技术对使用的能量和清洗力具有严格要求，当能量或清洗力过小时，如激光清洗功率小或时间短，喷射清洗的压力小，会导致污染物无法有效去除；当能量或清洗力过大时，会使清洗表面受到损伤，如激光功率过大，会造成清洗表面受热损伤，喷射清洗造成表面冲击损伤等（图3-8）。因此必须在实际应用中选择合适的清洗力或能量。随着高端装备和电子产品再制造需求的日益增加，精密零件和电子产品零件表面清洗对物理清洗技术提出了新的要求，即在实现高效清洗的同时，不对清洗对象表面产生损伤。另一方面，轨道交通、冶金和电力等行业的老旧和故障装备通常要求快速恢复装备性能，对于这些在役装备的再制造和装备的在线再制造，要求配套的清洗技术具有体积小、便携、能源消耗低、快速和高效等特点。

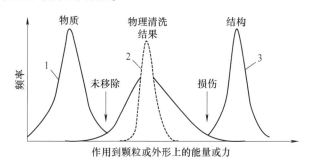

图3-8　物理清洗过程窗口

1—表面污染物颗粒吸附力　2—合适的清洗力　3—清洗对象表面完整性力

近年来，在精密零件物理清洗技术研究与应用方面，半导体领域研究开发了双流体喷雾清洗（Dual-fluid Spray Cleaning）技术。图3-9所示的为双流体喷雾清洗过程及喷嘴结构示意。其原理是通过 G 口和 S 口分别通入气体和液体，并在喷嘴内部进行混合、雾化和加速，通过喷嘴 M 将形成的雾化液体喷射到待清洗的表面，去除半导体材料表面附着的微量纳米级颗粒污染物，同时避免对清洗表面的损伤。清洗过程中，通过改变流体或气体的压力和种类，以及喷嘴的直径影响雾化液滴束流的雾化效果和速度，进而影响清洗质量。双流体喷雾清洗技术在半导体行业有广泛的应用前景，同时，对于电子产品再制造清洗也具有潜在的应用前景，特别是在电子产品再制造清洗应用方面。

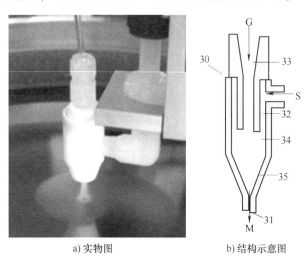

a) 实物图　　　　　　　　b) 结构示意图

图3-9　双流体喷雾清洗过程及喷嘴结构示意

此外，Shishkin 等研究了以冰颗粒为磨料的冰射流清洗（Icejet Cleaning），其可以有效去除塑料、金属和半导体等不同材质零件表面的各类污染物。冰射流清洗不同材质表面的清洗效果对比如图 3-10 所示。

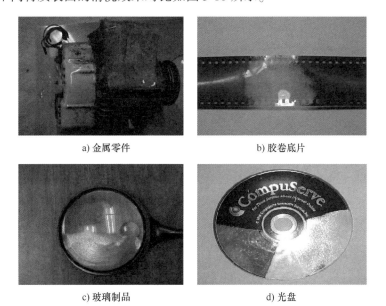

a) 金属零件　　　　　　　　b) 胶卷底片

c) 玻璃制品　　　　　　　　d) 光盘

图3-10　冰射流清洗不同材质表面的清洗效果对比

（3）目标　通过激光清洗、绿色磨料喷射清洗、紫外线清洗等物理清洗技术与装备研发，有效降低物理清洗成本，提高清洗效率，实现再制造表面的清洗与表面粗化、活化、净化等预处理过程一体化，提高再制造成形加工质量；结合绿色清洗材料开发以及清洗废弃物环保处理技术研究，将物理清洗技术和化学清洗技术相融合，开发再制造绿色物理、化学复合清洗设备，实现清洗装备智能化、通过式、便携式设计，实现在役、高端、智能和机电复合装备的高效绿色清洗。

3.3　再制造检测技术

▶ 3.3.1　再制造检测概念及要求

▶ 1. 基本概念

用于再制造的废旧产品运达再制造工厂后，要经过拆解、清洗、检测、加工、装配和包装等步骤才能形成可以销售的再制造产品。正确地进行再制造毛坯（即用于再制造的废旧零部件）工况检测，是再制造质量控制的主要环节，它不但能决定毛坯的弃用，影响再制造成本，提高再制造产品的质量稳定性，还能帮助决策失效毛坯的再制造加工方式，是再制造过程中一项至关重要的工作。

再制造毛坯检测是指在再制造过程中，借助于各种检测技术和方法，确定再制造毛坯的表面尺寸及其性能状态等，以决定其弃用或再制造加工的过程。再制造毛坯通常都是经长期使用过的零件，这些零件的工况对再制造零件的最终质量有相当重要的影响。零件的损伤，不管是内在质量还是外观变形，都要经过仔细地检测，根据检测结果，进行再制造性综合评价，决定该零件在技术上和经济上进行再制造的可行性。

▶ 2. 检测的要求和作用

1）在保证质量的前提下，尽量缩短再制造时间，节约原材料、新品件和工时，提高毛坯的再制造度和再制造率，降低再制造成本。

2）充分利用先进的无损检测技术，提高毛坯检测质量的准确性和完好率，尽量减少或消除误差，建立科学的检测程序和制度。

3）严格掌握检测技术要求和操作规范，结合再制造性评估，正确区分直接再利用件、需再制造件、材料可再循环件及环保处理件的界限，从技术、经济、环保和资源利用等方面综合考虑，使得环保处理量最小化、再利用和再制造量最大化。

4）根据检测结果和再制造经验，对检测后毛坯进行分类，并对需再制造的零件提供信息支持。

▶3.3.2　再制造毛坯检测的内容

用于再制造的毛坯要根据经验和要求进行全面的质量检测，同时根据毛坯的具体情况，各有侧重。一般检测包括以下几个方面：

（1）毛坯的几何精度　包括毛坯零件的尺寸、形状和表面相互位置精度等，这些信息均对产品的装配和质量造成影响。通常需要检测零件尺寸、圆柱度、圆度、平面度、直线度、同轴度、垂直度和跳动等。根据再制造产品的特点及质量要求，对零件装配后的配合精度要求也要在检测中给予关注。

（2）毛坯的表面质量　包括表面粗糙度、擦伤、腐蚀、磨损、裂纹、剥落及烧损等缺陷，并对存在缺陷的毛坯确定再制造方法。

（3）毛坯的理化性能　包括零件硬度、硬化层深度、应力状态、弹性、刚度、平衡状况及振动等。

（4）毛坯的潜在缺陷　包括毛坯内部夹渣、气孔、疏松、空洞和焊缝等缺陷及微观裂纹等。

（5）毛坯的材料性质　包括毛坯的合金成分、渗碳层含碳量、各部分材料的均匀性及高分子类材料的老化变质程度等。

（6）毛坯的磨损程度　根据再制造产品生命周期要求，正确检测判断摩擦磨损零件的磨损程度并预测其再使用时的情况。

（7）毛坯表层材料与基体的结合强度　如电刷镀层、喷涂层、堆焊层和基体金属的结合强度等。

▶3.3.3　再制造检测技术方法

▶1. 感官检测法

感官检测法是指不借助于量具和仪器，只凭检测人员的经验和感觉来鉴别毛坯技术状况的方法。这类方法精度不高，只适于分辨缺陷明显（如断裂等）或精度要求低的毛坯，并要求检测人员具有丰富的实践检测经验和技术。具体方法有：

（1）目测　用眼睛或借助放大镜来对毛坯进行观察和宏观检测，如倒角、裂纹、断裂、疲劳剥落、磨损、刮伤、蚀损、变形和老化等。

（2）听测　借助于敲击毛坯时的声响判断其技术状态。零件无缺陷时声响清脆，内部有缩孔时声音相对低沉，内部有裂纹时声音嘶哑。听声音可以进行初步的检测，对重点件还需要进行精确检测。

（3）触测　用手与被检测的毛坯接触，可判断零件表面温度高低、表面粗糙程度以及明显裂纹等；使配合件做相对运动，可判断配合间隙的大小。

测量工具检测法是指借助于测量工具和仪器，较为精确地对零件的表面尺寸精度和性能等技术状况进行检测的方法。这类方法相对简单、操作方便且费用较低，一般可达到检测精度要求，所以在再制造毛坯检测中应用广泛。主要检测内容如下：

1）用各种测量工具（如卡钳、钢直尺、游标卡尺、外径千分尺、百分表、千分表、塞规、量块和齿轮规等）和仪器，检验毛坯的几何尺寸、形状和相互位置精度等。

2）用专用仪器和设备对毛坯的应力、强度、硬度和冲击韧性等力学性能进行检测。

3）用平衡试验机对高速运转的零件做静、动平衡检测。

4）用弹簧检测仪检测弹簧弹力和刚度。

5）对承受内部介质压力并需防泄漏的零部件，需在专用设备上进行密封性能检测。

在必要时还可以借助金相显微镜来检测毛坯的金属组织、晶粒形状及尺寸、显微缺陷和化学成分等。根据快速再制造和复杂曲面再制造的要求，快速三维扫描测量系统也在再制造检测中得到了初步应用，能够进行曲面模型的快速重构，并用于再制造加工建模。

▷▷ **3. 无损检测法**

无损检测法是指利用电、磁、光、声和热等物理量，通过再制造毛坯所引起的变化来测定毛坯的内部缺陷等技术状况。目前已被广泛使用的无损检测法有超声波检测技术、射线检测技术、磁记忆效应检测技术和涡流检测技术等，可用来检查再制造毛坯是否存在裂纹、孔隙和强应力集中点等影响再制造后零件使用性能的内部缺陷。这类方法不会对毛坯本体造成破坏、分离和损伤，是先进、高效的再制造检测方法，也是提高再制造毛坯质量检测精度和科学性的前沿手段。

▷ **3.3.4 无损再制造检测技术**

▷▷ **1. 超声波检测技术**

超声波是一种以波动形式在介质中传播的机械振动。超声波检测技术利用材料本身或内部缺陷对超声波传播的影响，来判断结构内部及表面缺陷的大小、形状和分布情况。超声波具有良好的指向性，对各种材料的穿透力较强，检测灵敏度高，检测结果可现场获得，使用灵活，设备轻巧且成本低廉。超声波检

第**❸**章

再制造生产工艺技术

测技术是无损检测中应用最为广泛的方法之一，可用于超声探伤和超声测厚。超声探伤最常用的方法有共振法、穿透法、脉冲反射法、直接接触法和液浸法等，适用于各种尺寸的锻件、轧制件、焊缝和某些铸件的缺陷检测；可用于检测再制造毛坯构件的内部及表面缺陷。超声测厚可以无损检测材料厚度、硬度、淬硬层深度、晶粒度、液位、流量、残余应力和胶接强度等；可用于压力容器、管道壁厚等的测量。

2. 涡流检测技术

涡流检测技术是涡流效应的一项重要应用。当载有交变电流的检测线圈靠近导电试件时，由于检测线圈磁场的作用，导电试件会生出感应电流，即涡流。涡流的大小、相位及流动方向与导电试件材料性能有关，同时，涡流的作用又使检测线圈的阻抗发生变化。因此，通过测定检测线圈阻抗的变化（或检测线圈上感应电压的变化），可以获知被检测材料有无缺陷。涡流检测特别适用于薄、细导电材料，而对粗、厚导电材料只适用于表面和近表面的检测。检测中不需要耦合剂，可以非接触检测，也可用于异形材和小零件的检测。涡流检测技术设备简单、操作方便、速度快、成本低且易于实现自动化。根据检测因素的不同，涡流检测技术可检测的项目分为探伤、材质试验和尺寸检查三类，只适用于导电材料，主要应用于金属材料和少数非金属材料（如石墨和碳纤维复合材料等）的无损检测，主要测量材料的电导率、磁导率、检测晶粒度、热处理状况、硬度和尺寸等，也可以检测材料和构件中的缺陷，如裂纹、折叠、气孔和夹杂等，还可以测量金属材料上的非金属涂层和铁磁性材料上的非铁磁性材料涂层（或镀层）的厚度等。在无法直接测量毛坯厚度的情况下，可用它来测量金属箔、板材和管材的厚度以及测量管材和棒材的直径等。

3. 射线检测技术

当射线透过被检测物体时，物体内部有缺陷部位与无缺陷部位对射线吸收能力不同，射线在通过有缺陷部位后的强度高于通过无缺陷部位的射线强度，因此可以通过检测透过工件后射线强度的差异来判断工件中是否有缺陷。目前，国内外应用最广泛、灵敏度比较高的射线检测方法是射线照相法，它采用感光胶片来检测射线强度。在射线感光胶片上黑影较大的地方，即对应被测试件上有缺陷的部位，因为这里接收较多的射线，所以形成黑度较大的缺陷影像。射线检测诊断使用的射线主要是 X 射线、γ 射线，主要有实时成像技术、背散射成像技术和 CT 技术等。该检测技术适用材料范围广泛，对试件形状及其表面粗糙度无特殊要求，能直观地显示缺陷影像，便于对缺陷进行定性、定量与定位分析，对被检测物体无破坏和污染。但射线检测技术对毛坯厚度有限制，难以发现垂直射线方向的薄层缺陷，检测费用较高，并且射线对人体有害，需做特殊防护。射线检测技术比较容易发现气孔、夹渣和未焊透等体积类缺陷，而对裂纹和细微不熔合等片状缺陷，在透照方向不合适时不易发现。射线照相法主要用于检验铸造缺陷和焊接缺陷，而由于这些缺陷几何形状的特点、体积的大小、分布的规律及内在性质的差异，使它们在射线照相中具有不同的可检出性。

4. 渗透检测技术

渗透检测技术是利用液体的润湿作用和毛吸现象，在被检测零件表面上浸涂某些渗透液，由于渗透液的润湿作用，渗透液会渗入零件表面开口缺陷处，用水和清洗剂将零件表面剩余渗透液去除，再在零件表面施加显像剂，经毛细管作用，将孔隙中的渗透液吸出来并加以显示，从而判断出零件表面的缺陷。渗透检测技术是最早使用的无损检测方法之一，除表面多孔性材料以外，该方法可以应用于各种金属、非金属材料以及磁性、非磁性材料的表面开口缺陷的无损检测。液体渗透检测按显示缺陷方法的不同，可分为荧光法和着色法；按渗透液的清洗方法不同，又可分为水洗型、后乳化型和溶剂清洗型；按显像剂的状态不同，可分为干粉法和湿粉法。上述各种方法都有很高的灵敏度。渗透检测的特点是原理简单，操作容易，方法灵活，适应性强，可以检查各种材料，且不受零件几何形状、尺寸大小的影响。对小零件可以采用浸液法，对大设备可采用刷涂法或喷涂法，一次检测便可探查任何方向表面开口的缺陷。渗透检测的不足是只能检测开口式表面缺陷，不能发现表面未开口的皮下缺陷和内部缺陷，检验缺陷的重复性较差，工序较多，而且探伤灵敏度受人为因素的影响。

5. 磁记忆效应检测技术

毛坯零件由于疲劳和蠕变而产生的裂纹会在缺陷处出现应力集中，由于铁磁性金属部件存在着磁机械效应，因此其表面上的磁场分布与部件应力载荷有一定的对应关系，所以可通过检测部件表面的磁场分布状况间接地对部件缺陷和应力集中位置进行诊断。磁记忆效应检测技术无须使用专门的磁化装置即能对铁磁性材料进行可靠检测，检测部位的金属表面不必进行清理和其他预处理，较超声法检测灵敏度高且重复性好，具有对铁磁性毛坯缺陷做早期诊断的功能，有的微小缺陷应力集中点可被磁记忆效应检测技术检出。该检测技术还可用来检测铁磁性零部件可能存在应力集中及发生危险性缺陷的部位。此外，某些机器设备上的内应力分布，如飞机轮毂上螺栓扭力的均衡性，也可采用磁记忆效应检测技术予以评估。磁记忆效应检测技术对金属损伤的早期诊断与故障的排除及预防具有较高的敏感性和可靠性。

6. 磁粉检测技术

磁粉检测技术是利用导磁金属在磁场中（或将其通以电流以产生磁场）被磁化，并通过显示介质来检测缺陷特性的检测方法。磁粉检测技术具有设备简单、操作方便、速度快、观察缺陷直观和检测灵敏度较高等优点，在工业生产中应用极为普遍。根据显示漏磁场情况的方法不同，磁粉检测技术分为线圈法、磁粉测定法和磁带记录法。磁粉检测法只适用于检测铁磁性材料及其合金，如铁、钴、镍和它们的合金等，可以检测发现铁磁性材料表面和近表面的各种缺陷，如裂纹、气孔、夹杂和折叠等。

随着再制造工程的迅速发展，促进了再制造毛坯先进检测技术的发展，除了上述提到的先进检测技术外，还有激光全息照相检测、声阻法探伤、红外无损检测、声发射检测、工业内窥镜检测等先进检测技术，这将为提高再制造效率和质量提供有效保证。

3.4　失效件再制造加工技术

3.4.1　再制造加工技术概述

1. 基本概念

再制造加工是指对废旧失效零部件进行几何尺寸和机械性能加工恢复或升级的过程。再制造加工主要有两种方法，即机械加工方法和表面工程技术方法。

实际上大多数失效的金属零部件可以采用再制造加工工艺加以性能恢复，而且通过先进的表面工程技术，还可以使恢复后的零部件性能达到甚至超过新件。例如：采用等离子热喷涂技术修复的曲轴，因轴颈耐磨性能的提高可以使其寿命超过新轴；采用等离子堆焊恢复的发动机阀门，其寿命可达到新件的2倍以上；采用低真空熔敷技术修复的发动机排气阀门，其寿命可达到新件的3～5倍。

2. 失效件再制造加工的条件

并非所有拆解后失效的废旧零件都适于再制造加工恢复。一般来说，失效零件可再制造要满足下述条件：

1）再制造加工成本要明显低于新件制造成本。再制造加工主要针对附加值比较高的核心件进行，对低成本的易耗件一般直接进行换件。但当对某类废旧产品再制造，无法获得某个备件时，则通常不把该备件的再制造成本问题放在首位，而是通过对该零件的再制造加工来保证整体产品再制造的完成。

2）再制造件要能达到原件的配合精度、表面粗糙度、硬度、强度和刚度等技术条件。

3）再制造后零件的寿命至少能维持再制造产品使用的一个最小生命周期，满足再制造产品性能不低于新件的要求。

4）失效零件本身成分符合环保要求，不含有环境保护法规中禁止使用的有毒有害物质。随着时代发展的要求，使环境保护更被重视和加强，使同一零件在再制造时相对制造时受到更多环境法规的约束，许多原产品制造中允许使用的物质可能在再制造产品中不允许继续使用，则针对这些零件不进行再制造加工。

失效零件的再制造加工恢复技术及方法涉及许多学科的基础理论，诸如金属材料学、焊接学、电化学、摩擦学、腐蚀与防护理论以及多种机械制造工艺理论。失效零件的再制造加工恢复也是一个实践性很强的专业，其工艺技术内容相当繁多，实践中不存在一种万能技术可以对各种零件进行再制造加工恢复。而且对于一个具体的失效零件，经常要复合应用几种技术才能使失效零件的再制造取得良好的质量和效益。

≫ 3. 再制造加工方法分类与选择

废旧产品失效零件常用的再制造加工方法可以按照图 3-11 进行分类。

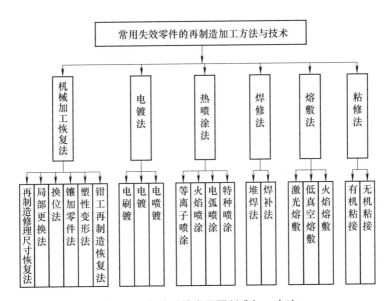

图 3-11　失效零件常用再制造加工方法

再制造加工工艺选择的基本原则是工艺的合理性。所谓合理是指在经济允许、技术具备及环保符合的情况下，所选工艺要尽可能满足对失效零件的尺寸及性能要求，达到质量不低于新件的目标。主要须考虑以下因素：

1）再制造加工工艺对零件材质的适应性。

2）再制造加工工艺可生成的再制造覆层厚度。

3）再制造覆层与基体结合强度。

4）再制造覆层的耐磨性。

5）再制造覆层对零件疲劳强度的影响。

6）再制造加工技术的环保性。

3.4.2 机械加工法再制造恢复技术

1. 机械加工恢复法的特点

零件再制造恢复中，机械加工恢复法是最重要、最基本的方法，目前在国内外再制造厂生产中得到了广泛的应用。多数失效零件需要经过机械加工来消除缺陷，最终达到配合精度和表面粗糙度等质量要求。它不仅可以作为一种独立的工艺方法获得再制造修理尺寸，直接恢复零件，而且是其他再制造加工方法操作前工艺准备和最后加工不可缺少的工序。

再制造恢复旧件的机械加工与新件加工相比较有其不同的特点。产品制造的生产过程一般是先根据设计选用材料，然后用铸造、锻造或焊接等方法将材料制作成零件的毛坯（或半成品），再经金属切削加工制成符合尺寸精度要求的零件，最后将零件装配成为产品。而再制造过程中的机械加工所面向的对象是废旧或经过表面工程处理的零件，通过机械加工来完成它的尺寸及性能要求。其加工对象是失效的定型零件，一般加工余量小，原有基准多已破坏，给装夹定位带来困难。另外待加工表面性能已定，一般不能用工序来调整，只能以加工方法来适应它。失效件的失效形式和加工表面多样，给组织生产带来困难，所以失效件的再制造加工具有个体性、多变性及技术先进性等特点。

2. 再制造修理尺寸恢复法

在失效件的再制造恢复中，再制造后达到原设计尺寸和其他技术要求，称为标准尺寸再制造恢复法。一般采用表面工程技术可以实现标准尺寸再制造恢复。

再制造时不考虑原来的设计尺寸，采用切削加工和其他加工方法恢复其形状精度、位置精度、表面粗糙度和其他技术条件，从而获得一个新尺寸，称为再制造的修理尺寸。而与此相配合的零件，则按再制造的修理尺寸配制新件或修复，该方法称为再制造修理尺寸恢复法，其实质是恢复零件配合尺寸链的方法，在调整法和修配法中，组成环需要的再制造恢复多为修理尺寸恢复法。如修轴颈、换套或扩孔镶套、键槽加宽一级及重配键等均为较简单的实例。

在确定再制造修理尺寸，即去除表面层厚度时，首先应考虑零件结构上的可能性和再制造加工后零件的强度和刚度是否满足需要。如轴颈尺寸减小量一般不得超过原设计尺寸的10%，轴上键槽可扩大一级。为了得到有限的互换性，可将零件再制造修理尺寸标准化，如内燃机气缸套的再制造修理尺寸，可规定几个标准尺寸，以适应尺寸分级的活塞备件；曲轴轴颈的修理尺寸分为 16 级，每一级尺寸缩小量为 0.125mm，最大缩小量不得超过 2mm。

失效零件加工后其表面粗糙度对零件性能和寿命影响很大，如直接影响配合精度、耐磨性、疲劳强度和耐蚀性等。对承受冲击和交变载荷、重载及高速的零件尤其要注意表面质量，同时要注意轴类零件圆角的半径和表面粗糙度。此外，对高速旋转的零部件，再制造加工时还需满足应有的静平衡和动平衡要求。

旧件的待再制造恢复表面和定位基准多已损坏或变形，在加工余量很小的情况下，盲目使用原有定位基准，或只考虑加工表面本身的精度，往往会造成零件的进一步损伤，导致报废。因此，再制造加工前必须检查、分析、校正变形、修整定位基准，然后再进行加工方可保证加工表面与其他要素的相互位置精度，并使加工余量尽可能小。必要时，需设计专用夹具。

再制造修理恢复尺寸法应用极为普遍，是国内外最常采用的再制造生产方法，通常也是最小再制造加工工作量的方法，工作简单易行，经济性好，同时可恢复零件的使用寿命，尤其对贵重零件意义重大。但使用该方法时，一定要判断是否能满足零件的强度和刚度的设计要求，以及再制造产品使用周期的寿命要求，以确保再制造产品质量。

▷▷ 3. 钳工再制造恢复法

钳工再制造恢复法也是失效零件机械加工恢复过程中最主要、最基本也是最广泛应用的工艺方法。它既可以作为一种独立的手段直接恢复零件，也可以是其他再制造方法如焊、镀和涂等工艺的准备或最后加工中必不可少的工序。钳工再制造恢复主要有铰孔、研磨和刮研等方法。

▷▷ 4. 镶加零件法

互相配合的零件磨损后，在结构和强度允许的条件下，可增加一个零件来补偿由于磨损和修复去掉的部分，以恢复原配合精度，这种方法称为镶加零件法。例如，箱体或复杂零件上的内孔损坏后，可扩孔以后再镶加一个套筒类零件来恢复。

▷▷ 5. 局部更换法

有些零件在使用过程中，各部位可能出现不均匀的磨损，某个部位磨损严重，而其余部位完好或磨损轻微。在这种情况下，如果零件结构允许，可把损坏的部分除去，重新制作一个新的部分，并使新换上的部分与原有零件的基本部分连接成为整体，从而恢复零件的工作能力，这种再制造恢复方法称为局部更换法。例如，多联齿轮和有内花键的齿轮，当齿部损坏时，可用镶齿圈的方法修复。

6. 换位法

有些零件在使用时产生单边磨损，或产生的磨损有明显的方向性，而对称的另一边磨损较小。如果结构允许，在不具备彻底对零件进行修复的条件下，则可以利用零件未磨损的一边，将它换一个方向安装即可继续使用，这种方法称为换位法。

7. 塑性变形法

塑性变形法是利用外力的作用使金属产生塑性变形，恢复零件的几何形状，或使零件非工作部分的金属向磨损部分移动，以补偿磨损掉的金属，恢复零件工作表面原来的尺寸精度和形状精度。根据金属材料可塑性的不同，分为常温下进行的冷压加工和热态下进行的热压加工。常用的方法有镦粗法、扩张法、缩小法、压延法和校正法。

无论采用以上哪一种机械加工恢复法，最主要的原则就是保证再制造恢复后的零件性能满足再制造产品的质量要求，保证再制造产品能够正常使用一个生命周期以上。

3.4.3 典型尺寸恢复法再制造技术

1. 电刷镀技术

电刷镀技术是电镀技术的发展，是表面再制造工程的重要组成内容，它具有设备轻便、工艺灵活、沉积速度快、镀层种类多、结合强度高以及适应范围广等一系列优点，是机械零件再制造修复和强化的有效手段。

（1）基本原理　电刷镀技术采用一专用的直流电源设备（图3-12），电源的正极接镀笔，作为刷镀时的阳极，电源的负极接工件，作为刷镀时的阴极。镀笔通常采用高纯细石墨块作为阳极材料，石墨块外面包裹上棉花和耐磨的涤棉套。刷镀时使浸满镀液的镀笔以一定的相对运动速度在工件表面上移动，并保持适当的压力。这样在镀笔与工件接触的那些部位，镀液中的金属离子在电场力的作用下扩散到工件表面，并在工件表面获得电子，被还原成金属原子，这些金属原子沉积结晶就形成了镀层。随着刷镀时间的增长，镀层增厚。

（2）电刷镀技术的特点　电刷镀技术的基本原理与槽镀相同，但其特点显著区别于槽镀，主要有以下三个方面：

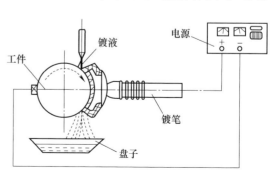

图3-12　电刷镀基本原理示意图

1）设备特点。电刷镀设备多为便携式或可移动式，其体积小、重量轻，便于现场使用或野外抢修。不需要镀槽和挂具，设备数量少，占用场地少，设备对场地设施的要求大大降低。一套设备可以完成多种镀层的刷镀。

镀笔（阳极）材料主要采用高纯细石墨，是不溶性阳极。石墨的形状可根据需要制成各种样式，以适应被镀工件表面形状为宜。刷镀某些镀液时，也可以采用金属材料作为阳极。

电刷镀设备的用电量、用水量比槽镀少得多，可以节约能源和资源。

2）镀液特点。镀液大多数是金属有机络合物水溶液，络合物在水中有相当大的溶解度，并且有很好的稳定性。因而镀液中金属离子的含量通常比槽镀高几倍到几十倍。

不同镀液有不同的颜色，但都透明清晰，没有浑浊或沉淀现象，便于鉴别。

镀液性能稳定，能在较宽的电流密度和温度范围内使用，使用过程中不必调整金属离子浓度。

大多数镀液接近中性，不燃、不爆、无毒性，腐蚀性小，因此能保证手工操作的安全，也便于运输和贮存。除金、银等个别镀液外均不采用有毒的络合剂和添加剂。

3）工艺特点。电刷镀区别于电镀（槽镀）的最大工艺特点是镀笔与工件必须保持一定的相对运动速度。由于镀笔与工件有相对运动，散热条件好，在使用大电流密度刷镀时，不易使工件过热。其镀层的形成是一个断续结晶过程，镀液中的金属离子只是在镀笔与工件接触的那些部位放电、还原结晶。镀笔的移动限制了晶粒的长大和排列，因此镀层中存在大量的超细晶粒和高密度的位错，这是镀层强化的重要原因。镀液能随镀笔及时供送到工件表面，大大缩短了金属离子扩散过程，不易产生金属离子贫乏现象。加上镀液中金属离子含量很高，允许使用比槽镀大得多的电流密度，因此镀层的沉积速度快。

（3）电刷镀技术在再制造中的应用

1）恢复退役机械设备磨损零件的尺寸精度与几何精度。

2）填补退役设备零件表面的划伤沟槽、压坑。

3）补救再制造机械加工中的超差零部件。

4）强化再制造零件表面。

5）提高零件的耐高温性能。

6）减小零件表面的摩擦系数。

7）提高零件表面的耐蚀性。

8）装饰零件表面。

2. 热喷涂技术

热喷涂是指将熔融状态的喷涂材料，通过高速气流使其雾化喷射在零件表面上，形成喷涂层的一种金属表面加工方法。根据热源来分，热喷涂有四种基本方法：火焰喷涂、电弧喷涂、等离子喷涂和特种喷涂。火焰喷涂就是以气体火焰为热源的热喷涂，又可按火焰喷射速度分为火焰喷涂、气体爆燃式喷涂（爆炸喷涂）及超声速火焰喷涂三种；电弧喷涂是以电弧为热源的热喷涂；等离子喷涂是以等离子弧为热源的热喷涂。热喷涂技术在设备维修和再制造中得到广泛应用，主要用来有效地恢复磨损和腐蚀的废旧零件表面尺寸和性能。下面以电弧喷涂为例对热喷涂技术进行介绍。

（1）电弧喷涂原理　电弧喷涂是以电弧为热源，将熔化的金属丝用高速气流雾化，并以高速喷射到工件表面形成涂层的一种工艺。喷涂时，两根丝状喷涂材料经送丝机构均匀、连续地送进喷枪的两个导电嘴内，导电嘴分别接喷涂电源的正、负极，并保证两根丝材端部接触前的绝缘性。当两根丝材端部接触时，由于短路产生电弧。高压空气将电弧熔化的金属雾化成微熔滴，并将微熔滴加速喷射到工件表面，经冷却、沉积过程形成涂层。图 3-13 所示为电弧喷涂原理示意图。这项技术可赋予工件表面优异的耐磨、耐蚀、防滑、耐高温等性能，在机械制造、电力电子和修复等领域中获得了广泛的应用。

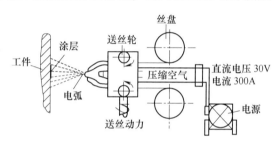

图 3-13　电弧喷涂原理示意图

（2）电弧喷涂设备系统　电弧喷涂设备系统由电源、电弧喷涂枪、送丝机构、冷却装置、油水分离器、储气罐和空气压缩机等组成，图 3-14 所示为电弧喷涂设备系统简图。

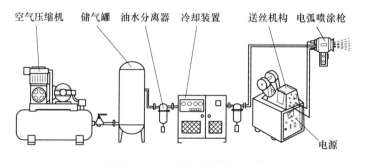

图 3-14　电弧喷涂设备系统简图

1）电弧喷涂电源。电弧喷涂电源采用平的伏安特性。过去采用直流电焊机作为电弧喷涂电源，由于直流电焊机具有陡降的外特性，电弧工作电压在 40V 以上，使喷涂过程中喷涂丝的含碳量烧损较大，降低涂层硬度。平的伏安特性的电弧喷涂电源可以在较低的电压下喷涂，使喷涂层中的碳烧损大为减少（约50%），可以保持良好的弧长自调节作用，能有效地控制电弧电压。平特性的电源在送丝速度变化时，喷涂电流迅速变化，按正比增大或减小，能维持稳定的电弧喷涂过程。该电源的操作使用也很方便，根据喷涂丝材选择一定的空载电压，改变送丝速度可以自动调节电弧喷涂电流，从而控制电弧喷涂的生产效率。

2）电弧喷涂枪。电弧喷涂枪是电弧喷涂设备的关键装置。其工作原理是将连续送进的喷涂丝材在喷涂枪前部以一定的角度相交，由于喷涂丝材各自接于直流电源的两极而产生电弧，从喷嘴喷射出的压缩空气流将熔化金属吹散形成稳定的雾化粒子流，从而形成喷涂层。

3）送丝机构。送丝机构分为推式送丝机构和拉式送丝机构两种，目前应用较多的是推式送丝机构。

（3）电弧喷涂技术的特点

1）涂层性能优异。应用电弧喷涂技术，可以在不提高工件温度、不使用贵重底材的情况下获得性能好且结合强度高的表面涂层。一般电弧喷涂涂层的结合强度是火焰喷涂涂层的 2.5 倍。

2）喷涂效率高。电弧喷涂单位时间内喷涂金属的重量大。电弧喷涂的生产效率正比于电弧电流，如当电弧喷涂电流为 300A 时，喷锌 30kg/h，喷铝 10kg/h，喷不锈钢 15kg/h，比火焰喷涂提高了 2~6 倍。

3）节约能源。电弧喷涂的能源利用率明显高于其他喷涂方法，电弧喷涂的能源利用率达到了 57%，而等离子喷涂和火焰喷涂的能源利用率分别只有 12% 和 13%。

4）经济性好。电弧喷涂的能源利用率很高，加之电能的价格又远远低于氧气和乙炔，其费用通常约为火焰喷涂的 1/10。设备投资一般为等离子喷涂设备的 1/5 以下。

5）安全性好。电弧喷涂技术仅使用电和压缩空气，不用氧气或乙炔等助燃、易燃气体，安全性高。

6）设备相对简单，便于现场施工。与超声速火焰喷涂技术、等离子喷涂技术、气体爆燃式喷涂技术相比，电弧喷涂设备体积小、质量轻，使用和调试非常简便，使得该设备能方便地运到现场，可对不便移动的大型零部件进行处理。

热喷涂工艺的特点见表 3-2。

表 3-2　热喷涂工艺的特点

热喷涂方法	等离子喷涂法	火焰喷涂法	电弧喷涂法	气体爆燃式喷涂法
冲击速度/（m/s）	400	150	200	1500
温度/℃	12000	3000	5000	4000

（续）

热喷涂方法	等离子喷涂法	火焰喷涂法	电弧喷涂法	气体爆燃式喷涂法
典型涂层孔隙率（%）	1~10	10~15	10~15	1~2
典型涂层结合强度/MPa	30~70	5~10	10~20	80~100
优点	孔隙率低，结合性好，多用途，基材温度低，污染低	设备简单，工艺灵活	成本低，效率高，污染低，基材温度低	孔隙率非常低，结合性极佳，基材温度低
限制	成本较高	通常孔隙率高，结合性差，对工件要加热	只应用于导电喷涂材料，通常孔隙率较高	成本高，效率低

热喷涂技术在应用上已由制备装饰性涂层发展为制备各种功能性涂层，如耐磨、抗氧化、隔热、导电、绝缘、减摩、润滑及防辐射等涂层，热喷涂着眼于改善表面的材质，这比起整体提高材质无疑要经济得多。热喷涂在再制造领域已经得到广泛应用，用其修复零件的寿命不仅达到了新产品的寿命，而且对产品质量还起到了改善作用，显著提高了零件再制造率。

3. 表面粘涂技术

（1）概述　表面粘涂技术是指以高分子聚合物与特殊填料（如石墨、二硫化钼、金属粉末、陶瓷粉末和纤维）组成的复合材料胶粘剂涂敷于零件表面实现特定用途（如耐磨、耐蚀、绝缘、导电、保温、防辐射及其复合等）的一种表面工程技术。表面粘涂技术工艺简单，安全可靠，无须专门设备，是一种快速、经济的再制造修复技术，有着十分广泛的应用前景。但由于胶粘剂性能的局限性，目前其应用受到耐温性不高、复杂环境下寿命短和易燃等一些限制。因此，在选择粘涂技术应用于再制造时，必须考虑再制造修复后零件的性能能否满足再制造产品使用周期的寿命要求。如果无法满足，则必须更换其他方法进行再制造修复。

（2）表面粘涂技术的工艺

1）初清洗。初清洗主要是除掉待修复表面的油污、锈迹，以便测量、制订粘涂修复工艺和预加工。零件的初清洗可在汽油、柴油或煤油中粗洗，最后用丙酮清洗。

2）预加工。为了保证零件的修复表面有一定厚度的涂层，在涂胶前必须对零件进行机械加工，零件的待修表面的预加工厚度一般为 0.5~3mm。为了有效地防止涂层边缘损伤，待粘涂面加工时，两侧应该留 1~2mm 宽的边。为了增强涂层与基体的结合强度，被粘涂面应加工成"锯齿形"，带有齿形的粗糙表面可以增加粘涂面积，提高粘涂强度。

3）最后清洗及活化处理。最后可用丙酮清洗；有条件时可以对粘涂表面喷砂，进行粗化、活化处理，彻底清除表面氧化层；也可进行火焰处理和化学处理等，提高粘涂表面活性。

4）配胶。粘涂层材料通常由 A、B 两组分组成。为了获得最佳效果，必须按比例配制。粘涂材料在完全搅拌均匀之后，应立即使用。

5）粘涂涂层。涂层的施工有刮涂法、刷涂压印法和模具成型法等。

6）固化。涂层的固化反应速度与环境温度有关，温度越高，固化越快。一般涂层在室温条件下固化需 24h，达到最高性能需 7 天，若在 80℃ 下固化，则只需 2~3h。

7）修整、清理或后续加工。对于不需后续加工的涂层，可用锯片和锉刀等修整零件边缘多余的粘涂料。涂层表面若有大于 1mm 的气孔时，则应先用丙酮清洗干净，再用胶修补，固化后研干。对于需要后续加工的涂层，可用车削或磨削的方法进行加工，以达到修复尺寸和精度的目的。

（3）表面粘涂技术的再制造应用　粘涂技术在设备维修与再制造领域中应用十分广泛，可再制造修复零件上的多种缺陷，如裂纹、划伤、尺寸超差和铸造缺陷等。表面粘涂技术在设备维修领域的主要应用如下：

1）铸造缺陷的修补。铸造缺陷（气孔和缩孔等）一直是耗费资金的大问题。修复不合格铸件常规方法需要熟练工人，耗费时间，并消耗大量材料；采用表面粘涂技术修补铸造缺陷简便易行，省时、省工且效果良好，修补后的颜色可与铸铁、铸钢、铸铝和铸铜保持一致。

2）零件磨损及尺寸超差的修复。对于磨损失效的零件，可用耐磨修补胶直接涂敷于磨损的表面，然后采用机械加工或打磨，使零件尺寸恢复到设计要求，该方法与传统的堆焊、热喷涂、电镀和电刷镀方法相比，具有可修复对温度敏感性强的金属零部件和修复层厚度可调性的优点。

▶▶ **4. 微脉冲电阻焊技术**

（1）工作原理　微脉冲电阻焊技术利用电流通过电阻产生的高温，将金属补材施焊到工件母材上去。在有电脉冲的瞬时，电阻热在金属补材和基材之间产生焦耳热，并形成一个微小的熔融区，构成微区脉冲焊接的一个基本修补单元；在无电脉冲的时段，高温状态的工件依靠热传导将前一瞬间熔融区的高温迅速冷却下来。由于无电脉冲的时间足够长，这个冷却过程完成得十分充分。从宏观上看，在施焊修补过程中，工件在修补区整体温升很小。因此，微脉冲电阻焊技术是一种"冷焊"技术。

GM-3450 系列微脉冲电阻焊设备有三种机型，一次最大储能分别为 125J、250J 和 375J。图 3-15 所示为 GM-3450A 型机外形。整机由主电路、控制电路和保护电路构成。图 3-16 所示为微脉冲电阻焊焊补操作示意图。

图 3-15　GM-3450A 型机外形

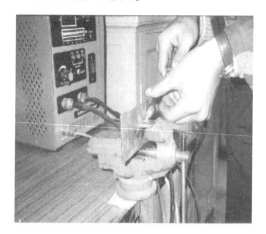

图 3-16　微脉冲电阻焊焊补操作示意图

（2）微脉冲电阻焊的特点　微脉冲电阻焊的主要特点如下：

1）脉冲输出能量小。单个脉冲的最大输出能量为 125～250J，与通常的电阻焊机相比，其输出能量小得多。

2）脉冲输出时间短。脉冲输出时间为毫秒级，输出装置提供不超过 10ms 的电脉冲，即脉冲放电时间不超过 10ms。

3）脉冲的占空比很小。脉冲间隔为 250～300ms，它与脉冲输出时间相比很大，即占空比很小。

4）单个脉冲焊接的区域小。通常焊点直径为 0.50～1.00mm，比其他焊接方式的焊点小。

（3）修复原理　微脉冲电阻焊试验设备选用 GM-3450A 型工模具修补机，微脉冲电阻焊焊补操作示意图如图 3-16 所示。其主要技术参数：电源，220V ± 10%，50Hz，输出脉冲电压在 35～450V 之间可调；一次最大储能 125J；输出装置提供不超过 3ms 的电脉冲，脉冲间隔为 250～300ms（即连续工作模式下工作频率为 3.6 次/s）。

在零部件的待修补处，用电极把金属补材和基材压紧，当电源设备有电能输出时，金属补材和基材均有部分熔化，形成牢固的冶金结合，从而使零部件恢复尺寸，再经过磨削处理，恢复零部件表面粗糙度的要求，即可重新使用。为了使零部件表面缺陷处与修补金属层结合牢固，修补前，还要进行一些预处理工作。首先要使缺陷处表面干净，去油、去锈并去氧化物，这样才能使金属补材与基材可靠接触，进而使其形成冶金结合。然后选用合适形状和大小的材料，再选用合适的微脉冲电阻焊接工艺进行焊接修补工作。

修补时，当电脉冲输出时，一个脉冲使基材与金属补材形成一个冶金结合点，单个脉冲输出时即是这种情况。当使用连续脉冲输出模式时，每个脉冲输出情况与单个脉冲时相同，同时电极可以移动，在电极连续移动的过程中，即形成一系列的冶金结合点，这样可得到比较致密的冶金结合的修补层，同时从电源电流输出波形可以看出，电流输出时前沿很陡，而后沿较缓，这样也可以使基体温度瞬间提高，而温度下降得比较缓慢，因此基体不易出现裂纹。

工艺试验给出如下工艺特点：

1）脉冲电压和电极压力对焊接质量影响较大。在其他参数不变的情况下，电极压力的大小或脉冲电压的增减对结合强度影响很大。其中，电极压力对较软材料的影响比对较硬材料的影响大。

2）表面处理状态对焊接质量的影响明显。

3）电极与金属补材之间的接触电阻占整个焊接区中总电阻的比例较大，对焊接质量影响较大。如果能够减少电极与金属补材之间的接触电阻，增大金属补材与基材之间的接触电阻，将会进一步提高焊接质量。

（4）微脉冲电阻焊技术的应用　微脉冲修补技术适用于对零件局部缺损进行修复，特别适合对已经过热处理的、异形表面的、合金含量高的或表面粗糙度要求高的精密零件的少量缺损的修复，既能修复小型工件，也可修复大型工件。在再制造工程中，特形表面微脉冲电阻焊技术特别适用于对旧零件局部损伤（压坑、腐蚀坑、划伤和磨损等）的修补。微脉冲电阻焊技术可用于再制造以下零件：

1）精密液压件。如液压柱塞杆、各类液压缸体、油泵和各种阀体的修复。

2）各种辊类零件的修复。如塑料薄膜压辊（图 3-17）、印花布辊子和无纺布压辊等。

3）各种轴类零件。如电动机转子、发动机曲轴和离合器弹子槽（图 3-18）等的修复。

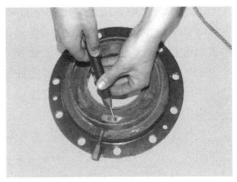

图 3-17　塑料薄膜压辊的修复　　　图 3-18　离合器弹子槽的修复

4）铸件表面缺陷，特别是精密铸件表面微小缺陷的修补。如机床床面和水泵泵体等。

5）特形表面或异形结构件的修复。如汽车凸轮轴曲面（图3-19）、军用产品中特形零件和多头铣刀盘的刀架等。

对于上述零件的损伤原因，可能是正常磨损和腐蚀，也可能是事故造成的损伤或铸造缺陷。均匀磨损、崩棱、钝边、划伤、气孔和砂眼等损伤都可用微脉冲电阻焊技术进行修复。

图3-19　汽车凸轮轴曲面的修复

因此，微脉冲电阻焊技术的出现，使得补材金属与基材结合强度高、基材不产生热变形和热损伤。而且清洁环保、经济实惠，在失效零件的再制造修复中具有很大的实际应用价值。

▶ 5. 堆焊技术

堆焊技术是利用焊接方法在机械零件表面熔敷一层特殊的合金涂层，使表面具有防腐、耐磨及耐热等性能，同时恢复因磨损或腐蚀而缺损的零件尺寸。堆焊最初的目的是对已损坏的零件进行修复，使其恢复尺寸，并使表面性能得到一定程度的加强。常用堆焊方法有氧-乙炔火焰堆焊、手工电弧堆焊、气体保护堆焊、埋弧堆焊、等离子弧堆焊、电渣堆焊和电火花堆焊等。

氧-乙炔火焰堆焊的特点是设备简单、操作灵活且成本较低，它的火焰温度低，可调整火焰的能率，可以得到低稀释率和薄堆焊层。使用该方法堆焊后可保持复合材料中硬质合金的原有形貌和性能，多用于小零件的修复工作，是目前应用较广泛的抗磨堆焊工艺。

手工电弧堆焊的特点是设备简单、工艺灵活且不受焊接位置及工件表面形状的限制，因此是应用最广泛的一种堆焊方法。由于工件的工作条件十分复杂，堆焊时必须根据工件的材质及工作条件选用合适的焊条。例如：在被磨损的零件表面进行堆焊，通常要根据表面的硬度要求选择具有相同硬度等级的焊条；堆焊耐热钢、不锈钢零件时，要选择和基材金属化学成分相近的焊条，其目的是保证堆焊金属和基材有相近的性质。但随着焊接材料的发展和工艺方法的改进，应用范围将更加广泛。

气体保护堆焊是用某种保护性气体在焊接的熔池周围造成一个厚的气体层，以屏蔽大气（主要是氧气）对熔化金属的侵蚀。气体保护焊属于明弧焊，可以用手工、自动或半自动焊来完成。保护气体通常多采用二氧化碳或氩气，但也可采用水蒸气或混合气体。气体保护堆焊的特点是焊层氧化轻、质量高、效率

120

高、热影响区较小和明弧便于施工观察。

埋弧堆焊的特点是无飞溅、无电弧辐射且外观成形光滑，具有生产率高、劳动条件好及能获得成分均匀的堆焊层等优点，可分为单丝、多丝、单带极和多带极埋弧堆焊。常用于轧辊、曲轴、化工容器和压力容器等大、中型零件再制造。

等离子弧堆焊是以联合型或转移型等离子弧作为热源，以合金粉末或焊丝作为填充金属的一种熔化焊工艺。与其他堆焊工艺相比，等离子弧堆焊的弧柱稳定、温度高、热量集中、规范参数可调性好、熔池平静且可控制熔深和熔合比；熔敷效率高、堆焊焊道宽、易于实现自动化；粉末等离子弧堆焊还有堆焊材料来源广的特点。其缺点有设备成本高、噪声大、紫外线强和会产生臭氧污染等。

电渣堆焊是利用导电熔渣的电阻热来熔化堆焊材料和母材的堆焊过程。其中带极电渣堆焊具有更高的生产率和更低的稀释率及良好的焊缝成形，不易有夹渣，表面不平度小于0.5mm。但因其速度较低，热输入大，一般适用于堆焊壁厚大于50mm的工件。

电火花堆焊是在传统的电火花成形加工技术的基础上发展而来的，其是通过在电极与工件之间产生火花放电，形成空气电离通道，使电极与工件表面产生瞬间微区高温、高压的物理化学冶金过程；在爆破力和微电场作用下，微区电极熔融金属高速涂敷并焊合到待加工工件的适当位置，如表面、浅表型凹坑或沟槽等，形成堆焊层。堆焊过程脉冲放电时间比间隔时间短，对母材的热输入量极低，使得堆焊层的残余应力小至可忽略不计，适合修复对热输入敏感、焊接性差的工件，尤其适合修复细长类、薄壳类的工件。

3.5 再制造产品装配技术方法

3.5.1 再制造装配概念及要求

1. 基本概念

再制造装配就是按再制造产品规定的技术要求和精度，将已经再制造加工后性能合格的零件、可直接利用的零件以及其他报废后更换的新零件装配成组件、部件或再制造产品，并达到再制造产品所规定的精度和使用性能的整个工艺过程。再制造装配是产品再制造的重要环节，其工作的好坏，对再制造产品的性能、再制造工期和再制造成本等起着非常重要的作用。

再制造装配中是把上述三类零件（再制造零件、可直接利用的零件、新零件）装配成组件，或把零件和组件装配成部件，以及把零件、组件和部件装配成最终产品的过程。对上述的三种装配过程，可以按照制造过程的模式，将其称为组装、部装和总装。而再制造装配的顺序一般是先完成组件和部件的装配，最后是产品的总装配。做好充分周密的准备工作以及正确选择与遵守装配工艺规程是再制造装配的两个基本要求。

▶▶ **2. 再制造装配的类型**

再制造企业的生产纲领决定了再制造生产类型，并对应着不同的再制造装配组织形式、装配方法和工艺装备等。参照制造企业的各种生产类型的装配工作特点，可知再制造装配的类型和相关特点。不同再制造生产类型的装配特点见表3-3。

表3-3　　不同再制造生产类型的装配特点

再制造装配特点	再制造生产类型		
	大批量生产	成批生产	单件小批生产
组织形式	多采用流水线装配	批量小时采用固定式流水装配，批量较大时采用流水装配	多采用固定装配或固定式流水装配进行总装
装配方法	多采用互换法装配，允许少量调整	主要采用互换法，部分采用调整法、修配法装配	以修配法及调整法为主
工艺过程	装配工艺过程划分很细	划分依批量大小而定	一般不制订详细工艺文件，工序可适当调整
工艺装备	专业化程度高，采用专用装备，易实现自动化	通用设备较多，也有部分专用设备	一般为通用设备及工夹量具
手工操作要求	手工操作少，熟练程度易提高	手工操作较多，技术要求较高	手工操作多，要求工人技术熟练

▶▶ **3. 再制造装配精度要求**

再制造产品是在原废旧产品的基础上进行的性能恢复或提升工作，所以其质量保证主要取决于再制造工艺中对废旧零件再制造加工的质量以及产品再制造装配的精度，即再制造产品性能最终由再制造装配精度给予保证。

再制造产品的装配精度是指装配后再制造产品质量与技术规格的符合程度，一般包括距离精度、相互位置精度、相对运动精度、配合表面的配合精度和接触精度等。距离精度是指为保证一定的间隙、配合质量和尺寸要求等相关零部件间距离尺寸的准确程度；相互位置精度是指相关零部件间的平行度、垂直度和同轴度等；相对运动精度是指产品中相对运动的零部件间在运动方向上的平行度和垂直度，以及相对速度上传动的准确程度；配合表面的配合精度是指两个配合零件间的间隙或过盈的程度；接触精度是指配合表面或连接表面间接触面积的大小和接触斑点分布状况。影响再制造装配精度的主要因素：零件本身加工或再制造后质量的好坏，装配过程中的选配和加工质量，装配后的调整与质量检验。

再制造装配精度的要求都是通过再制造装配工艺保证的。一般说来，零件的精度高，装配精度也相应较高；但生产实际表明，即使零件精度较高，若装配工艺不合理，也达不到较高的装配精度。在再制造产品的装配工作中，如何保证和提高装配精度，达到经济高效的目的，是再制造装配工艺要研究的核心。

》3.5.2 再制造装配内容与方法

再制造装配的准备工作包括零部件清洗、尺寸和重量分选、平衡等，再制造装配过程中的零件装入、连接、部装、总装以及检验、调整、试验和装配后的试运转、涂漆和包装等都是再制造装配工作的主要内容。再制造装配不但是决定再制造产品质量的重要环节，而且可以发现废旧零部件再制造加工等再制造过程中存在的问题，为改进和提高再制造产品质量提供依据。

装配工作量在产品再制造过程中占有很大的比例，尤其对于因无法大量获得废旧毛坯而采用小批量再制造产品的生产中，再制造装配工时往往占再制造加工工时的一半左右；在大批量生产中，再制造装配工时也占有较大的比例。因再制造尚属我国新兴的发展企业，而且其毛坯的获取往往会受到相应法规的限制，所以相对制造企业来讲，再制造企业的生产规模普遍较小，再制造装配工作大部分靠手工劳动完成。因此研究再制造装配工艺，不断提高装配效率尤为重要。选择合适的装配方法、制订合理的装配工艺规程，不仅是保证产品质量的重要手段，也是提高劳动生产率、降低制造成本的有力措施。

根据再制造生产特点和具体生产情况，并借鉴产品制造过程中的装配方法，再制造的装配方法可以分为互换法、选配法、修配法和调整法四类。

》1. 互换法再制造装配

互换法再制造装配指用控制再制造零件的加工误差或购置零件的误差来保证装配精度的方法。按互换的程度不同，可分为完全互换法与部分互换法。

完全互换法指再制造产品在装配过程中，每个待装配零件都不需挑选、修配和调整，直接抽取装配后就能达到装配精度要求。此类装配工作较为简单，生产率高，有利于组织生产协作和流水作业，对工人技术要求较低。

部分互换法是指将各相关再制造零件、新品零件的公差适当放大，使再制造加工或者购买配件容易而经济，又能保证绝大多数再制造产品达到装配要求。部分互换法是以概率论为基础的，可以将再制造装配中可能出现的废品控制在一个极小的比例之内。

⏵ 2. 选配法再制造装配

选配法再制造装配就是当再制造产品的装配精度要求极高，零件公差限制很严时，将再制造中零件的加工公差放大到经济可行的程度，然后在批量再制造产品装配中选择合适的零件进行装配，以保证再制造装配精度。根据选配方式不同，又可分为直接选配法、分组装配法和复合选配法。

直接选配法是指废旧零件按经济精度再制造加工，凭工人经验直接从待装的再制造零件中，选配合适的零件进行装配。这种方法简单，装配质量与装配工时在很大程度上取决于工人的技术水平，一般用于装配精度要求相对不高、装配节奏要求不严的小批量生产。例如，发动机再制造中的活塞与活塞环的装配。

分组装配法是指对于公差要求很严的互配零件，将其公差放大到经济再制造精度，然后进行测量并按原公差分组，按对应组分别装配。

复合选配法是上述两种方法的复合。先将零件测量分组，装配时再在各对应组内凭工人的经验直接选择装配。这种装配方法的特点是配合公差可以不等，其装配质量高、速度较快，能满足一定生产节拍的要求。

⏵ 3. 修配法再制造装配

修配法再制造装配是指预先选定某个零件为修配对象，并预留修配量，在装配过程中，根据实测结果，用锉、刮和研等方法，修去多余的金属，使装配精度达到要求。修配法可利用较低的零件加工精度来获得很高的装配精度，但修配工作量大，且多为手工劳动，要求工人具有较高的操作技术。此法主要适用于小批量的再制造生产类型。实际再制造生产中，利用修配法原理来达到装配精度的具体方法有按件修配法、就地加工修配法、合并加工修配法等。

按件修配法是指进行再制造装配时，采用去除金属材料的办法改变预定的修配零件尺寸，以达到装配要求的方法。就地加工修配法主要用于机床再制造制造业中，指在机床装配初步完成后，运用机床自身具有的加工手段，对该机床上预定的修配对象进行自我加工，以达到某一项或几项装配要求。合并加工修配法是将两个或多个零件装配在一起后，进行合并加工修配，以减少累积误差，减少修配工作量。

⏵ 4. 调整法再制造装配

调整法再制造装配是指用一个可调整零件，装配时调整它在机器中的位置或者增加一个定尺寸零件（如垫片、套筒等），以达到装配精度的方法。用来起调整作用的零件称为补偿件，起到补偿装配累积误差的作用。

常用的调整法有两种：第一种是可动调整法，即采用移动调整件位置来保证装配精度，调整过程中不需拆卸调整件，比较方便；第二种是固定调整法，即选定某一零件为调整件，根据装配要求来确定该调整件的尺寸，以达到装配精度。

▷ 3.5.3 再制造装配工艺的制订步骤

再制造装配工艺是指将合理的装配工艺过程按一定的格式编写成的书面文件，是再制造过程中组织装配工作、指导装配作业及设计或改建装配车间的基本依据之一。制订再制造装配工艺规程可参照产品制造过程的装配工艺，按以下步骤进行：

（1）再制造产品分析　再制造产品是原产品的再创造，应根据再制造方式的不同对再制造产品进行分析，必要时会与设计人员共同进行。

（2）产品图样分析　通过分析图样，熟悉再制造装配的技术要求和验收标准。

（3）产品尺寸分析和工艺分析　尺寸分析指进行再制造装配尺寸链的分析和计算，确定保证装配精度的装配工艺方法；工艺分析指对产品装配结构的工艺性进行分析，确定产品结构是否便于装配。在审查过程中，若发现属于设计结构上的问题或有更好的改进设计意见，则应及时与再制造设计人员共同加以解决。

（4）"装配单元"分解方案　一般情况下，再制造装配单元可划分五个等级：零件、合件、组件、部件和产品，以便组织平行、流水作业。表示装配单元划分的方案，称为装配单元系统示意图。同一级的装配单元在进入总装前互相独立，可以平行装配，各级单元之间可以流水作业，这对组织装配、安排计划、提高效率和保证质量十分有利。

（5）确定装配的组织形式　装配的组织形式可根据产品的批量、尺寸和质量的大小分为固定式和移动式两种。单件小批量、尺寸大、质量大的再制造产品用固定式装配的组织形式，其余用移动式装配。再制造产品的装配方式、工作点分布、工序的分散与集中以及每道工序的具体内容都要根据装配的组织形式而确定。

（6）拟定装配工艺过程　装配单元划分后，各装配单元的装配顺序应当以理想的顺序进行。这一步中应考虑的内容有：确定装配工作的具体内容；确定装配工艺方法及设备；确定装配顺序；确定工时定额及工人的技术等级。

（7）编写工艺文件　指装配工艺规程设计完成后，将其内容固定下来的工艺文件，主要包括装配图（产品设计的装配总图）、装配工艺系统图、装配工艺过程卡片或装配工序卡片、装配工艺设计说明书等。其编写要求可以参考制造过程中的装配工艺规程编写要求。

▷ 3.5.4 再制造装配技术发展趋势

再制造过程的装配与制造过程的装配具有很大的相似性，结合制造过程中的装配技术发展，再制造装配向着智能化的方向发展，重点有以下几个方面：

▶▶ 1. 虚拟再制造装配技术

虚拟再制造装配技术是将 DFA 技术与 VR 技术相结合，建立一个与实际再制造装配生产环境相一致的虚拟再制造装配环境，使装配人员通过虚拟现实的交互手段进入 VAE，利用人的智慧直觉地进行产品的装配操作，用计算机来记录人的操作过程以确定产品的装配顺序和路径。虚拟再制造装配可以借用虚拟制造装配的技术场景来实现，对于再制造升级中进行结构改造的部位，可以重新对其虚拟装配过程进行专项开发。虚拟再制造装配可以用于再制造装备路径验证与评估，以及再制造装配人员培训。

▶▶ 2. 柔性再制造装配技术

柔性再制造装配技术是集激光跟踪测量技术、全闭环控制技术、多轴协调运动控制技术、系统集成控制系统、测量系统和软件等部分组成的对接系统。再制造装配面临着产品种类多、结构复杂、装配质量要求高等要求，还要保证装配精度和效率。针对再制造装配结构的特点，在装配时采用数字化柔性装配技术，可以有效解决品种多、小批量的生产现状，同时减少产品改型带来的资金投入，主要包含数字化对接技术、精加工技术、精确检测技术、集成控制技术等。

▶▶ 3. 数字化装配技术

数字化装配技术是数字化装配工艺技术、数字化柔性装配工装技术、光学检测与反馈技术、数字化钻铆技术及数字化的集成控制技术等多种先进技术的综合应用。数字化装配技术是一种能适应快速研制和生产及低成本制造要求的技术，它实质上是数字化技术在产品设计制造过程中更深层次的应用及延伸。数字化装配技术在再制造装配过程中可以实现再制造装配的数字化、柔性化、信息化、模块化和自动化，将传统的依靠手工或专用型架夹具的装配方式转变为数字化的装配方式，将传统装配模式下的模拟量传递模式改为数字量传递模式，提高了再制造装配效率和质量。

3.6 再制造后处理技术

在完成磨合试验后，质量达到要求的再制造产品要进行油漆涂装、包装并印制包装内所含有的相关产品说明书与质量保证单等内容，这些都属于再制造产品生产工艺过程重要的后处理部分。

▶ 3.6.1 再制造产品油漆涂装方法

▶▶ 1. 基本概念

在完成磨合试验后，合格产品要进行喷涂包装，即油漆涂装。再制造产品的油漆涂装指将油漆涂料涂覆于再制造产品基底表面形成特定涂层的过程。再制造产品油漆涂装的作用主要有保护作用、装饰作用、色彩标识作用和特殊防护作用四种。

用于油漆涂装的涂料是由多种原料混合制成的，每个产品所用原料的品种和数量各不相同，根据它们的性能和作用，综合起来可分为主要成膜物质、次要成膜物质和辅助成膜物质三个部分。主要成膜物质是构成涂料的基础，指涂料中所用的各种油料和树脂，它可以单独成膜，也可与颜料等物质共同成膜。次要成膜物质指涂料中的各种颜料和增韧剂，其作用是构成漆膜色彩，增强漆膜硬度，隔绝紫外线的破坏，提高耐久性能。增韧剂是增强漆膜韧性、防止漆膜发脆并延长漆膜寿命的一种材料。辅助成膜物质指涂料中的各种溶剂和助剂，它不能单独成膜，只对涂料在成膜过程中的涂膜性能起辅助促进作用，按其作用不同分为催干剂、润湿剂和悬浮剂等，一般用量不大。溶剂在涂料（粉末涂料除外）中占的比例较大，但在涂料成膜后即全部挥发，因此称为挥发份。留在物面上不挥发的油料（油脂）、树脂、颜料和助剂，统称为涂料的固体份，即"漆膜"。

2. 油漆涂装的设备

涂装工具是提高涂装工效和质量的重要手段，按用途可分为以下几类：

（1）清理工具　常用的有钢丝刷、扁铲、钢刮刀、钢铲刀、嵌刀、凿刀和敲锤等。

（2）涂工具　常用的有猪鬃刷（毛刷）、羊毛刷（羊毛排笔）和鬃毛栓等。

（3）刮涂工具　按用途可分为木柄刮刀（简称刮刀或批刀）、钢片刮板、铜片刮板、木刮板、骨刮板和橡胶刮板等。

（4）喷涂工具　主要指手工喷枪，同时还需备有空气压缩机和空气滤清器等设备及通风设施。

（5）擦涂工具　指用于擦涂的各类干净布等。

（6）修饰工具　主要有大画笔、小画笔及毛笔等。

3. 油漆涂装操作

油漆涂装要经过基层处理、刷涂、刮涂和打磨等预处理工序，然后进行喷涂或擦涂，完成最后的涂装工序。

基层处理是指彻底地除去待喷漆表面的锈蚀和污垢等杂物并清洗干净，同时对不需涂漆的部位加以遮盖。基层处理质量不仅影响下道工序的进行，而且对下道工序的施工质量也有不同程度的影响。再制造机械设备的基层处理，多采用机械处理与手工处理两种方式。机械处理法即喷砂除锈法。

油漆涂装的最后工序是喷涂或擦涂。喷涂是油漆涂装中最常用的工艺方法，擦涂是油漆涂装行业技能要求较高的手工工艺。目前的喷涂方法主要有立面喷涂、平面喷涂和异形物面喷涂三种操作方法。立面喷涂即垂直物面喷涂，要求正确掌握好喷涂间距、喷涂角度和移动速度等因素。平面喷涂较立面喷涂易操作、喷涂质量好。异形物面喷涂除控制好适宜的喷涂黏度与喷涂角度外，还应掌握好喷枪的移动速度、压缩空气压力的大小、喷涂使用的涂料种类以及涂层的结构等。

3.6.2 再制造产品包装技术

1. 再制造产品包装概述

再制造产品的包装是指为了保证再制造产品的原有状态及质量，在运输、流动、交易、贮存及使用中，为达到保护产品、方便运输和促进销售的目的，而对再制造产品所采取的一系列技术手段。再制造产品的包装作用与新品包装相同，均具有：保护功能，指使产品不受各种外力的损坏；便利功能，指便于使用、携带、存放和拆解等；销售功能，指能直接吸引需求者的视线，让需求者产生强烈的购买欲，从而达到促销的目的。

产品包装材料是包装功能得以实现的物质基础，直接关系到包装的整体功能、经济成本、生产加工方式及包装废弃物的回收处理等多方面的问题。

再制造产品大多为机电产品，从现代包装功能来看，再制造产品的包装材料应具有的性能包括保护性能、可操作性能、附加值性能、方便使用性能、良好的经济性能及良好的安全性能等。机电类再制造产品的包装材料以塑料、纸、木材、金属和其他辅助材料为主。

机电类再制造产品包装容器按材料不同，通常分为木容器、纸容器、金属容器和塑料容器等。机电产品常用运输包装的木容器主要为木箱，可分为普通木箱、滑木箱和框架木箱三类；包装用纸箱主要是瓦楞纸箱，包括单瓦楞纸箱和双瓦楞纸箱；金属容器主要是用薄钢板、薄铁板和铝板等金属材料制成的包装容器，多为金属箱和专用金属罐。

2. 再制造包装技术

与机电类再制造产品相关的包装技术主要有防振保护技术、防破损保护技术、防锈包装技术和防霉腐包装技术等。

（1）防振保护技术　产品从生产出来到开始使用要经过一系列的运输、保管、堆码和装卸过程。在任何过程中都会有力作用在产品之上，并易使产品发生机械性损坏。为了防止产品遭受损坏，就要设法减小外力的影响。防振包装是指为减缓内装物受到冲击和振动，保护其免受损坏所采取一定防护措施的包装，又称缓冲包装。防振包装在产品包装中具有重要地位，主要有三种方法：

全面防振包装方法、部分防振包装方法和悬浮式防振包装方法。

（2）防破损保护技术　除缓冲包装外，还可以采取的防破损保护技术有：

1）捆扎及裹紧技术。通过使杂货及散货形成一个牢固整体，以增加整体性，便于处理及防止散堆来减少破损。

2）集装技术。利用集装减少与货体的接触，从而防止破损。

3）选择高强保护材料。通过外包装材料的高强度来防止内装物受外力作用破损。

（3）防锈包装技术　包括防锈油防锈蚀包装技术和气相防锈包装技术。前者通过防锈油使金属表面与引起大气锈蚀的各种因素隔绝，达到防止金属大气锈蚀的目的。后者指用气相缓蚀剂（挥发性缓蚀剂），在密封包装容器中对金属制品进行防锈处理的技术。

（4）防霉腐包装技术　如果再制造后的机电产品有相关的防霉腐要求，可以使用防霉剂。包装机电产品的大型封闭箱，可酌情开设通风孔或通风窗等相应的防霉措施。

针对部分特殊再制造产品还可能采用防虫包装、充气包装、真空包装、收缩包装及拉伸包装等技术，来达到特定的包装目的和效果。

▶ **3. 再制造产品的绿色包装**

绿色包装是指对生态环境和人体健康无害，能重复使用或再生利用，符合可持续发展原则的包装。绿色包装要求在产品包装的全生命周期内，既能经济地满足包装的功能要求，同时又特别强调了环境协调性，要求实现包装的减量化、再利用和再循环的3R原则。

合理的包装结构设计和材料选择是实施绿色包装的重要前提和条件。再制造产品的绿色包装中，可按照以下几个方面来设计：

1）通过合理的包装结构设计，提高包装的刚度和强度，节约材料。如对于箱形薄壁容器，为了防止容器边缘的变形，可以采用在容器边缘局部增加壁厚的结构型式提高容器边缘的刚度。资料表明，增加其产品的内部结构强度，可以减少54%的包装材料，降低62%的包装费用。

2）通过合理的包装形态设计，节约材料。包装形态的设计取决于被包装物的形态、产品运输方式等因素，合理的形状可有效减少材料的使用。各种几何体中，若容积相同，则球体的表面积最小；对于棱柱体来说，立方体的表面积要比长方体的表面积小；对于圆柱体来说，当圆柱体的高等于底面圆的直径时，其表面积最小。

3）实现材料的优化下料，节省包装材料。合理的板材下料组合，可达到最大的材料利用率。生产实际中，可通过采用计算机硬件及软件技术，输入原材料规格及各种零件的尺寸、数量，来优化获得下料方案，解决板材合理套裁问题，最大化节约材料。

4）避免过度包装。过度包装是指超出产品包装功能要求之外的包装。为了避免过度包装，可采取的措施有：减少包装物的使用数量，尽可能减少材料的使用，选择合适品质的包装材料。

5）在包装材料的明显之处，标出各种回收标志及材料名称。这将大大缩短人工分离不同材料所需的时间，提高分离的纯度，方便包装材料的回收和再利用。

6）合理选择包装材料。绿色包装设计中的材料选择应遵循的原则有：选择轻量化、薄型化、易分离、高性能的包装材料；选择可降解、可回收和可再生的包装材料；利用自然资源开发的天然包装材料；尽量选用纸包装。

▶ 4. 再制造产品说明书和质量保证单

在再制造产品包装中，还应包含再制造产品的产品说明书和质量保证单。再制造产品说明书和质量保证单的编写，也是再制造过程中的重要内容。

（1）再制造产品说明书　再制造产品说明书可参照原产品的说明书内容编写，主要内容包括再制造产品简介、产品使用说明书和产品维修手册等内容。

1）再制造产品简介。再制造产品简介（简称产品简介）的主要使用对象是经销单位和使用单位的采购人员、工程技术人员和有关领导。产品简介的作用是直观、形象地向用户介绍产品，作为宣传、推销产品的手段。在产品简介中，对产品的用途、主要技术性能、规格、应用范围、使用特点和注意事项等，要做出简要的文字说明，并配以图片。另外在产品简介的编写中要突出再制造产品的特色，倡导绿色产品理念，明确与原制造产品在结构和性能上的异同点。还可以就生产企业的生产规模、技术优势、质量保证能力等基本情况做介绍，使用户对企业概貌也有所了解，增进用户对生产企业及其产品的信任感。

2）产品使用说明书。产品使用说明书的使用对象是消费者个人或产品使用公司的操作人员，主要作用是使用户能够正确使用或操作产品，充分发挥产品的功能。同时，它还要使用户了解安全使用、防止意外伤害的要点。因此，编写简明、直观且形象的产品使用说明书，是再制造技术服务中一项十分重要的工作内容。借鉴新产品使用说明书，再制造产品使用说明书的主要内容可包括：产品规格、安装方法、操作键位置和作用、工作程序、维护要求、故障排除方法、产品使用注意事项、再制造产品与原型新品的差异、维修点和信息反馈要求等。

3）产品维修手册。产品维修手册的使用对象主要是专业产品维修人员。维修手册在介绍再制造产品基本工作原型的基础上，应该侧重于讲解维修方法，而且应具有很强的可操作性。产品维修手册应强调的内容有：区别于同类产品的特点，包括单元电路的作用原理、机械结构、拆卸和装配方法；新型零配件的性能、特点、互换性和可代用品；产品与通用或专用仪器、仪表的连接和检查测试方法；专用检测点的相关参数标准和专用工具的应用；查找各类故障原因的程序和方法等。

（2）质量保证单　再制造产品的质量要求不低于原型新品，因此其质量保证单可以参考原型新品的质量保证期限制订。质量保证单内容要包括提供退换货的条件、质量保证的期限、质量保证的范围以及提供免费维护的内容等。

参 考 文 献

[1] 中国机械工程学会再制造工程分会. 再制造技术路线图 [M]. 北京：中国科学技术出版社，2016.

[2] 朱胜，姚巨坤. 再制造技术与工艺 [M]. 北京：机械工业出版社，2011.

[3] 崔培枝，姚巨坤. 再制造生产的工艺步骤及费用分析 [J]. 新技术新工艺，2004 (2)：18-20.

[4] 姚巨坤，时小军. 废旧产品再制造工艺与技术综述 [J]. 新技术新工艺，2009 (1)：4-6.

[5] 崔培枝，姚巨坤. 先进信息化再制造思想与技术 [J]. 新技术新工艺，2009 (12)：1-3.

[6] 时小军，姚巨坤. 再制造拆装工艺与技术 [J]. 新技术新工艺，2009 (2)：33-35.

[7] 崔培枝，姚巨坤. 再制造清洗工艺与技术 [J]. 新技术新工艺，2009 (3)：25-28.

[8] 张耀辉. 装备维修技术 [M]. 北京：国防工业出版社，2008.

[9] 姚巨坤，朱胜，时小军. 再制造毛坯质量检测方法与技术 [J]. 新技术新工艺，2007 (7)：72-74.

[10] 姚巨坤，时小军，废旧件再制造的检测 [J]. 工程机械与维修，2007 (10)：149-150.

[11] 徐滨士，等. 装备再制造工程 [M]. 北京：国防工业出版社，2013.

[12] 姚巨坤，崔培枝. 再制造加工及其机械加工方法 [J]. 新技术新工艺，2009 (5)：1-3.

[13] 陈冠国. 机械设备维修 [M]. 北京：机械工业出版社，2005.

[14] 姚巨坤，何嘉武. 再制造产品的磨合试验工艺与技术 [J]. 新技术新工艺，2009 (10)：1-3.

[15] 姚巨坤，崔培枝. 再制造产品的油漆涂装与包装技术 [J]. 新技术新工艺，2009 (11)：1-3.

第 4 章

——

绿色再制造成形技术

4.1 概述

4.1.1 绿色再制造成形技术体系

绿色再制造成形技术是在废旧零部件损伤部位沉积成形特定材料，以便恢复零部件的形状和性能、甚至提升其性能的技术。再制造成形技术与传统制造技术具有本质区别，传统制造的对象是原始资源，而再制造成形的对象是已经加工成形并经过服役的损伤失效零部件，针对这种损伤失效零部件的恢复甚至提高其使用性能，具有很大的难度和特殊的约束条件，因此需要通过各种高新再制造成形技术来实现。

目前我国特色的再制造成形技术体系已初步形成，再制造成形技术体系如图 4-1 所示。根据零部件损伤失效形式的不同，该体系可分为表面损伤再制造成形技术和体积损伤再制造成形技术两大类。

近年来，再制造成形技术大量吸收了新材料、信息技术、微纳技术和先进制造等领域的最新科学技术成果和关键技术，如先进表面技术、纳米涂层及纳米减摩自修复技术、修复热处理技术和再制造毛坯快速成形技术等，在增材再制造成形技术、自动化及智能化再制造成形技术、再制造成形材料的集约化以及现场快速再制造成形技术等方面取得了突破性进展。

再制造成形技术是再制造技术的主要组成，是保证再制造产品质量、推动再制造生产活动的基础，在再制

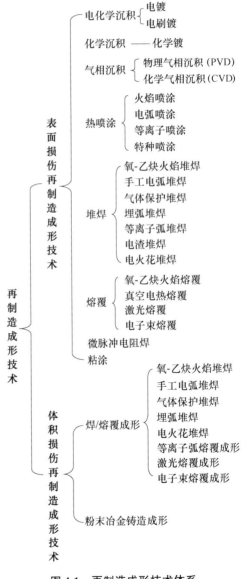

图 4-1 再制造成形技术体系

造产业中发挥着重要作用，已成为再制造领域研究和应用的重点。

4.1.2 再制造成形技术内容

1. 再制造成形材料技术

再制造是先进制造的新形式，是一种以节约资源、保护环境为特色的绿色制造。为满足再制造的需要，相继开发了冶金结合材料体系、机械-冶金结合材料体系、镀覆成形材料体系及气相沉积成形材料。这些材料可用于不同的再制造加工技术领域，并发挥着重要的作用。目前，再制造成形材料技术在汽车发动机、汽车车身改造、航空复合材料结构修复以及薄膜、制粉等领域发挥着越来越重要的作用。电镀、堆焊、激光熔覆、熔结喷涂、物理气相沉积及化学气相沉积等再制造技术利用再制造材料成形技术解决了人类生产生活中的一系列问题。例如复合材料在航空结构中的应用最初仅限于飞机次承力结构，而现今已广泛应用于各种机型的主承力结构，在结构重量中占有的比例也逐渐增加。复合材料结构在生产、使用和维护过程中不可避免地会产生缺陷或损伤，因此复合材料构件修理问题引起人们广泛关注。采用再制造技术，使用相关的材料体系则可以很好地解决这类问题。

2. 纳米复合再制造成形技术

再制造工程是废旧机电产品资源化的高级形式和首选途径，是贯彻科学发展观、走新型工业化道路、构建循环经济发展模式和建设节约型和谐社会的重要途径之一。表面工程技术，尤其是纳米表面工程技术是先进制造工程和再制造工程的关键技术之一。通过研究纳米复合电刷镀技术、纳米热喷涂技术和纳米表面损伤自修复技术等先进的纳米表面工程技术，使得再制造工程的技术手段不断丰富，对于提高机电产品性能和质量、降低材料消耗、节约能源以及保护环境有重要意义。纳米复合再制造成形技术是再制造工程的关键技术之一，由于其制备的纳米复合层具有优异的力学性能，已经在重载车辆侧减速器主/从动轴和大制动鼓密封盖、发动机连杆、凸轮轴和曲轴等零部件的再制造中获得了成功应用。电刷镀技术具有设备轻便、工艺灵活、镀覆速度快以及镀层种类多等优点，被广泛应用于机械零件表面修复与强化，尤其适用于现场及野外抢修。纳米复合电刷镀就是在镀液中添加了特种纳米颗粒，使得刷镀层性能显著提高的新型电刷镀技术。

热喷涂技术在军事装备、交通运输、航空和机械等领域已经获得了广泛的应用，而且热喷涂纳米涂层在耐磨损与耐腐蚀性能方面具有很大的优势，比传统涂层使用寿命长。纳米表面损伤自修复技术是利用先进的纳米技术，通过在润滑油中加入纳米减摩与自修复添加剂，不但达到降低设备运动部件的摩擦磨损和对设备部件表面微损伤（如发动机、齿轮和轴承等磨损表面的微损伤）进行原位动态自修复的目的，从而延长设备的使用寿命，而且在紧急情况下车辆甚至通过使用纳米固体润滑剂可以在无油下运行一定时间，并将通过影响和改进传统的润滑方式而节省润滑与燃料成本。总之，纳米复合再制造成形技术把纳米材料、纳米制造技术等与传统表面维修技术交叉、复合、综合，从而研发出先进的再制造成形技术。

》3. 能束能场再制造成形技术

再制造工程以节约资源能源、保护环境为特色，以综合利用信息技术、纳米技术和生物技术等为核心，可使废旧资源中蕴含的价值得到最大限度开发和利用，缓解资源短缺与资源浪费的矛盾，减少大量的失效、报废产品对环境的危害，是废旧机电产品资源化的有效途径。而能束能场再制造成形技术是利用激光束、电子束、离子（等离子）束以及电弧等能量束和电场、磁场、超声波、火焰及电化学能等能量实现机械零部件的再制造过程。激光再制造技术诞生以来，作为一种修复技术已得到许多重要应用。例如，英国 R.R 航空发动机公司将激光再制造技术用于涡轮发动机叶片的修复，美国海军实验室将激光再制造技术用于舰船螺旋桨叶的修复。国内对此项技术应用也在近年来取得很大进展。天津工业大学已将此技术用于冶金轧辊、拉丝辊的修复，石油行业的采油泵体、主轴的修复以及铁路、石化行业大型柴油机曲轴的修复，均收到良好的效果。高速电弧喷涂技术是一种优质、高效且低成本的再制造工程关键技术，其分别在汽车发动机再制造、装备钢结构件防腐、火电厂锅炉管道受热面防护领域发挥着重要的作用，同时在维修与再制造工程中的发展趋势也在不断提高。

》4. 智能化再制造成形技术

机械工程技术的发展趋势为绿色、智能、超常、融合和服务。我国最近提出制造业数字化、智能化是新工业革命核心技术的战略，指出制造业的发展方向是数字化、智能化。再制造业，作为制造产业链的延伸和先进制造、绿色制造的重要组成部分，也应适应新形势，以数字化、智能化作为其发展方向。智能化再制造成形技术在缺损零件的反求建模、三维体积损伤机械零件再制造、自动化和智能化等方面取得了不错的进展。大连海事大学、华中科技大学等单位针对再制造成形过程中的零件缺损部位的反求建模，在理论和技术研究方面取得了突破性进展。近两年，针对机器人操作自动化再制造成形过程，在损伤部位再制造路径生成理论和方法以及自动化再制造成形设备系统等方面，均取得了重要进展。同时，未来冶金装备智能化与在役再制造也会重点发展监控智能化，使设备与工艺相匹配，提高整体系统能效等。总之，未来的智能化再制造将会实现智能化和自动化，大大节约人力成本，提高生产率。

5. 再制造加工技术

目前再制造技术在汽车零部件、矿用设备、石化装备和工程机械等领域应用广泛，而此类装备再制造成形层几何形状通常较为规则，采用车削加工即可实现。随着再制造技术在航空航天、海工装备等领域的广泛应用，蕴含高附加值的零部件将成为研究热点，同时对再制造加工提出了新的挑战。例如，整体叶盘、叶片等零部件再制造加工时面临的复杂轮廓、表面完整性和纹理、型面精度及刚性较弱等问题，回收火箭再制造重新服役时可能面临的高效再制造加工问题，钻井平台等海工装备面临的强腐蚀性、复杂服役载荷的恶劣服役环境给再制造加工带来的技术挑战。因此，切削-滚压复合加工、增减材一体化加工、低应力电解加工及砂带磨削等技术研究及装备研发将成为再制造加工研究热点。

4.1.3 再制造成形技术应用发展

随着再制造技术应用领域的不断拓宽，再制造产品对象将由机械零部件逐步演变为以机械为载体的机电一体化系统及其具备电、磁、声和光等特殊功能的器件。

未来再制造市场及产品对象主要包括：

1. 机械装备零部件

随着我国再制造产业在武器装备、交通运输、工程机械、冶金设备、石油化工等不同领域中的迅速兴起，未来上述大型工业装备及其机械零部件日趋大型化和贵重化，因磨损、腐蚀和断裂等机械损失导致的再制造成形加工需求日益明显。

预计到 2025 年，将形成较完善的装备零部件再制造成形技术体系与产业标准体系，实现电力设备、煤炭设备、冶金设备、石化设备和钻井设备等零部件的批量再制造，从而大幅延长工程装备的使用寿命。

预计到 2030 年，将利用智能化、自动化再制造成形系统实现装备零部件高精度的现场再制造过程，不仅可以快速恢复装备使用性能，还可以节约资源和能源，显著降低获得产品的污染排放，创造巨大的经济效益和社会效益。

2. 机电一体化功能器件

近年来，随着电子类产品不断地广泛应用及更新换代，其报废和淘汰数量迅速增加，利用先进的再制造成形技术实现机电产品功能器件的再利用有着广阔的应用前景。

预计到 2025 年，利用先进的再制造成形技术实现机电设备、医疗器械、家电产品和电子信息类设备的再制造过程，将显著提高产品的有效使用寿命，对减小污染、保护环境有着重要的意义。

预计到 2030 年，将再制造成形技术与光电技术相结合，实现电、磁、声、光等特殊功能器件的再制造过程，从而为构建资源节约型和环境友好型社会、实现光电器件的绿色制造提供技术保障。

3. 微纳功能部件

设备的小型化、集成化和智能化是当前的产品发展主题，微纳结构是实现这一目标的重要基础。随着微机电产品和集成电器的不断问世，微纳再制造成形技术的需求正日渐凸显。

预计到 2025 年，通过微纳加工技术对宏观机械零部件功能部位进行再制造处理，提升机械零部件的服役性能。例如，通过采用激光微纳织构化处理，在再制造成形后的发动机活塞表面制造出微纳结构，提高活塞表面的抗磨损性能。

预计到 2030 年，利用微纳再制造成形技术对微纳系统或微纳结构部件进行再制造成形处理。如微传感器、微陀螺仪和微光学镜片的再制造，从而提高其使用寿命，降低微纳器件的加工成本。

4. 整机装备系统

随着装备机械零部件和机电一体化零部件再制造技术的发展，整机装备系统再制造需求迫切。实现装备整机系统的再制造，将可以显著提升产品再制造率，实现装备升级再制造，创造更大的经济效益和社会效益。

预计到 2025 年，通过复杂装备不同类型零部件的分类再制造和更换，实现整机装备或独立部件系统中各零部件的最佳匹配和系统升级再制造。如以机械零部件为主体的机械装备系统，整机再制造后其服役性能不低于原型新品，其产业化领域将拓展到交通、冶金、能源和矿采等。

预计到 2030 年，通过对机械零部件和功能器件的再制造，实现电气化、信息化装备的整机装备系统再制造。例如，通过微纳技术实现电气电路、集成器件的微纳观修复，结合宏观零部件再制造，将随着机电一体化装备发展而具有越来越广泛的需求。

为满足未来再制造市场和产品的需求，再制造成形与加工技术的发展趋势可以归纳为三个方面：一是朝着智能化、复合化、专业化和柔性化等适合批量化再制造成形和加工的方向发展；二是向宏观和微纳观发展，由纯机械零部件领域的再制造向机械-电子复合、机械-功能复合等复合领域发展；三是由多年来的零部件再制造成形加工技术向整机装备系统再制造技术方向发展。

4.2　再制造成形材料技术

4.2.1　概述

再制造成形过程是一个复杂的热、物理和冶金过程，在此过程中，再制造成形材料是影响再制造成形质量和性能的最主要因素之一，直接决定了再制造成形层的服役性能。因此，再制造成形材料的研发及制备技术一直是再制造领域的重中之重。

由于损伤零部件的材质、服役工况和损伤形式等复杂多样，再制造所用的材料具有多样性和复杂性，为了适应再制造成形技术的推广应用和便于现场或野外作业，实现再制造成形材料的集约化具有重要意义。

再制造成形材料可用于不同的再制造成形技术，实现失效零部件几何参数的高性能恢复，按照材料状态分为液态、粉状、粉末状、膏状、丝状、棒状和薄板状材料，其中粉末材料和丝状材料应用最为广泛；按材料成分构成可分为金属粉末、陶瓷粉末和复合粉末；按照界面结合状态分为冶金结合材料体系、机械-冶金结合材料体系、镀覆成形材料体系和气相沉积成形材料体系等。

4.2.2　冶金结合材料体系

1. 发展现状

冶金结合材料体系主要包括用于手工电弧堆焊、埋弧自动堆焊、二氧化碳气体保护堆焊、等离子堆焊、激光熔覆、激光快速成形和感应熔覆等再制造技术。这些技术也是再制造成形的主要技术，在机械制造领域具有广泛的应用。

堆焊是在金属零件表面熔敷耐磨、耐腐蚀或其他特殊性能的金属层的焊接方法。堆焊层可显著改善工件的工作性能或提高其使用寿命，还可以节约贵重金属材料，降低生产成本。常用的堆焊材料有各种钢、合金铸铁、镍基合金、钴基合金、铜合金，以及碳化钨与适当基体金属组成的复合材料等。堆焊材料根据工件工作时的磨损类型、介质性质和工作温度来选择。堆焊材料按其加工性能的不同可以轧成丝或带，铸成条或制成粒状粉末，制成药芯焊丝或涂药焊条。例如，手工电弧堆焊工艺将堆焊材料加工成焊条，焊条覆层则是以一定成分粉末合金作为特种填充金属，而采用粉末合金电熔堆焊高硬材料技术加工的部件，明显比原材质使用寿命提高数倍，抗磨强度符合部分冶金机械性能要求，更加适应目前冶金企业设备维修费用不断下降状况。几乎所有的熔化焊工艺方法都可以用于堆焊，但应尽可能选用母材熔深较浅、填充材料熔化较快、经济性好的工艺方法。堆焊广泛用于在钢制工件上熔敷各种金属和合金，如在原子能压力容器内壁堆焊不锈钢，在高炉料钟表面堆焊高铬合金铸铁，在热轧辊表面堆焊热模具钢，在柴油机排气阀表面堆焊镍基或钴基合金，以及修复各种被磨损的轴等。

熔覆技术可显著改善金属表面的耐磨、耐蚀、耐热和抗氧化等性能，而熔覆材料则影响激光熔覆层成形质量和性能。按熔覆材料的初始供应状态，熔覆材料可分为粉末状、膏状、丝状、棒状和薄板状等，其中应用最广泛的是粉末状材料。按照材料成分构成，激光熔覆粉末材料主要分为金属粉末、陶瓷粉末和复合粉末等。在金属粉末中，自熔性合金粉末的研究与应用最多。自熔性合金粉末是指加入具有强烈脱氧和自熔作用的 Si、B 等元素的合金粉末。在激光熔覆过程中，Si 和 B 等元素具有造渣功能，它们优先与合金粉末中的氧和工件表面氧化物一起熔融生成低熔点的硼硅酸盐等覆盖在熔池表面，防止液态金属过度氧化，从而改善熔体对基体金属的润湿能力，减少熔覆层中的夹杂和含氧量，提高熔覆层的工艺成形性能。陶瓷粉末主要包括硅化物陶瓷粉末和氧化物陶瓷粉末，其中又以氧化物陶瓷粉末（Al_2O_3 和 ZrO_2）为主。由于陶瓷粉末具有优异的耐磨、耐蚀、耐高温和抗氧化等特性，所以它常被用于制备高温、耐磨、耐蚀涂层和热障涂层。复合粉末主要是指碳化物、氮化物、硼化物、氧化物及硅化物等各种高熔点硬质陶瓷材料与金属混合或复合而形成的粉末体系。它将金属的强韧性、良好的工艺性和陶瓷材料优异的耐磨、耐蚀、耐高温和抗氧化等特性有机结合起来，是目前激光熔覆技术领域研究发展的热点。

快速成形技术大大缩短了产品开发周期，降低了开发成本。目前其常用材料可以分为金属和非金属两大类，金属材料有铜粉、钢铜合金和覆膜钢粉等；非金属材料有尼龙粉、覆膜陶瓷粉和覆膜酸酯粉等。

▶ 2. 发展挑战

1）材料产品质量有待提高。相对于堆焊工艺来说，在药皮外观、偏心度及焊接工艺性能方面需要进一步改进；CO_2 气体保护焊丝（实芯焊丝）的质量不稳定，特别是在抗锈蚀能力及焊接稳定性方面问题较多。正因为这些问题的存在，导致我国部分特种焊接材料不能自给。如部分超低碳不锈钢焊条与焊丝、高质量不锈钢焊带、低合金高强度焊丝和特殊堆焊焊条、气体保护药芯焊丝、自保护药芯焊丝、焊接机器人专用的和焊接生产线使用的大容量桶装焊丝等，仍然需要依赖进口。

2）多年来，熔覆所用的粉末体系一直沿用热喷涂粉末材料，在设计时为了防止喷涂时由于温度的微小变化而发生流淌，所设计的热喷涂合金成分往往具有较宽的凝固温度区间，将这类合金直接应用于激光熔覆，则会因为流动性不好而带来气孔问题。另外，在热喷涂粉末中加入了较高含量的 B 和 Si 元素，一方面降低了合金的熔点；另一方面作为脱氧剂还原金属氧化物，生成低熔点的硼硅酸盐，起到脱氧造渣作用。然而与热喷涂相比，激光熔池寿命较短，这种低熔点的硼硅酸盐往往来不及浮到熔池表面而残留在熔覆层内，在冷却过程中形成液态薄膜，加剧涂层开裂，或者使熔覆层中产生夹杂。

3）目前，快速成形技术所用的材料体系还存在材料成本高、过程工艺要求高、制造成形的表面质量与内在性能还欠理想等不足之处。

▶ 3. 技术目标

目前，正因为冶金结合材料体系应用广，所以受到越来越多的关注。随着科技水平的不断进步，冶金结合材料体系将围绕以下几点发展：

1）为了进一步改善熔覆材料的性能，在通用的热喷涂粉末基础上调整成分，降低膨胀系数。在保证使用性能的要求下尽量降低 B、Si 和 C 等元素的含量，减少在熔覆层及基材表面过渡层中产生裂纹的可能性。另一方面，添加一种或几种合金元素，在满足其使用性能的基础上，增加其韧性相，提高覆层的韧性，抑制热裂纹的产生，或者在粉末材料中加入稀土元素，提高材料的强韧性。为了解决材料的内应力，应从激光熔覆过程的特点出发，结合应用要求，研究出适合激光熔覆的专用粉末，这将成为激光熔覆研究的重要方向之一。

2）成形材料是决定快速成形技术发展的基本要素之一。加工对象和应用方向的侧重点不同，使用的材料则不同。因此，今后进一步的研究课题包括开发成本与性能更好的新材料、开发可以直接制造最终产品的新材料、研究适宜快速成形工艺及后处理工艺的材料形态、探索特定形态成形材料的低成本制备技术和造型材料新工艺等。

3）根据不同的工况条件，研制相应的堆焊材料，做到价廉质优。同时改变目前材料品种少的现状，实现焊接材料的多样化，努力研究关键部件的材料问题，摆脱依赖进口产品，我国有许多系列的堆焊材料一直依赖进口，应该研发自己的专利产品，最大限度地降低产品的成本和缩短产品的生产周期。

▶ 4.2.3 机械-冶金结合材料体系

▶ 1. 发展现状

机械-冶金结合材料体系主要包括用于低真空熔结和喷熔涂覆等各种熔结技术以及粉末火焰喷涂、电弧喷涂、等离子喷涂和特种喷涂等多种热喷涂再制造技术。不同的加工技术都有其各自的特点，正因如此，所使用的材料也不尽相同。

低真空熔结是指在一定的真空条件下，把足够而集中的热能作用于基体金属的涂敷表面，在很短时间内使预先涂敷在基体表面上的涂层合金料熔融并浸润基体表面，通过扩散互溶而在界面形成一条狭窄的互溶区，然后涂层与互溶区一起冷凝结晶，实现涂层与基体的冶金结合。低真空熔结工艺包括熔融、浸润、扩散、互溶和重结晶几个过程。低真空熔结合金涂层所采用的原材料相当广泛，基本可以分为三大类，即合金粉、金属元素粉和加有金属间化合物的混合粉。

适用于低真空熔结的合金粉主要有硬度较高的自熔合金粉和硬度较低的有

色金属及贵金属合金粉。所谓自熔性主要是指合金粉在熔结过程中有自脱氧作用。在合金中加入适量的脱氧元素，在熔结过程中能还原自身和基体表面的氧化物而形成熔渣，熔渣的熔点很低，能上浮并覆盖于合金涂层的表面，起到防止金属被继续氧化的保护作用。普遍应用的自熔合金粉有 Ni 基、Co 基和 Fe 基三种。有色金属及贵金属合金粉常用在一些机油润滑的摩擦副或需要抗撞击、抗氧化的特定场合。像 Cu 基合金粉具有易加工和韧性好的特点，可用于机床导轨、轴瓦和液压泵的配油盘等。而 Sn 基合金、Ag 基合金则是一种抗撞击、抗氧化的软金属涂层。

元素金属粉可以保护 Mo 合金和 Nb 合金高温部件不被氧化。最有成效的合金系列有如下几种：Si-Cr-Ti 系、Si-Cr-Fe 系、Mo-Cr-Si 系和 Mo-Si-B 系。为了得到更好的耐磨、耐蚀或抗氧化效果，常常以金属间化合物形式加入元素金属粉。为了提高抗氧化寿命可以加入的 Si 化合物有 $MoSi_2$、$CrSi_2$ 和 VSi_2 等。如 Si-20Fe-25Cr—5VSi_2 就是一种极好的抗氧化涂层。为提高耐磨寿命，经常加入 WC 和 CrB 等硬质化合物。合金的常温硬度与高温硬度都提高了，耐磨性也随之提高。

喷熔涂覆常用的材料是自熔性合金粉末，这是由于熔结对合金覆层材料有特殊的工艺要求，而自熔性合金粉末则最为理想。喷熔用的自熔性合金粉末是一种在喷熔时不需外加熔剂，有自行脱氧、造渣功能，能"润湿"基材表面并与基材熔合的一类低熔点合金。目前绝大多数的自熔性合金都是在 Ni 基、Co 基、Fe 基等合金中添加适量的 B、Si 元素而得到的。B、Si 元素的加入能与 Ni、Co、Fe 等元素形成共晶合金，使其熔点降低，有很好的脱氧还原及造渣作用，能扩宽合金固、液相间的温度区间，增加合金对基材的润湿性，改善喷熔的工艺性。目前国内一些专业厂家生产的自熔性合金粉末有 Ni 基喷熔粉末（Ni-B-Si 系和 Ni-Cr-B-Si 系等）、Co 基喷熔粉末（Co-Cr-W-B-Si 系等）、Fe 基喷熔粉末（高 Cr 铸铁型及不锈钢型）、Cu 基喷熔粉末以及 WC 弥散型喷熔粉末等。

热喷涂材料是热喷涂技术的重要组成部分，其与热喷涂工艺及热喷涂设备共同构成热喷涂技术的主体。整个热喷涂技术的发展，实际上是由设备与材料的进展而被推动与牵引的。迄今为止，热喷涂材料的发展大体划分为三个阶段。第一阶段是以金属和合金为主要成分的粉末和线材，主要包括 Al、Cu、Zn、Ni 和 Fe 等金属及其合金。将这些材料制成粉末，是通过破碎及混合等初级制粉方法生产的，而线材则是用拉拔工艺制作出一定线径的金属丝或合金丝。这些材料主要供粉末火焰喷涂、线喷及电弧喷涂等工艺使用，涂层功能较单一，大体是防腐和耐腐蚀，应用面相对较小。电弧喷涂原理如图 4-2 所示，粉末火焰喷涂原理如图 4-3 所示。第二阶段始于 20 世纪 50 年代中期，人们发现，要解决工业设备中存在的大量磨损问题，十分有必要改进工艺，制取更耐磨的涂层。经过几年的努力，自熔合金问世并发展了火焰喷焊工艺，这就是著名的"硬面技术"。自熔合金是在 Ni、Co 和 Fe 基的金属中加入 B、Si、Cr 这些能形成低熔点共晶合金的元素及抗氧化元素，喷涂后再加热重熔，获得硬面涂层。这些涂层具有高硬度、高冶金结合及很好的抗氧化性，在耐磨性及抗氧化性方面迈出了一大步。自熔合金的出现，对热喷涂技术起到了巨大的推动作用。第三阶段是以 20 世纪 70 年代中期出现的一系列的复合粉和自粘一次喷涂粉末，直到 20 世纪 80 年代夹芯焊丝作为电弧喷涂材料进入市场为主要标志。热喷涂材料的特征是材料在成分与结构的复合，达到喷涂工艺的改进和涂层性能的强化。

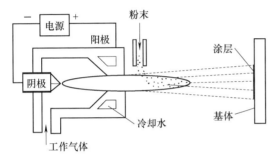

图 4-2　电弧喷涂原理

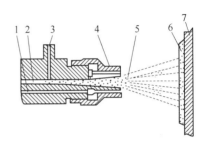

图 4-3　粉末火焰喷涂原理示意图

1—氧-乙炔混合气　2—送粉气　3—喷涂粉末
4—喷嘴　5—燃烧火焰　6—涂层　7—基体

▶▶ **2. 发展挑战**

目前，随着机械-冶金结合材料体系在熔结技术和喷涂技术领域应用越来越广泛，其存在的问题也越来越明显，主要有以下几种：

1）材料的成分和组织结构严重影响涂层的最终性能。另外，喷涂材料还应具有高致密度和较好的流动性。材料的致密度越高，相应地由其制备的涂层也越致密，涂层的力学性能会更好。传统的喷涂材料，其尺寸一般在微米级。随着纳米技术的不断发展，将纳米材料与等离子喷涂技术相结合来制备纳米涂层已成为近年来的发展趋势。然而，因为纳米效应的存在，纳米粒子过于活泼，纳米粉末在喷涂过程中会出现烧结长大的问题。同时，由于纳米颗粒细小而不规则，其形貌不利于喷涂层的流动。这两个问题导致了纳米粉末不能直接用于热喷涂制备纳米涂层。

2）由于纳米粉末尺寸和质量太小，流动性差，难以均匀地输送到等离子焰流中；纳米粉末的表面活性高，喷涂过程中晶粒容易发生烧结长大而失去纳米效应。因此，纳米粉末是不能直接用于热喷涂的。目前国内外研究主要是将纳米材料再造形成大颗粒团粉体，但目前技术还不够成熟。

3. 发展目标

1）热喷涂技术目前发展较为成熟，但其中仍有不少技术难题有待解决，其中重点是解决涂层的孔隙率及其与基材的结合强度问题，需要人们在此领域做进一步的探索研究。

2）对耐高温的陶瓷材料进行细致研究，这种材料有足够高的熔点、适中的相对密度和极好的抗高温氧化性，同时又耐无机酸和熔融金属的侵蚀，作为航空、燃气涡轮机的高温部件涂层材料，是最新的研究热点。

3）质量控制日趋完善。热喷涂材料的质量检测是得到合格涂层的首要关口，对材料及涂层建立相应的方法和标准，以保证最终涂层质量。加强粉末的质量检测，主要是化学性能、物理性能和工艺性能，这些涉及化学成分、熔点（软化点）、放热性、粒度分布、流动性、颗粒形状与结构等。粉末质量控制比线材要难，通过拉拔或挤压容易生产线材，但粉末则难于做到批量之间的完全一致。因而充分说明对粉末质量控制的必要性。

4.2.4 镀覆成形材料体系

1. 发展现状

镀覆成形材料体系主要涉及电镀、电刷镀、特种电镀、化学镀、阳极氧化以及化学转化膜处理等再制造技术。电镀、电刷镀和特种电镀属于电化学沉积技术，它们的材料体系具有共通性。阳极氧化即金属或合金的电化学氧化，是利用外加电流，在制品（阳极）上形成一层氧化膜的过程。化学转化膜处理则是在金属表面生成附着力良好的隔离层。

目前，电镀成形材料种类繁多，主要可分为单金属电镀和合金电镀。常用单金属电镀有如下几种：

（1）镀锌 镀锌作为钢铁的防护性镀层，几乎占全部电镀的 1/3 ~ 1/2，对镀锌要求较高的钢铁制品一般选用低氰镀锌工艺，而镀锌层的耐蚀性主要取决于镀锌层的钝化处理。

（2）镀铜 目前国内仍以应用氰化镀铜和酸性光亮镀铜工艺为主，利用其优良的光亮性和整平性作多层电镀组合的中间层，如厚铜薄镍，可降低成本。前者多用作钢铁制品和锌压铸件的底镀层，后者用作厚铜薄镍或多层电镀层组合的中间层。

（3）镀镍 近 10 年来，我国的光亮镀镍工艺、高装饰防护多层镍铬工艺、沙面镍（又称珍珠镍、缎面镍）、黑镍和深孔镀镍的开发与应用发展迅猛，成果显著。

（4）镀铬 目前，装饰性镀铬和硬铬应用都很多，黑铬较少。

（5）镀锡 我国的镀锡工艺主要用于电子工业，以酸性光亮镀锡工艺为最广。近几年来，国内加速研究高品质酸性镀锡光亮剂，镀液分散能力好，稳定性高，长期使用不浑浊，整平能力强，光亮速度快且容易管理，其性能如下：焊接性良好，镀锡件经高温老化或时效处理仍能保持良好的焊接性；光亮电流范围宽广，特别是在低电流区也能光亮；稳定性能高，镀锡电解液长期使用不变混浊。为了提高镀锡的效率，加快沉积速度，更好地适应电子器件的高可靠焊接性需要，很多公司已经开发出甲基磺酸及其相应的锡盐、铅盐，增添了高效电镀锡及铅锡合金新工艺。

合金电镀当前主要应用于装饰电镀领域，如广泛应用于家电、办公品和汽车零件的锡镍合金、锡镍铜三元合金电镀，其使用的镀液多为氰化物。在高耐蚀性电镀领域，由于汽车零件对电镀的耐蚀性要求不断提高，使得锌合金电镀得到了发展，德国、日本的锌镍合金应用量大，其次是法国和美国。同时汽车内部的紧固件以及发动机周边的支撑、结构件、油管大多使用锌镍合金或锌铁合金，通过钝化处理，可得到黑色、彩色的外观，其耐蚀性、耐温性均很优良。在功能性电镀领域，合金电镀也是最有希望的技术。例如，锌锡合金由于耐蚀性、焊接性好，广泛应用于要求较高的电子零件电镀。特别是锌铁合金，由于其较高的性能价格比，现在普遍应用于德国的汽车制造业。

我国在电镀外观、颜色的多样化工艺发展应用方面发展较快，应用最典型的是铜锌合金或铜锌锡三元合金（主要用于灯饰、锁头及日用五金）、锡镍合金（办公品及日用五金）、锡钴合金或锡钴锌合金（外观酷似铬、代铬镀层、滚镀小零件，用于日用五金）、黑镍（复合装饰性电镀）以及光亮铜锡合金（无镍、代镍镀层用于首饰与表带的底层，以解决人体皮肤对镍的过敏问题）等。多色调彩色电镀工艺路线如图 4-4 所示。贵金属主要用于电镀钟表、首饰、高级灯

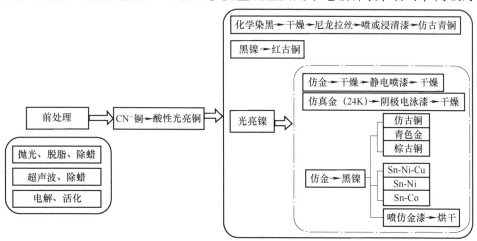

图 4-4　多色调彩色电镀工艺路线

饰、高级餐具、高档汽车模型、眼镜和电铸工艺品等，应用最多的还是镀金和镀合金（Au-Co、Au-Ni）、镀银、镀铑、镀钯和镀钯镍合金等。

化学镀是提高材料表面耐磨性和耐蚀性的一种表面强化方法。20世纪50年代初期，国外相继出现了许多化学镀工艺方面的专利，随着研究的不断深入，化学镀的工艺参数及过程控制日臻完善，镀液寿命不断延长，生产成本逐渐降低，应用领域不断拓展，目前已广泛应用于石油化工、机械电子和航空航天等领域。目前日本、欧美等国不断有新的商品化镀液问世。我国在这方面的研究和应用虽然起步较晚，但发展很快，特别是近10多年来，在化学镀的基础上衍生出来的复合镀技术，加速推动了化学镀技术的应用。其从理论到试验、生产和应用的发展过程中日臻完善和成熟。目前在化学镀中，研究和应用最为广泛的是化学镀镍磷合金工艺，镍磷合金镀层具有较高的硬度、较高的耐磨性、优异的耐腐蚀性和良好的钎焊性能，有着较为广阔的应用前景。

磷化处理工艺是指通过将工件浸入磷化液（以某些酸式磷酸盐为主的溶液），在表面沉积形成一层不溶于水的结晶型磷酸盐转换膜的过程。磷化处理是钢铁涂装前常用的处理方式，其主要作用是增加零件的表面粗糙度值，提高涂料与基底的结合力。磷化处理工艺按磷化膜的成分可分为锌系、锌钙系、锌锰系、锰系、铁系和非晶相铁系六大类。传统磷化处理工艺使用的磷化液中重金属含量较高，废水处理的难度比较大，处理不当就会对环境造成污染。随着人类环保、节能意识的不断增强，当前，磷化处理的研究方向主要是朝着提高成膜质量、节能减排的方向发展，新型无磷转化膜正在悄然取代传统的磷化膜。

硅烷化处理工艺是以有机硅烷水溶液为主要成分对金属或非金属材料进行表面处理的过程。与传统的磷化处理相比，硅烷化处理具有以下优点：①不含重金属和磷酸盐，废水处理简单，可以降低废水处理的成本，减轻环境污染，硅烷化处理沉渣量少，甚至无渣，可以避免因沉渣导致设备维修保养费用及误工费用；②不需要表调，也不需要亚硝酸盐促进剂等，药剂用量少，可加快处理速度，提高生产效率，也减少了这类化学物质对环境的污染；③可在常温下进行，不需要加热，减少能源消耗；④一种处理液可同时处理铁、铝等材料，不需要更换槽液，降低生产成本。

陶化处理工艺是近两年新兴的一种处理工艺，它以锆盐为基础，在金属表面生成一层纳米级陶瓷膜。陶化剂不含重金属、磷酸盐和任何有机挥发组分，成膜反应过程中几乎不产生沉渣，可处理铁、锌、铝和镁等多种金属。该陶瓷膜可随材质、处理时间的长短、pH值和槽液浓度的不同而呈现多种颜色，非常容易与底材颜色进行区分。采用陶化工艺时，可省掉磷化工艺中的表调工序，减少前处理药剂的消耗。

硅烷化处理和陶化处理都可称之为无磷成膜处理，目前市场上还有其他方式的无磷成膜处理方法，这些新技术与硅烷化处理或陶化处理有很多相似之处，一般都含有微量甚至不含重金属和磷酸盐，不需要表调，可处理多种板材等，处理时间短，生产效率高，同时在节能减排方面具有相当大的优势。无磷成膜技术必将成为未来钢铁表面化学转化膜的主要处理方式。

▶ 2. 发展挑战

最近 10 余年，我国经济持续快速增长，以提高产品质量、节约能源、节约原材料、服务高新技术和实施清洁生产为契机，镀覆成形材料体系正在快速发展。然而，发展的背后仍然存在以下问题：

1）对于电镀工艺来说，目前主要镀种及工艺虽能满足国内生产需要，但与先进国家仍存在较大差距。同时，为了节省资源、降低成本、发展经济，对如何减少能源和材料的消耗，特别是减少贵金属材料（包括如金、银和镍等）的消耗，是当今电镀技术中普遍关心和重视的问题之一。

2）工业发展造成的环境污染日益严重。世界各国包括我国都制定了一系列减少污染、保护环境的政策和法律，对有毒废物、废水和废气必须经过处理达到规定标准后才能排放。可采用的处理方法很多，但如何因地制宜选用合适的处理方法就需要慎重考虑了。因此，研究效果好、费用低、废物能回收利用且不产生二次污染的处理方法仍是当前电镀废物和废水处理研究中的重要内容。在电镀前处理工艺中如何减少挥发性有机溶剂的使用，在不合格镀层的退除中如何采用无氰工艺，也都是需要研究解决的课题。

3）化学镀合金镀层由于具有优良的耐磨性、耐蚀性、镀层厚度均匀性和致密度高等优点，已成功地运用于机械、航空航天和石油化工等行业。但是，化学镀在某些领域的应用还有不少问题有待解决，例如在模具和铸模中的应用，在化学镀产业化工艺上还有待进一步研究和完善；又如镀液的稳定性、废液的回收和再生、大型镀槽的温度均匀性控制、车间环境的污染治理等。

▶ 3. 技术目标

1）在"节能、降耗、减排"的产业政策指引下，努力发展"节约资源型、节省能源型及环境友好型"的新型材料和新工艺。

2）优化镀覆成形材料体系，减少材料在使用过程中产生的污染现象。例如：电镀工作者的开发研究应考虑其对环境的影响，并寻求可靠的对策，尽可能应用少污染、低浓度和易处理的工艺；改进清洗工艺，采用节水措施，继续推广应用减少环境污染的高效低浓度镀铬和低铬钝化工艺，推广应用化学法综合治理电镀废水处理系统，选择可靠的微生物处理电镀废水系统；开发高效固液分离装置，开发排除污染空气的传感器和高效吸收装置，向无害化的清洁生产工艺迈进；研究电镀过程中的重金属回收装置，可以先从 Au、Ag、Ni、Cu 和

Cr 做起。

3）目前，用电刷镀方式能获取比化学镀技术更为理想的镀层性能，从某种程度上说也是化学镀技术应用的延伸和拓展。化学镀作为一门多学科交叉的应用技术，无论是在热处理专业领域，还是在表面处理专业领域，从理论到实践都必将有着良好的发展空间和广阔的应用前景，所以需要加大对化学镀成形材料的改进和研发。

4.2.5 气相沉积成形材料体系

1. 发展现状

气相沉积成形材料体系主要包括用于物理气相沉积（Physical Vapor Deposition，PVD）和化学气相沉积（Chemical Vapor Deposition，CVD）等再制造技术。在物理气相沉积情况下，膜层材料由熔融或固体状态经蒸发或溅射得到；而在化学气相沉积情况下，沉积物由引入到高温沉积区的气体离解所产生。

物理气相沉积是制备硬质镀层（薄膜）的常用技术，按照沉积时物理机制的差别，物理气相沉积一般分为真空蒸发镀膜技术、真空溅射镀膜技术、离子镀膜技术和分子束外延技术等。近年来，薄膜技术和薄膜材料的发展突飞猛进，成果显著，在原有基础上，相继出现了离子束增强沉积技术、电火花沉积技术、电子束物理气相沉积技术和多层喷射沉积技术等。随着技术的不断进步，薄膜材料也越来越丰富：早期发展的材料为 TiC 和 TN 类型，如 AlN、TiN、CrN、(TiAl) N 等。为提高硬度，后来逐渐转向立方氮化硼、金刚石和类金刚石膜。同时，还出现了一些功能薄膜，如具有光催化作用的 TiO_2 膜，具有良好的可见光透过率和红外光反射率的 ZnS/MgF_2 薄膜及 TiO_2/SiO_2 等。另外，陶瓷薄膜的沉积也逐渐获得了应用。图 4-5 所示为物理气相沉积设备。

图 4-5 物理气相沉积设备

PVD技术的优点是可以蒸发低熔点或高熔点的材料，甚至蒸发合金材料。在最近的研究中，氮化物、碳化物和复合沉积层已成为研究热点，因为它们都具有硬度高、耐腐蚀和耐磨损的优点。在氮化物中，ZrN和HfN镀层的研究最为广泛，它们可用来作为刀具的耐磨层和代替电镀金的装饰性涂层。ZrN和HfN具有良好的附着性，可在较宽的气体分压和偏压下获得。CrN是灰色的，与TiN相比，其沉积速率更高，厚的CrN表层表面平滑，这是因为镀层的组织非常致密且是完全的无定形结构。这种致密的结构几乎无针孔缺陷，它可用于提高各种基体材料的耐蚀性，优于TiN。因此，CrN的性质在摩擦状态下是相当有利的，如硬度高、摩擦系数低于TiN、有较好的应力状态和致密的厚膜等。CrN镀层与常用的电镀硬Cr相比，其硬度高一倍且不开裂。在某些领域中，CrN镀层已成功地取代了硬Cr镀层，此外，CrN还具有较好的高温抗氧化性能。与氮化物相比，制作碳化物镀层更为复杂，由于碳化物镀层相当脆，不易用PVD技术制得，因此，在工业上的应用相当有限，而新的多元复合镀层更具有其优越的特性。对于多元复合镀层，如Ti（C、N），在相同切削条件下，采用Ti（C、N）加工低合金钢，其性能与TiN相近。但在高速和大进给的条件下，Ti（C、N）优于TiN。由于Ti（C、N）的摩擦系数低，因此，特别适合于制作精加工刀具，而TiN用于粗加工较好。被加工材料对于镀层刀具的使用性能有很大影响，如加工软的材料（锻铝、黄铜和纯铜），Ti（C、N）镀层是最好的。同样，Ti（C、N）镀层在铝的热压或成形加工中，也显示出优于TiN的性能，这是因为Ti（C、N）镀层具有较低的摩擦系数，降低了镀层和被加工材料表面的化学磨耗。

化学气相沉积是利用气态或蒸气态的物质在气相或气固界面上反应生成固态沉积物的技术。化学气相沉积技术起源于20世纪60年代，由于具有设备简单、容易控制，制备的粉体材料纯度高、粒径分布窄，能连续稳定生产，而且能量消耗少等优点，已逐渐成为一种重要的粉体制备技术。该技术是以挥发性的金属卤化物、氢化物或有机金属化合物等物质的蒸气为原料，通过化学气相反应合成所需粉末。可以是单一化合物的热分解，也可以是两种以上物质之间的气相反应。CVD法不仅可以制备金属粉末，也可以制备氧化物、碳化物和氮化物等化合物粉体材料。目前，用此法制备TiO_2、SiO_2、Sb_2O_3、Al_2O_3和ZnO等超微粉末已实现工业化生产。

近年来，已有不少研究者将CVD技术应用于贵金属薄膜的制备。沉积贵金属薄膜用的沉积源物质有多种，但主要是贵金属卤化物和有机贵金属化合物，如Cl_3Ir、$C_{10}H_{10}$、$C_5H_5F_3O_2$、$CF_3COCH_2COCF_3$、$C_{15}H_{21}IrO_6$和$C_{10}H_{14}O_4Pt$等。人们之所以对贵金属作为涂层材料感兴趣是由于这类金属优良的抗氧化性能。铱因其较强的抗氧化能力和较高的熔点而受到重视，是一种较理想的高温涂层材料。20世纪60年代以来，世界航空航天技术飞速发展，一些高熔点材料被大量使用，但这些材料一个共同的致命缺点是抗氧化能力差。20 世纪 60 年代美国空军材料实验室对石墨碳的铱保护涂层进行过大量的研究，采用了多种成形方法制备铱涂层，其中包括化学气相沉积法。虽然没有制备出质量令人满意的厚铱涂层，但仍认为 CVD 是一种非常有希望且值得进一步研究的方法。

化学气相沉积属于原子沉积类，其基本原理是沉积物以原子、离子或分子等原子尺度的形态在材料表面沉积，形成外加覆盖层，如果覆盖层通过化学反应形成，则称为化学气相沉积。图 4-6 所示为化学气相沉积设备，其过程包括三个阶段，即物料汽化、运输到基材附近的空间和在基材上形成覆盖层。化学气相沉积法之所以得以迅速发展，和它本身的特点是分不开的。其特点如下：①沉积物众多，它可以沉积金属、碳化物、氮化物、氧化物和硼化物等，这是其他方法无法做到的；②能均匀涂覆几何形状复杂的零件，这是因为化学气相沉积过程有高度的分散性；③涂层和基材结合牢固；④设备简单，操作方便。

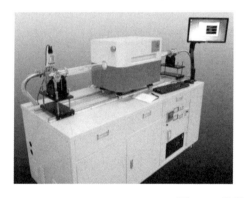

图 4-6　化学气相沉积设备

▶▶ 2. 发展挑战

1）物理气相沉积技术应用于模具和摩擦副零件比用于切削刀具的摩擦学系统要求高，为此，沉积层的类型也要进一步改进，以满足更高的性能要求。

2）由化学气相沉积技术所形成的膜层致密且均匀，膜层与基材的结合牢固，薄膜成分易控，沉积速度快，膜层质量也很稳定，某些特殊膜层还具有优异的光学、热学和电学性能，因而易于实现批量生产。但是，CVD 的沉积温度通常很高，容易引起零件变形和组织上的变化，从而降低机体材料的机械性能并削弱机体材料和镀层间的结合力，使基片的选择、沉积层或所得工件的质量都受到限制。

▶▶ 3. 发展目标

1）化学气相沉积的沉积温度通常很高，一般为 900～1100℃，因此，基片的选择、沉积层或所得工件的质量都受到了限制。目前化学气相沉积正向低温和高真空两个方向发展。

2）与许多其他快速成形新技术一样，化学气相沉积技术与快速成形技术的集成，不仅提高了快速成形技术自身的成形能力，也为快速成形技术开辟了新的应用领域。基于化学气相沉积方法的快速成形新技术，今后将逐渐从实验室研究阶段进入实际应用阶段。其独特的成形特性，在具有特殊结构或性能的功能材料、微电子器件或线路的定制与修复、微机械系统或零部件的制造、微细加工等领域发挥了特殊的作用，具有广阔的应用前景。

3）沉积材料体系今后需要继续大力开发。首先是超硬薄膜开发，提高材料表面耐磨性。另外，由于镀层的超高硬度使其相对厚度减小，能符合未来高精度化的要求。其次是耐热薄膜开发，提高耐热性及抗氧化性，使其可用于高温工作环境。再次是耐蚀薄膜开发，如铬和铝薄膜开发，航空零件真空蒸镀铝也是未来看好的技术与市场。最后是润滑薄膜开发，具有低摩擦系数的镀层如类钻石、二氧化硅等，可用于需低摩擦阻力的场合或取代切削油的使用。

4）对于物理气相沉积技术，选用新型镀层、复合镀层（多元镀层）以及多层镀层是进一步提高如结合强度、基体承载能力以及基体和涂层匹配性等性能的有效途径，从而极大地改善其可靠性和使用寿命。

5）化学气相沉积作为一种非常有效的材料表面改性方法，具有十分广阔的发展应用前景。它在提高材料的使用寿命、改善材料的性能和节省材料的用量等方面起到了重要的作用，为社会带来了显著的经济效益。随着各个应用领域要求的不断提高，对化学气相沉积的研究也将进一步深化，化学气相沉积技术的发展和应用也将跨上一个新的台阶。

4.3 纳米复合再制造成形技术

4.3.1 概述

纳米复合再制造成形技术是借助纳米科学与技术新成果，把纳米材料、纳米制造技术等与传统表面维修技术交叉、复合、综合，研发出先进的再制造成形技术，如纳米复合电刷镀技术、纳米热喷涂技术、纳米涂装技术、纳米减摩自修复添加剂技术、纳米固体润滑干膜技术、纳米粘接技术、纳米薄膜制备技术和金属表面纳米化技术等。

纳米复合再制造成形技术充分利用纳米材料、纳米结构的优异性能，在损伤失效零部件表面制备出含纳米颗粒的复合涂层或具有纳米结构的表层，赋予零部件表面新的服役性能，如纳米复合电刷镀技术、纳米热喷涂技术已经可以根据不同的性能要求制备相应的纳米镀层与纳米涂层。

4.3.2 纳米复合电刷镀技术

1. 现状

纳米复合电刷镀技术利用电刷镀技术在装备维修中的技术优势,把具有特定性能的纳米颗粒加入电刷镀液中,获得纳米颗粒弥散分布的复合电刷镀涂层,提高装备零部件表面硬度、强度、韧性、耐蚀和耐磨等性能。

与普通电刷镀层相比,纳米复合电刷镀层中存在大量的硬质纳米颗粒,且组织细小致密,具有较高的硬度、优良的耐磨性能(抗滑动磨损、抗砂粒磨损和抗微动磨损)、优异的接触疲劳磨损性能及抗高温性能,因此可以大大提高传统电刷镀技术维修与再制造零部件的性能,或者可以修复原来传统电刷镀技术无法修复的服役性能要求较高的金属零部件。纳米复合电刷镀技术拓宽了传统电刷镀技术的应用范围。

纳米复合电刷镀技术应用范围包括:

(1)提高零部件表面的耐磨性 由于纳米陶瓷颗粒弥散分布在镀层基体金属中,形成了金属陶瓷镀层,镀层基体金属中的无数纳米陶瓷硬质点,使镀层的耐磨性显著提高。使用纳米复合镀层可以代替零部件镀硬铬、渗碳、渗氮和相变硬化等工艺。

(2)降低零部件表面的摩擦系数 使用具有润滑、减摩作用的不溶性固体纳米颗粒制成纳米复合镀溶液,获得的纳米复合减摩镀层,镀层中弥散分布了无数个固体润滑点,能有效降低摩擦副的摩擦系数,起到固体减摩作用,因此也减少了零件表面的磨损,延长了零件使用寿命。

(3)提高零部件表面的高温耐磨性 纳米复合电刷镀技术使用的不溶性固体纳米颗粒多为陶瓷材料,形成的金属陶瓷镀层中的陶瓷相具有优异的耐高温性能。当镀层在较高温度下工作时,陶瓷相能保持优良的高温稳定性,对镀层整体起到支撑作用,有效提高了镀层的高温耐磨性。

(4)提高零部件表面的抗疲劳性能 许多表面技术获得的涂层能迅速恢复损伤零件的尺寸精度和几何精度,提高零件表面的硬度、耐磨性和防腐性,但都难以承受交变负荷,抗疲劳性能不高。纳米复合电刷镀层有较高的抗疲劳性能,因为纳米复合电刷镀层中无数个不溶性固体纳米颗粒沉积在镀层晶体的缺陷部位,相当于在众多的位错线上打下无数个"限制桩",这些"限制桩"可有效地阻止晶格滑移。另外,位错是晶体中的内应力源,"限制桩"的存在也改善了晶体的应力状况。因此,纳米复合电刷镀层的抗疲劳性能明显高于普通镀层。当然,如果纳米复合电刷镀层中的不溶性固体纳米颗粒没有打破团聚、颗粒尺寸太大或配置镀液时,颗粒表面没有被充分浸润,那么沉积在复合镀层中的这些"限制桩"很可能就是裂纹源,它不仅不能提高镀层的抗疲劳性能,反而会产生相反的结果。

（5）改善有色金属表面的使用性能　许多零件或零件表面使用有色金属制造，主要是为了发挥有色金属导电、导热、减摩和防腐等性能，但有色金属往往因硬度较低、强度较差，造成其使用寿命短、易损坏。制备有色金属纳米复合电刷镀层，不仅能保持有色金属固有的各种优良性能，还能改善有色金属的耐磨性、减摩性、防腐性和耐热性。如用纳米复合电刷镀处理电器设备的铜触点、银触点，处理各种铅青铜、锡青铜轴瓦等，都可有效改善其使用性能。

（6）实现零部件的再制造并提升性能　再制造以废旧零件为毛坯，首先要恢复零件损伤的尺寸精度和几何形状精度。这可先用传统的电镀、电刷镀的方法快速恢复磨损的尺寸，然后使用纳米复合电刷镀技术在尺寸镀层上镀纳米复合电刷镀层作为工作层，以提升零件的表面性能，使其优于原型新品。这样做，不仅充分利用了废旧零件的剩余价值，而且节省了资源，有利于环保。在某些备件紧缺的情况下，这种方法可能是备件的唯一来源。

目前，纳米复合电刷镀技术在国防装备和民用工业装备再制造中已获得大量成功应用，获得了显著的经济和社会效益。例如：采用纳米复合电刷镀技术在履带车辆侧减速器主动轴的磨损表面刷镀纳米 Al_2O_3/Ni 复合电刷镀层，仅用 1h 便可完成单根轴的尺寸恢复；采用纳米复合电刷镀技术再制造大制动鼓密封盖的内孔密封环配合面，仅用 1h 便可完成单件修复；采用 n-Al_2O_3/Ni 纳米复合电刷镀层对发动机压气机整流叶片的损伤部分进行了局部修复，修复后的叶片通过了 300h 发动机试车考核。

⑺ 2. 挑战

虽然纳米复合电刷镀技术已成功实现工程零部件表面抗裂、耐磨和耐蚀性能的显著提升，但目前对于纳米复合电刷镀技术工艺和理论的认识还有待于完善，对于镀层形成机理、强化机理、纳米颗粒作用机理和纳米表面性能改善机理等认识还有待于加强。

目前，纳米复合电刷镀技术施工过程还主要依靠手工操作完成。但随着纳米复合电刷镀技术在汽车和机床等民用工业装备再制造中的应用范围不断扩大，手工操作已难以满足生产效率和生产质量的要求，对自动化纳米复合电刷镀技术的需求越来越迫切。虽然自动化纳米复合电刷镀技术已取得一定进展，如我国针对重载汽车发动机再制造生产急需，已研发出了连杆自动化纳米复合电刷镀再制造专机（图 4-7a）和发动机缸体自动化纳米复合电刷镀再制造专机（图 4-7b），并已经在中国重汽集团济南复强动力有限公司的发动机再制造生产中成功应用，但自动化纳米复合电刷镀技术的发展和推广仍面临很大的挑战。

⑺ 3. 目标

纳米复合电刷镀技术在再制造生产中的成功应用，有力地推动了再制造产

a)   b)

图4-7   连杆和发动机缸体自动化纳米复合电刷镀再制造专机

业化发展，该技术的下一步发展目标主要有：

1）进一步深入开展纳米复合电刷镀技术的理论研究，探索纳米复合镀层的形成机理、与基体的结合机理、纳米颗粒作用机理和纳米表面性能改善机理等，优化现有工艺参数实现纳米颗粒的可控分布，从而达到在省材节能的前提下大幅提升零部件性能的目的。

2）根据装备再制造工程应用需要，不断开发新的纳米复合电刷镀材料，研发适合不同零部件再制造生产需要的纳米复合电刷镀再制造生产设备和技术方法，研制智能化、自动化纳米复合电刷镀再制造设备，实现高稳定性、高精度、高效率的装备零部件批量、现场可再制造过程。

3）加大纳米复合电刷镀技术的推广力度，拓展该技术在机械领域外的功能性应用，使其在循环经济建设和社会经济可持续发展中发挥更大作用。

4.3.3   纳米热喷涂技术

1. 现状

纳米热喷涂技术用各种新型热喷涂技术（如超声速火焰喷涂、高速电弧喷涂、超声速等离子喷涂和真空等离子喷涂等），将纳米结构颗粒喂料喷涂到零部件表面形成纳米涂层，提高零部件表面的强度、韧性、耐蚀、耐磨、热障、抗疲劳等性能。

热喷涂纳米涂层可分为三类：单一纳米材料涂层体系、两种或多种纳米材料构成的复合涂层体系和添加纳米材料的复合体系（微晶 + 纳米晶），特别是陶瓷或金属陶瓷颗粒复合体系具有重要作用。

纳米热喷涂技术已成为热喷涂技术新的发展方向。美国某公司采用等离子喷涂技术制备了 Al_2O_3/TiO_2 纳米结构涂层，该涂层致密度达 95% ~ 98%，结合强度比传统粉末热喷涂涂层提高 2 ~ 3 倍，耐磨性提高 3 倍；美国 R. S. Lima 等人采用等离子喷涂技术成功制备了 ZrO_2 纳米结构涂层，主要用作热障涂层；M. Cell 等人采用纳米 Al_2O_3 和 TiO_2 颗粒混合重组的 Al_2O_3-13wt. % TiO_2 喷涂喂料，等离子喷涂制备了纳米结构涂层，该涂层的抗冲蚀能力为传统颗粒喷涂的 4 倍，已在美国海军舰船和潜艇上得到应用。D. G. Atteridge 等人采用等离子喷涂制备了 WC-Co 纳米结构涂层，该涂层具有组织致密、孔隙率低和结合强度高等特点。

目前，传统热喷涂技术已被广泛用于损伤失效零部件的再制造。例如：采用等离子喷涂技术修复重载履带车辆，其密封环配合面采用 FeO_4 粉末，轴承配合面采用 FeO_3 粉末，衬套配合面采用 FeO_4 和 Ni/Al 粉末，再制造后车辆经过 12000km 的试车考核，效果良好；在汽轮发电机大轴出水表面等离子喷涂 Ni/Al 涂层，其防水冲蚀效果理想；采用 Ni-Cr-B-Si 和 TiC 混合粉末，在航空发动机涡轮叶片表面等离子喷涂厚度为 0.1mm 涂层，经 20 台发动机约 6 万个叶片装机飞行，证明使用效果良好。但纳米热喷涂技术受到设备、喷涂粉末和成本等因素制约，在再制造领域的应用还有待进一步拓展。

纳米热喷涂技术中，超声速等离子喷涂是制备纳米结构涂层较好的技术之一。该技术是在高能等离子喷涂的基础上，利用非转移型等离子弧与高速气流混合时出现的扩展弧，得到稳定聚集的超声速等离子射流进行喷涂。与常规速度的等离子喷涂技术相比，超声速等离子喷涂技术大幅提高了喷射粒子的速度和动能，涂层质量得到显著提高，在纳米结构耐磨涂层和功能涂层的制备上具有广阔的应用前景。

▶▶ **2. 挑战**

目前，纳米热喷涂技术面临的挑战主要集中在以下几个方面：

1）纳米热喷涂技术的理论研究还未完善，对热喷涂纳米涂层的形成机理、与基体的结合机理、纳米颗粒的作用机理和纳米表面性能改善机理等认识还有待提高。

2）高性能纳米结构喷涂材料的制备和开发仍存在困难。纳米颗粒材料不能直接用于热喷涂，在喷涂过程中容易发生烧结，送粉难度也很大，必须将纳米颗粒制备成具有一定尺寸的纳米结构颗粒喂料，才能够直接喷涂。由于喂料的纳米颗粒粒度分布要均匀，要具有高颗粒密度、低孔隙率和较高的强度，因此喂料的制备和新喷涂材料的开发也是纳米热喷涂技术挑战之一。

3）纳米热喷涂技术在再制造领域的推广受到设备、喷涂粉末和成本等因素制约。例如，适用于该技术的超声速等离子喷涂设备价格相对较高，制备纳米涂层时需要使用昂贵的高纯氮气、氢气等工作气体，且纳米结构颗粒喂料的生产成本远高于普通热喷涂粉末。

4）复杂形状零部件的纳米热喷涂成形工艺问题尚需解决，研究如何优化复杂零部件的纳米热喷涂成形工艺，并实现纳米热喷涂技术的智能化和自动化，将是一个巨大的机遇和挑战。

3. 目标

1）建立完善的纳米热喷涂技术理论体系，进一步深化对热喷涂纳米涂层的形成机理、与基体的结合机理、纳米颗粒的作用机理、表面性能改善机理的认识，用扎实的理论基础指导该技术在再制造领域的应用。

2）开发适用于纳米热喷涂技术的高性能喷涂粉末和高质量喷涂设备，实现纳米热喷涂技术的自动化、智能化和高效化，并进一步降低该技术的使用成本。

3）解决纳米热喷涂技术的工艺难题，尤其是针对复杂形状零部件的成形工艺问题，拓宽该技术在再制造领域的应用范围。

4.3.4 纳米表面损伤自修复技术

1. 现状

纳米表面损伤自修复技术是指在不停机、不解体的情况下，利用纳米润滑材料的独特作用，通过机械摩擦作用、摩擦-化学作用和摩擦-电化学作用等，在磨损表面沉积、结晶、渗透并铺展成膜，从而原位生成一层具有超强润滑作用的自修复层，以补偿所产生的磨损，达到磨损和修复的动态平衡，具备损伤表面自修复效应的一种新技术。

纳米表面损伤自修复技术是再制造工程的一项关键技术，其在再制造产品应用中发挥再制造产品的最大效能，是再制造领域的创新性前沿研究内容。纳米表面损伤自修复技术不仅可以减少机械装备摩擦副表面的摩擦磨损，还可以在一定的条件下实现发动机、齿轮和轴承等磨损表面的自修复，从而可以预防机械部件的失效，减少维修次数，提高装备的完好率，降低机械装备整个生命周期费用。

用于纳米表面损伤自修复技术的纳米润滑材料包括：单质纳米粉体、纳米硫属化合物、纳米硼酸盐、纳米氢氧化物、纳米氧化物、纳米稀土化合物以及高分子纳米材料等。

目前，纳米表面损伤自修复技术已成功用于各型内燃机、汽轮机、减速齿轮箱等设备动力装置的再制造。如 C698QA 型六缸发动机采用混合纳米添加剂的 SF15W-40 汽油机油，进行 300 摩托小时$^{\ominus}$的台架试验，与只使用 SF15W-40 汽油机油相比，发动机最大功率升高了 6.08%，最大转矩升高了 2%，油耗降低了 5.98%，连杆轴瓦的磨损降低了 47.4%，活塞环的磨损降低了 49.8%，而在凸轮轴、曲轴主轴颈和曲轴连杆轴颈等部位同时实现了零磨损；中国铁路北京局集团有限公司将某种金属磨损自修复材料用在内燃机车上，使其中修期由原来

$\ominus$　摩托小时指发动机的工作小时。

的 30 万 km 延长至 60 万 km，免除辅修和小修；北京公共交通控股（集团）有限公司第七客运分公司用该种自修复材料在 17 台公交车上进行了 4 个月的试验，车辆气缸压力平均上升了 20%，基本恢复了标准值，尾气平均值下降了 50%，节油率为 7% 左右。

2. 挑战

1）关于纳米润滑材料的表面损伤自修复机理认识有待深入，油润滑介质中纳米润滑材料的摩擦学作用机理和表面修复作用机理尚需进一步完善。

2）纳米润滑材料的制备和自修复控制方法是该技术的研究重点。近年来，随着生物技术和信息技术的迅猛发展，以借鉴自然界生物自主调理和自愈功能为基础的机械装备智能自修复研究受到发达国家的高度重视。与智能自修复技术相关的智能仿生自修复控制系统、智能自修复控制理论、装备故障自愈技术和智能自修复材料等将是该技术未来发展的重要机遇和挑战。

3. 目标

未来纳米表面损伤自修复技术研究将包括以下几方面的内容：

1）开发具有自适应、自补偿和自愈合性能的先进自修复材料，构建高自适应性的自修复材料体系。

2）实现智能自修复机械系统的结构设计和控制，构建起满足未来发展需求的并具有自监测、自诊断、自控制和自适应的智能装备及故障自愈控制系统。

3）研制纳米动态减摩自修复添加剂，在不停机、不解体情况下在磨损表面原位生成一层具有超强润滑作用的自修复膜，实现零部件磨损表面的高效自修复。

4.4 能束能场再制造成形技术

4.4.1 概述

能束能场再制造成形技术是利用激光束、电子束、离子（等离子）束以及电弧等能量束及电场、磁场、超声波、火焰和电化学能等能量实现机械零部件的再制造过程。目前，常用的能束能场再制造成形技术主要有：激光再制造成形技术、高速电弧喷涂再制造技术、等离子弧熔覆成形技术和电子束熔融成形技术等。

目前，基于机器人堆焊与熔敷再制造成形技术对缺损零部件的非接触式三维扫描反求测量、成形路径规划，基于熔化极惰性气体保护堆焊/铣削复合工艺的近净成形技术、面向轻质金属的再制造成形技术等进行了广泛深入的研究，成功实现了典型装备备件的制造与制造成形。

4.4.2 激光再制造成形技术

1. 现状

激光再制造成形技术是指利用激光束对废旧零部件进行再制造处理的各种激光技术的统称。按激光束对零部件材料作用结果的不同，激光再制造成形技术主要可分为两大类：激光表面改性技术（激光熔覆、激光淬火、激光表面合金化和激光表面冲击强化等）和激光加工成形技术（激光快速成形、激光焊接、激光切割、激光打孔和激光表面清洗等），其中，激光熔覆再制造技术和激光快速成形再制造技术在目前工业中应用最为广泛。

目前，激光再制造成形技术已大量应用在航空、汽车、石油、化工、冶金、电力和矿山机械等领域，主要是对零部件表面磨损、腐蚀、冲蚀和缺损等局部损伤及尺寸变化进行结构尺寸的恢复，同时提高零部件服役性能。

英国 Rolls-Royce 公司采用激光熔覆技术修复了 RB211 型燃气轮机叶片，采用非熔化极惰性气体保护堆焊修复一件叶片需要 4min，而激光熔覆只需 75s，合金用量减少 50%，叶片变形更小，工艺质量更高，重复性更好。沈阳大陆激光集团有限公司成功进行了某重轨轧辊和螺杆压缩机转子（图 4-8）的激光熔覆再制造，修复了其表面因磨损而出现的局部凹坑，恢复了零件的尺寸和形状，提高了零件的表面性能和使用寿命。激光再制造成形技术还可用于轴类件、齿轮件、套筒类零件、轨道面、阀类零件和孔类零件等的修复。此外，激光表面相变硬化、激光合金化、激光打孔等技术均已在零部件再制造中得到了应用。

图 4-8　激光再制造后的螺杆压缩机转子

2. 挑战

激光再制造成形技术的出现和发展，为损伤失效零部件的修复开辟了新途径，已经在工业中获得大量成功应用，但仍面临以下挑战：

1）目前激光再制造成形技术所用的激光器还主要是大功率 CO_2 激光器和固体激光器，激光器系统笨重，光路易受干扰，难以搬动移动，因此其作业过程主要在工厂车间完成，难以满足户外作业需要。

2）对大型装备的现场作业，需要把笨重的激光器系统拆解，搬运到现场进行重新安装调试，作业周期很长，严重制约着生产效率。对大型装备贵重零部件和野外装备现场应急抢修还存在较大困难。

3）实现损伤失效零部件的激光再制造成形，对激光器输出能量和激光再制造工艺参数的稳定性具有很高的要求，研制具有高稳定性的激光再制造成形系统是该技术发展的当务之急。

4）实现大型装备和重型机械的再制造，需要激光器具有很大的输出功率，研制超大功率激光器是实现未来大型零部件再制造的重要途径。

5）实现激光能量场和其他能量场的复合，如采用激光-电弧复合能量场进行再制造成形，可提高再制造工作效率和成形质量，对拓宽激光再制造技术应用范围有着重要意义。

6）微机电应用技术的发展对激光再制造技术提出了更高的要求，研究纳米尺度的激光再制造成形技术将是再制造领域一个全新的挑战。

▷ **3. 目标**

激光再制造成形技术正获得越来越多的关注，必将成为再制造领域的重要发展方向，该技术下一步发展目标如下：

1）将激光再制造成形技术与 CAD、CAM 技术相结合，实现装备零部件的快速仿形制造与近净成形，实现大型装备与工程机械的现场快速保障。

2）研制超大功率（十万瓦级、百万瓦级）激光器及激光再制造加工系统，控制系统能量的稳定输出，实现超大工程零部件的现场再制造过程。

3）将激光能量与电弧、等离子弧等不同能量形式进行复合，形成激光-电弧复合加工系统和激光-等离子弧复合加工系统等，实现不同材料、不同形状零部件的再制造过程。

4）利用超短脉冲激光实现材料纳米尺度的加工特性，研究新的激光纳米加工再制造工艺，如激光微熔敷、飞秒激光双光子聚合等手段实现宏观部件局部表面织构化及纳米器件的再制造过程。

▷▷ 4.4.3 高速电弧喷涂再制造技术

▷ **1. 现状**

高速电弧喷涂再制造技术是以电弧为热源，将高压气体加速后作为高速气流来雾化和加速熔融金属，并将雾化粒子高速喷射到损伤失效的零部件表面形成致密涂层的一种工艺。该技术的原理：将两根金属丝通过送丝装置均匀、连续地分别送进电弧喷涂枪中的导电嘴内，导电嘴分别接电源的正负极，当两根金属丝端部由于送进而相互接触时，发生短路产生电弧使丝材端部瞬间熔化，将高压气体通过喷管加速后作为高速气流来雾化和加速熔融金属，高速喷射到损伤失效的零部件表面。

　　与普通电弧喷涂技术相比，高速电弧喷涂技术具有沉积效率高、涂层组织致密、电弧稳定性好、通用性强和经济性好等特点。目前，高速电弧喷涂再制造技术已成为再制造工程的关键技术之一，已在设备零部件的腐蚀防护和维修抢修等领域得到广泛的应用。

　　高速电弧喷涂再制造技术应用范围包括：

　　1）提高零部件的常温防腐蚀性能。采用高速电弧喷涂技术对舰船甲板进行防腐治理，经多年应用证明其防腐效果显著，预计使用寿命可达 15 年以上。

　　2）提高零部件的高温防腐蚀性能。电站、锅炉厂的锅炉管道、转炉罩裙等部分常因氧化、冲蚀磨损和熔盐热腐蚀而出现损伤，采用高速电弧喷涂新型高铬镍基合金 SL30 以及金属间化合物基复合材料 $Fe-Al/Cr_3C_2$ 进行高温腐蚀、冲蚀治理，防腐寿命可达 5 年以上。

　　3）提高零部件的防滑性能。采用 FH-16 丝材高速电弧喷涂舰船主甲板，进行防滑治理，取得了良好的效果。

　　4）提高零部件的耐磨性能。高速电弧喷涂再制造技术可用于修复大轴、轧辊、气缸和活塞等零部件的表面磨损，如蒸汽锅炉引风机叶轮叶片的磨损，可用高速电弧喷涂再制造技术对其进行修复，修复表面无须机械加工处理，但使用寿命却可成倍增加。

2. 挑战

　　1）高速电弧喷涂再制造技术的理论一直是该技术研究的重点，但目前相关理论体系还不够完善。高速电弧喷涂再制造技术的涂层形成机理、涂层与基体的结合机理等还需进一步研究。

　　2）高速电弧喷涂再制造技术与超声速火焰喷涂和等离子喷涂等技术相比，高速电弧喷涂涂层与基体的结合强度还相对较低、涂层孔隙率较高。为满足先进再制造工程的需要，需要进一步提升高速电弧喷涂再制造产品的性能和寿命。

　　3）目前，高速电弧喷涂普遍采用人工喷涂作业手段，生产效率较低，作业环境较差，迫切需要加快自动化甚至智能化的高速电弧喷涂再制造技术研究。

3. 目标

　　高速电弧喷涂再制造技术经历了多年的发展，在再制造工程领域已得到广泛的应用。该技术未来发展的主要目标有：

　　1）继续深入基础理论研究，揭示高速电弧喷涂再制造技术机理，建立完善的理论体系，理论研究对精确控制涂层的质量和性能是至关重要的。

　　2）研究更高性能的喷涂材料、喷涂设备及喷涂技术。如新型体系设计的复合材料、纳米材料和非晶材料，在设备方面有在电弧喷涂技术基础上外加气体、超声、电磁及环境保护等作用的新型喷涂技术等。

3）开发应用自动化和智能化高速电弧喷涂系统，实现高速电弧喷涂技术的高度产业化，以提高生产效率和质量，改善作业环境。

4）加强高速电弧喷涂再制造技术在关键零部件上的推广应用，拓展应用范围。目前高速电弧喷涂再制造技术的规范化程度不高，质量控制体系不全面，未来应加强该技术的规范管理和推广应用，推动再制造业的发展。

4.5 智能化再制造成形技术

4.5.1 概述

智能化再制造成形技术是再制造技术发展的主流方向，是实现工业化进程中的必要环节。未来工业发展将主要向着智能化及自动化方向发展，逐渐减少人力成本，而对于再制造技术来说，智能化再制造成形技术将会是再制造成形技术的一大跨越。现有的再制造成形技术主要以手工操作及设计为主，未来的智能化再制造将会实现智能化和自动化，大大节约人力成本，提高生产效率。

4.5.2 关键技术

1. 现状

利用微束等离子弧、电子束、激光等高能束和能场，基于能束能场、电弧喷涂、电弧堆焊和电刷镀等再制造成形技术，实现了汽车发动机缸体、飞机发动机叶片和矿采设备关键零部件等的再制造，推动了再制造产业化发展，但是再制造生产有的还依赖于手工作业，虽然有的实现了自动化作业，但是自动化程度不高，急需提升自动化、智能化水平。

实际的再制造环境中，构件损伤部位和损伤形状多种多样，很少有构件只是简单的平面损伤，而且损伤部位平坦易于修复，实际的再制造构件损伤程度和损伤位置多种多样，这也就意味着对损伤部位的再制造首先要考虑工装夹具问题，很多损伤部位在构件内部，如桶状内壁的修复，一些叶轮叶片的根部位置等，如果对这些位置采用激光修复，则激光头由于尺寸问题很难操作，因此实际的再制造技术受尺寸工装的限制很大。图4-9所示为受损的叶轮片，在狭小的尺寸范围内进行再制造成形修复较为困难。

更为关键的是，再制造构件损伤情况多种多样，再制造不是进行简单的修复，而是将受损部位修复至原有形貌，如果受损部位形状复杂而且构件原有几何形状也较为复杂，那么很多时候即使采用手工的方式仍然很难对受损部位进行原状修复。这就需要解决两大问题，一是对受损部位的三维形貌进行测量并构建模型，即依据构件在该部位的原有形貌，再结合实际受损部位形貌进行逆向几何模型构建；二是根据所构建的几何模型，使得再制造设备能够自动按照几何模型进行逐步修复。这将涉及三维形貌测量系统、三维模型构建及路径规划系统以及最终的设备行走控制系统，多个系统的耦合及匹配是智能化再制造的关键所在。

图4-9　受损的叶轮片

实际上，目前再制造工程领域很难达到自动化水平，多个系统的构建及耦合涉及复杂的控制装置和计算机技术，要求有极高的专业性，目前在激光增材制造中广泛使用的自动化成形系统实际上要简单得多，在增材制造过程中，只需要建立三维的 CAD 模型，再利用分层软件进行分层，之后设备可以按照规划好的路径进行扫描，最后便可成形出所需要的产品。图 4-10 所示为典型的增材制造三维模型构建及实际成形，图 4-11 所示为智能化再制造主要工艺流程。实

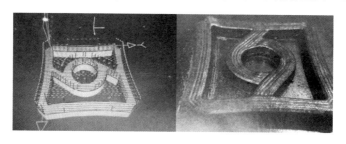

图4-10　典型的增材制造三维模型构建及实际成形

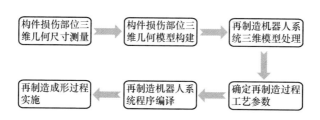

图4-11　智能化再制造主要工艺流程

际上，和增材制造相比，再制造的修复需要复杂的几何数据的采集和模型构建，同时再制造技术是在原有的构件上进行立体成形，相对于增材制造而言要求更加复杂，这也是再制造技术很难实现智能化的重要原因。

2. 挑战

再制造技术实际上是一个多学科交叉技术，不仅涉及材料学科、控制学科、机械学科，还涉及计算机学科、管理学科和自动化学科等，再制造技术不仅在于工艺的研发设计，还在于设备的保障和功能设计，因此再制造技术的发展涉及多个方面的内容，需要多个学科交叉并协同发展，需要整合多个学科知识，构建学科交叉平台，在学科交叉背景下综合多方面考虑进行协同发展，图 4-12 所示为智能化再制造成形技术设计多学科交叉示意。因此，再制造技术在实现智能化的过程中面临着很多的困难和挑战，主要包括：

1）再制造三维形貌数据的采集和处理较为困难，现有的设备功能有限，很难依据所构建的几何模型进行编程并设计运行路径，在机器人自动控制方面，涉及的控制技术及计算机技术很难解决。

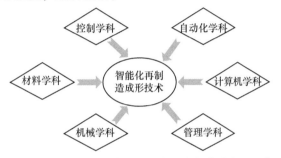

图 4-12　智能化再制造成形技术设计多学科交叉示意

2）现代机械和装备对再制造成形质量要求越来越高，尤其是航空装备对再制造工艺要求更为苛刻，实际的再制造过程中不仅要考虑到再制造的几何修复，更重要的是性能修复，在智能化过程中，如何能够在保证几何形貌的同时还保证性能要求是智能化再制造的一大难点。

3）根据不同的基体材料和性能要求，研制不同的熔敷材料体系，利用自动化设备优化再制造成形工艺参数还需要做大量的工作。

3. 目标

再制造技术的智能化过程是再制造技术发展历程中的重要一环，传统的再制造技术主要偏向于手工工艺，在再制造产品质量及效率上很难保证，因此实现再制造技术由手工向自动化及智能化方向发展是再制造技术发展过程中的必经一环。实际上再制造智能化的实现难度很大，为了实现再制造智能化发展，必须克服多个困难。现有的很多技术理念都可以为智能化再制造成形技术提供技术参考，目前增材制造技术已经逐渐向智能化及自动化方向发展，虽然增材制造技术和再制造技术在实际工艺方法等方面有很大差异，但是在智能化发展方向上，再制造技术还有很多地方可以借鉴增材制造技术。为了实现再制造的智能化过程，真正实现再制造过程的智能化、自动化，有以下几个目标：

1）精确控制再制造工艺参数，实现厚度、稀释率和性能自由调整的熔敷层，进而完成对航空装备等高精度、高性能的高端装备的再制造过程。

2）建立自动加工系统的材料与工艺专家库，实现对不同基体材料、不同性能要求零部件的快速再制造。

3）研发零件损伤反演系统和自动化再制造成形加工系统，实现装备再制造加工过程（再制造成形和后续机械加工）的一体化，具备完成表面再制造与三维立体再制造的能力。

智能化再制造在国内甚至是国际上仍然处于起步发展阶段，学科交叉性带来的技术难度使得智能化再制造技术的发展非常困难，但随着技术的不断革新，智能化再制造技术会经过全面的发展和蜕变。目前，很多关于增材制造的技术方法都可以被再制造技术所借鉴，在智能化方面，两种技术具有很大的关联性，基于增材制造技术的闭环控制系统实际上也是增材制造智能化的一部分，对于再制造技术来说，闭环控制技术仍然可以转化为再制造技术智能化的一部分，图4-13所示为闭环控制技术增材制造成形产品实例，可以看出，闭环控制技术的引入能够有效提升成形件的产品质量。

图4-13　闭环控制技术增材制造成形产品实例

4.6　再制造加工技术

4.6.1　概述

以损伤零部件及其再制造成形层为对象，以切削减材加工、特种加工等技术作为材料去除手段，满足再制造零部件的尺寸精度及服役需求的技术统称为再制造加工技术。对再制造零部件而言，无论是表面损伤还是体积损伤，经过刷镀、喷涂或熔覆修复成形后，都需要后续再制造加工方可满足尺寸精度及表面功能要求。因此，再制造加工技术是再制造工艺链的关键环节。

再制造成形层与基材的表界面特性是影响再制造零部件服役性能的关键，

同时也是影响再制造加工的重要因素。例如，电刷镀再制造成形技术与熔覆再制造成形技术获得的成形层特性及界面结合特性差异较大，因此在进行再制造加工时面临不同的技术挑战；激光、喷涂等能量束再制造成形技术获得的成形层通常具有高硬度、高耐磨和高耐蚀的性能，这也给再制造加工带来挑战。铣削、车削及磨削等加工技术均可用于再制造加工，针对难加工材料开发的切削-滚压复合、切削-超声辅助滚压复合、增减材一体化智能再制造、砂带磨削和低应力电解等先进加工技术将是未来再制造加工重点研发对象。

4.6.2 以铣削、车削及磨削为主的再制造加工技术

1. 现状

铣削、车削及磨削等传统机械加工手段已有多年研究成果积累，此类加工技术具有稳定、成熟的工艺积累，因此成为再制造加工必不可少的技术；铣削、车削及磨削等作为再制造加工技术可以实现大部分再制造零部件的机械加工。相对于传统机械加工而言，针对再制造成形层的加工技术研究历史较短，因此使用传统切削手段进行再制造成形层加工的研究仍有潜力可挖掘。对典型离心式压缩机叶轮材料 KMN 铁基激光增材成形层的铣削加工性能进行了研究，通过分析切屑形貌、加工过程振动情况和铣削力等获得了激光增材成形层铣削加工特性，指出同参数下增材成形层铣削力及铣削过程振动均显著大于基体材料；分析了通过在合金粉料中添加适量稀土元素对成形层铣削颤振抑制的有效性，揭示了含异质元素增材成形层铣削加工减振机理。通过对镍铬基不锈钢激光熔覆层的车削加工性能的研究表明，随着切削深度的增加，切削力增大、表面质量变差、加工硬化现象显著。

2. 挑战

目前，以传统铣削、车削及磨削为主的再制造加工技术面临的挑战主要集中在以下几个方面：

1）再制造成形层与基材界面结合特性不尽相同，后续切削加工过程会对界面结合强度产生一定影响，进而影响再制造零部件的服役性能。因此，界面结合特性与再制造加工技术的匹配关系有待进一步研究。

2）具有高硬度、高耐磨性的成形层可视为难加工材料，在进行成形层加工时会出现诸如切削振动剧烈、加工表面质量较差及刀具寿命短等问题，因此针对不同性能再制造成形层的切削加工特性和工艺体系还有待深入研究。

3）航空航天、海工装备领域蕴含高附加值的零部件逐渐成为再制造研究的热点，此类零部件的复杂轮廓、弱刚性以及恶劣服役环境等给再制造加工过程带来挑战，基于逆向工程的再制造成形层三维建模、再制造成形层加工工艺策

略及再制造零部件尺寸精度控制等均成为切削再制造加工的主要挑战。

3. 目标

1）深入研究不同再制造成形技术获得的成形层与基材的界面结合特性，建立再制造成形技术与再制造加工技术之间的匹配关系，为再制造加工技术选择提供理论指导。

2）研究不同再制造成形层切削加工特性及刀具结构对再制造成形层的切削加工适应性，建立再制造成形层切削加工工艺体系，达到抑制切削振动、提高加工质量、提高刀具寿命及提高再制造加工效率的目的。

3）重构复杂轮廓、弱刚性零部件再制造模型，控制加工尺寸精度，规划工艺路径，实现复杂零部件的高效、高精度再制造加工。

4.6.3 切削-滚压复合再制造加工技术

1. 现状

滚压表面强化是改善零件表面应力状态、提高其抗疲劳性能的有效手段，目前已广泛应用于航空航天和精密机械等领域。切削-滚压复合再制造加工技术是指对经过切削的再制造成形层表面进行滚压加工，通过加工表面的微塑性变形改善成形层应力状态、提高服役寿命。该技术主要应用于使用传统切削技术时成形层加工表面质量、应力状态无法满足使用需求的情况。如图 4-14 所示，通过滚压对车削加工的激光熔覆层残余应力的影响研究表明，合适的滚压可引起激光熔覆层的塑性变形，并在激光熔覆层表面形成了残余压应力。通过表面深滚对铝合金上激光熔覆层疲劳强度的影响研究表明，滚压在熔覆层表面引入了残余压应力，压应力影响层深度超过 1mm，疲劳强度显著提升。

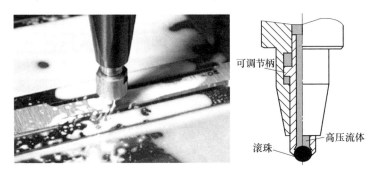

图 4-14　铝合金板材表面激光熔覆层滚压

2. 挑战

再制造成形层的切削-滚压复合再制造加工技术主要存在如下挑战：

1）再制造成形层材料微观组织结构与传统锻造、铸造材料有一定差异，滚压技术对再制造成形层性能的影响机理有待深入研究，切削-滚压复合再制造加工技术对再制造成形层微观组织结构、应力状态的耦合影响机理是该技术所面临的挑战。

2）超声辅助滚压有助于零部件加工后表面的改性及延寿，与滚压技术相比，超声辅助滚压的技术优势明显。因此，切削-超声辅助滚压复合加工对再制造成形层的影响机理、工艺适应性及其装备开发等有待深入研究。

▶ 3. 目标

1）获得滚压技术对不同再制造成形层性能影响机理，建立完善的切削-滚压复合加工工艺体系，改善再制造零部件的表面质量及应力状态，提高抗疲劳性能，进而提高再制造零部件的服役寿命。

2）揭示超声辅助滚压对不同再制造成形层性能影响机理，建立适用于再制造成形层的切削-超声辅助滚压复合加工工艺体系，开发适用于不同结构零部件的配套工艺装备，提高再制造加工性能及加工效率。

▶ 4.6.4 增减材一体化智能再制造加工技术

▶ 1. 现状

目前零部件再制造过程中，增材成形和成形层加工通常是分开进行的，即首先利用增材成形设备进行零部件再制造成形涂覆，随后将工件转移到机械加工装备上进行成形层加工。增材成形和减材加工工位改变不仅导致生产效率低下，而且会因为定位基准变化导致加工精度降低，甚至会导致再制造零部件报废。在此背景下，增减材一体化智能再制造加工技术，即一次装夹在同一工位完成损伤零部件的增材成形及减材加工，逐渐成为再制造领域的研究热点。DMG等国内外机床生产商已推出增减材一体化智能再制造加工设备，如DMGMORILAS-ERTEC653D（图4-15）将激光增材技术与铣削加工中心相结合，首先通过激光增材系统形成增材成形零部件，然后自动切换进行精密机械加工。基于此技术优势，增减材一体化智能再制造加工技术也成为再制造加工的重要技术之一。

▶ 2. 挑战

增减材一体化智能再制造加工技术应用于再制造加工存在以下挑战：

1）能束能场再制造成形获得的成形层通常具有较高温度，高温下材料性能会发生一定改变，如强度下降等，在增材成形层高温、强度较低时进行减材加工，必将降低加工难度、提高加工质量及加工效率。因此，减材加工时机、切削加工参数和刀具结构等问题是最大化发挥增减材一体化智能再制造加工优势所面临的挑战。

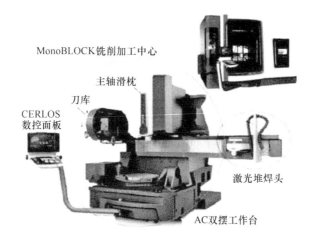

图 4-15 DMGMORILASERTEC653D 配置图

2）增材成形通常伴随大量的能量输入，减材加工过程通常需要切削液进行冷却、润滑，因此增减材复合加工中的热-冷、干-湿加工环境变化对装备系统设计提出较高要求，如何降低冷热交替对材料性能影响，如何避免增材成形、减材加工过程干涉及其对装备系统的影响，开发增减材专用数控系统、实现增减材过程智能控制，均是增减材一体化智能再制造加工技术面临的挑战。

3）开发增减材智能加工系统，实现增减材加工过程中成形质量和加工质量等的实时监控及反馈调节，开发适用多种类型零部件、可实现多种再制造成形技术的增减材一体化加工及降低增减材加工成本，也是需要解决的挑战。

3. 目标

1）建立与不同再制造成形手段相匹配的增减材一体化智能再制造加工工艺体系，实现不同再制造成形层的增减材加工最佳时机决策。

2）解决增减材设备存在的热-冷、干-湿加工干涉及相互影响问题，开发适用度广的增减材一体化智能再制造加工装备，在保证加工质量与加工效率的前提下，降低加工成本。

4.6.5 砂带磨削再制造加工技术

1. 现状

砂带磨削作为一门新的机械加工技术，因其具有加工效率高、适应性强、应用范围广、使用成本低和操作安全方便等优点，广受现代制造业各个领域的青睐。砂带磨削因兼有磨削和抛光的双重作用，其工艺灵活性和适应性非常强，在复杂曲面加工中可以充分发挥磨削精度高、表面加工质量高和一致性好的优良性能，同时砂带磨削具有弹性磨削的特点，除了能在加工后的工件表面形成残余压应力来提高疲劳强度外，在曲面型面平滑过渡方面也有很好的拟合效果。航空发动机台架试验证明，叶片经过高精度的砂带磨削加工之后，航空发动机的气流动力性能可以明显提高1%～2%。因此在再制造领域中，砂带磨削对复杂曲面高性能构件的再制造有着不可替代的作用。

目前我国仍然普遍采用人工抛磨方式，其效率低下且环境恶劣，再制造加工出的复杂曲面和高性能构件具有表面质量差及型面精度难以保证等问题。目前，国外针对复杂曲面高性能构件的砂带磨削加工已经初步实现自动化，但是相关技术及装备严格保密。在国内，虽然很多院校针对高性能构件的砂带磨削加工做了大量的研究工作，但是大部分还处于实验阶段。国内企业如重庆三磨海达磨床有限公司针对砂带磨削再制造技术已取得一定进展，针对某航空发动机叶片的再制造生产需要，已研发出了七轴六联动数控砂带磨床，如图4-16所示，并已经在某航空发动机厂的再制造生产中成功应用。

图4-16　七轴六联动数控砂带磨床

⫸ 2. 挑战

砂带磨削再制造加工工艺研发以及加工装备系统智能化等方面存在着诸多挑战，主要包括：

1）针对复杂曲面、小加工空间零部件砂带磨削易干涉问题的工艺方案设计，即包括复杂曲面的路径规划、自动化检测和控制技术在内的复杂曲面高性能构件砂带磨削工艺与磨削参数化技术研究与系统开发。

2）多轴智能数控砂带磨床装备结构的优化设计与制造。

⫸ 3. 目标

建立复杂曲面零部件砂带磨削工艺体系，建立适用性广的砂带磨削智能装备系统。

⫸ 4.6.6　低应力电解再制造加工技术

⫸ 1. 现状

电解加工以离子溶解的方式对材料进行去除，加工过程不会对加工表面引入残余应力、硬化层和灼伤等，且不受材料硬度、强度的影响，广泛应用于微细加工及难切削材料加工。因此，低应力电解再制造加工作为再制造加工技术之一，对提高再制造修复层的加工质量及加工效率具有重要意义。李法双等研究了电解加工技术在激光熔覆层中的应用，并开发了用于再制造成形层的柔性电解加工设备，建立了电解加工的材料去除率模型，并验证了模型的可靠性。郝庆栋等研究了电解抛光技术在压缩机叶片再制造加工中的应用，获得了较高的电解抛光质量。

2. 挑战

低应力电解再制造加工技术应用于再制造加工存在以下挑战：

1）电解加工在电场、化学场和流场的综合作用下发生，研究电解加工不同再制造成形层的钝化机理、探索再制造成形层电解加工的微观断裂剥离机制是该技术成功应用所面临的挑战。

2）研究再制造成形层的电解加工工艺体系，包括面向再制造的电解加工阴极工具结构设计；高精度、多轴联动和高效智能的电解加工设备研发，基于电解加工技术的复杂型面再制造成形层的形貌及精度恢复也是面临的重要挑战之一。

3. 目标

1）揭示再制造成形层电解加工的钝化机理及微观断裂剥离机制，以实现精密加工，实现再制造成形零部件高效、高质量加工。

2）建立与复杂曲面成形层尺寸精度与表面质量恢复相适应的电解加工工艺体系，开发与复杂扭曲面相适应的柔性智能电解加工设备。

4.7 现场应急再制造成形技术

4.7.1 概述

现场应急再制造成形技术是再制造技术一大应用领域，由于再制造技术是针对现有设备出现损伤而进行的技术性修复，而当工业领域中使用的大型设备出现损伤时则必须进行现场再制造技术处理。对于大型设备而言，这种技术往往应用在大型工业车间或者野外环境中，如船舶、石油化工、矿业以及航空航天等领域。现场应急再制造成形技术通常具有紧迫性和突发性，现场设备出现损伤失效往往会造成巨大的经济损失，严重的还会造成生命财产安全危险。因此，现场应急再制造成形技术是再制造技术必须重视和发展的领域。

4.7.2 关键技术

1. 现状

工业大型装备和野外服役装备设施需要实施现场应急再制造。近年来，再制造成形技术和工艺设备主要针对车间作业需要而研发，针对装备现场应急再制造成形的技术尚不能满足装备发展和再制造产业发展的需要。再制造过程并不是对受损构件进行简单的修复，而是对受损构件进行技术性的复原和修复，不仅是几何形貌上的复原，更重要的是性能上的复原。再制造过程是很复杂的技术过程，对于实际再制造产品修复过程中的很多数据是未知的，包括所需再制造产品的原始材料成分、组织形态、性能要求、几何精度要求以及原始构件在再制造过程中可能受到的影响程度等。对于现场应急再制造成形技术，尤其是野外作业的设备再制造，不仅涉及再制造装备的运输和安装、能源的供给以及相关后处理设备，同时更多的是如何快速设计再制造方案，包括快速进行受损部位三维形貌的测量、工装夹具的设计、再制造具体路径的设计、材料的选用及工艺方法的选择等。再制造过程实际上是具有很大风险性的技术过程，尤其是对于现场应急再制造成形技术来说，再制造的失误或者失败可能会导致重大的经济损失，因此再制造过程尤其是现场应急再制造成形技术具有更大的技术挑战，图 4-17 所示为现场应急再制造成形技术主要工艺流程。

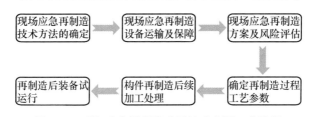

图 4-17　现场应急再制造成形技术主要工艺流程

▷▷ **2. 挑战**

现场应急再制造成形技术在具体实施过程中会面临很大的挑战和风险，现场应急再制造成形过程中会面临各种问题，对于一些应急场合，尤其是野外服役装备的现场应急再制造成形，不仅涉及大型设备的运输、安装和调试等环节，对于现场应急再制造成形技术而言，往往面临着紧急的修复困难，因此，如何在很短的时间内探明再制造构件的具体损伤情况及材料性能要求，并给出再制造方案是一大技术难题。目前再制造系统一般体积规模较大，虽然也有研究单位研制移动方舱类的移动式再制造成形系统，但实际的操作过程仍然面临很多困难。再制造技术尤其是现场应急再制造成形技术，在实际制造过程中还要考虑实际产品的附加值，需要考虑的不仅是技术层面上的问题，还要考虑成本等方面的问题。现场应急再制造成形技术主要面临以下挑战：

1）集约化再制造材料技术难度大。装备金属零件材料千变万化，为了获得再制造零件良好成形性和最佳服役性能，针对不同的金属零件，再制造往往需选用或研制良好性能的再制造材料，这种情况难以满足现场应急再制造的要求。

2）野外作业环境和制约因素复杂，应急再制造工艺实施及其产品质量控制难度大。

3）现场应急再制造成形零件一般需要机械后加工处理才能保证零件表面粗糙度和尺寸精度，但大型再制造成形零件现场后加工处理效率低且实施困难。

现场应急再制造成形技术是一个突发性技术工程处理问题，现场应急再制造问题往往具有很强的突发性和不可预测性，因此现场应急再制造成形技术的处理也是突发事件的处理问题，实际的现场应急再制造问题往往面临很大的经济甚至是生命财产安全风险，因此现场应急再制造成形技术比常规的再制造技术面临的技术难度更大。

▶▶ 3. 目标

现场应急再制造成形技术是再制造技术的重要部分，与制造业不同，再制造技术面临的实际工件以及实际损伤情况各种各样，没有标准性的产品分类，尤其是对于现场应急再制造成形技术而言，需要进行再制造技术处理的构件以及处理方法各种各样，因此对于现场应急再制造技术来说，不仅要研发和确定应急工艺技术，还要建立整个应急再制造成形环节的各种保障环节。总体上看，现场应急再制造成形技术需要构建以下几个目标：

1）建立集约化的再制造材料体系和具有移动作业、伴随保障功能的先进再制造工艺装备系统，并在主要行业领域应用。

2）建立适用于野外作业环境的现场应急再制造成形工艺实施规范和质量检验标准。

3）实现大型装备零部件局部损伤部位的现场应急再制造成形和加工，快速恢复装备服役性能。

现场应急再制造成形技术的主要目标仍然是快速解决现场工程问题，以最集约、节约以及高效的方式实现现场再制造成形修复。现场应急再制造成形技术涉及的问题众多，不仅涉及技术性问题，还涉及经济及管理问题，从某些层面上说，现场应急再制造成形技术实际上是一个系统工程。图 4-18 所示为现场应急再制造成形技术的系统流程。

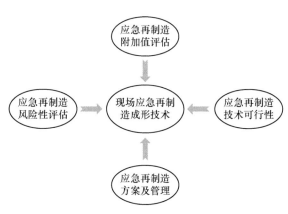

图 4-18 现场应急再制造成形技术的系统流程

参 考 文 献

[1] 中国机械工程学会再制造工程分会. 再制造技术路线图 [M]. 北京：中国科学技术出版社，2016.

[2] 徐滨士，董世运，朱胜，等. 再制造成形技术发展及展望 [J]. 机械工程学报，2012，48（15）：96-105.

[3] 徐滨士，董世运. 激光再制造 [M]. 北京：国防工业出版社，2016.

[4] 徐滨士，等. 再制造与循环经济 [M]. 北京：科学出版社，2007.

[5] 徐滨士，等. 再制造工程基础及其应用 [M]. 哈尔滨：哈尔滨工业大学出版社，2005.

[6] 曹华军，童少飞，陈海峰，等. 基于热喷涂的轴类零件再制造工艺及其残余应力分析 [J]. 中国机械工程，2014，25（24）：3368-3372.

[7] 田浩亮，魏世丞，陈永雄，等. 高速电弧喷涂再制造曲轴用复合涂层的设计与研究 [J]. 材料科学与工艺，2013，21（5）：51-56.

[8] BI G J, SCHURMANN B, GASSER A, et al. Development and qualification of an ovellaser-cladding head with integratedsensors [J]. International Journal of Machine Tools&Manufacture, 2007, 47（3）: 555-561.

[9] 向永华，徐滨士，吕耀辉，等. 自动化等离子堆焊技术在发动机缸体再制造中的应用 [J]. 中国表面工程，2009，22（6）：72-76.

[10] BI G J, GASSER A, WISSENBACH K, et al. Investigation on the directlaser metallic powder deposition process via temperature measurement [J]. Applied Surface Science, 2006, 253（3）: 1411-1416.

[11] 张曙. 增材与切削混合五轴加工机床技术 [J]. 金属加工（冷加工），2016（5）：2-4.

[12] 李法双. 基于球形阴极的电解加工研究及设备开发 [D]. 济南：山东大学，2016.

[13] 郝庆栋. 电解抛光在压缩机叶片再制造加工中的应用 [D]. 济南：山东大学，2014.

[14] 朱胜. 柔性增材再制造技术 [J]. 机械工程学报，2013，49（23）：1-5.

[15] 胡如南，张立茗. 我国电镀工艺环保现状及其发展建议 [J]. 材料保护，2000，33（1）：46-50.

第 5 章

——

再制造质量控制

5.1 再制造产品质量管理

▷▷ 5.1.1 再制造产品质量要求与特征

由于再制造产业是一个发展中的新兴产业，因而目前对再制造产品的质量要求尚无统一的标准。虽然一些国家的重点再制造行业确定了其再制造产品的标准（如 1962 年，美国联邦商务委员会出版了关于销售和分配经过使用和改造过的机动车辆零部件的贸易准则，确定了汽车再制造的标准），但未见更大范围的统一标准。

从国内外的有关资料来看，对再制造产品的质量要求，普遍的原则上的提法是再制造产品质量应等同或高于原产品。如美国环境保护局负责固体废物办公室在《再循环及再制造的宏观经济重要性》一文中提到：再制造是指产品拆解到部件水平，然后各部分被清洗、检测、翻新，必要时换件修理，再将这些部件再装配并按新品标准进行检验的过程。波士顿大学 Robet T. Lund 在《再制造——美国资源》一文中提出再制造的定义：破旧或报废产品的分解；各部件进行必需的清理、检查、再磨光或替换；产品被重新组合且经检验达到新品标准。该文在《再制造的行业标准》中还提到"产品生产工艺可以稳定地支持一个以上的生命周期"。

卡特彼勒公司提供了汽车、发动机、变速箱和液压零件等多种产品的再制造服务。它通过更新零件使之达到严格的 OEM 标准要求，零件加工或镗孔不低于规格标准，它们经过修造和加工可以达到新零件的原来的技术规格。

我国徐滨士院士等也多次提出：再制造必须采用高新技术和产业化生产，确保其产品质量等同或高于原产品。

以上质量要求主要是对恢复性再制造提出的。对于升级性再制造，除了提高产品的功能之外，产品的质量通常也应得到较大的改善，正如 Robet T. Lund 所指出的：多数情况下，对一种产品进行改进可以通过提高其可靠性、改善其可维修性或者增加更为精密的操控来实现。而对于其他情况，特别是在电子学方面，再制造则包括了重新构造和重新规划，能够满足客户新的需求与应用。

提出这样的质量要求是必要的，因为只有再制造产品的质量不低于新品才能确保其使用性能。只有严格的质量要求才能树立绿色再制造产品的良好形象，以较大的优势参与市场竞争，并克服一些人头脑中"产品不是全新的，质量肯定不高"的习惯看法。只有执行严格的质量标准才能区分并拒绝各种假冒伪劣的再生产品，为再制造企业的准入提供必备的技术标准。

提出这样的质量要求也是可行的，因为再制造是采用当前的高新技术和现代化管理手段，以产业化、专业化、批量化和标准化的生产方式组织生产。再制造是在原始产品使用数年至一二十年后进行的，科技的进步，新技术、新工艺和新材料的应用，使再制造产品可能而且应该比原始产品做得更好。如果通过再制造使产品得到现代化改造和升级，那将显著提高产品的性能和质量。大量的事实表明，再制造常常成为产品采用高新技术的先导。

这里讨论的产品质量应该是与原型新品相比较的，是全面的、综合性的，包括功能、可靠性、使用性能及寿命等各种性能。

▶ 1. 再制造产品质量特征

因为所使用原料的不同，再制造使用的是情况复杂的废旧产品，所以再制造过程比制造过程更复杂，再制造得到的不同再制造产品质量具有更强的波动性，不同的再制造产品质量可能各不相同，同一产品在不同时期进行再制造也会使得再制造质量存在差异，再制造质量的波动性是客观存在的。因此，了解再制造质量波动的客观规律，能够对再制造产品质量实施有效的控制。

▶ 2. 再制造质量波动性来源

引起再制造质量波动性的原因通常有以下几个方面：

（1）再制造生产原料　因再制造生产使用的原材料是废旧产品，不同产品的故障或失效模式不一样，原料的差异性使得再制造过程不可能如制造过程一样统一，而这种不同废旧产品的差异及其再制造过程的不同是再制造质量波动的直接原因。

（2）再制造生产设备　指再制造生产过程中所使用的设备性能，优异的专用设备将能够保证再制造产品质量。

（3）再制造生产技术　先进的再制造技术手段及工艺所再制造出的产品性能能够得到充分的保证。

（4）再制造生产环境　包括地点、时间、温度、湿度等再制造的工作环境等。

（5）再制造操作人员　操作者技术水平的差异、熟练程度、工作态度、身体条件以及心理素质等。

（6）再制造生产目的　不同的再制造目的所制造的产品也会存在差异，如再制造升级、环保效益、应急再制造和再制造恢复等。

▶ 3. 再制造质量波动性特性

再制造质量的波动性包括偶然性原因和系统性原因两个方面。

（1）偶然性原因　偶然性原因是指诸如技术工艺材料的细微差异、再制造设备的正常磨损和再制造人员工作的不稳定性等一些偶然因素，它的出现是随机性因素造成的，不易识别和测量。随机因素是不可避免的，经常存在的。所以，偶然性原因是正常原因，是一种经常起作用的无规律的原因。

（2）系统性原因　系统性原因是指如设备严重磨损、设备不正确调整、再制造人员偏离操作规程和技术工艺材料的固定性偏差，它们容易被发现和控制，并通过加强管理及改进技术设备等措施后消除。由于这些偏差是由明显倾向性或一定规律的因素造成的，因此属于异常原因，也可以避免。

无规律的偶然性原因所造成再制造产品质量的波动称为正常波动，这时的再制造过程处于可控制状态；有规律的系统性原因所造成再制造产品质量的波动称为异常波动，这时的维修过程处于非控制状态。再制造过程处于控制状态时，再制造数据具有统计规律性；当处于非控制状态时，再制造数据的统计就不具备规律性。因此，再制造质量控制的重要任务之一就是要根据再制造的目的，分析再制造质量特性数据的规律性，从中发现异常数据并追查原因，并通过技术等手段来消除异常数据，增加再制造产品质量的稳定性。

5.1.2　再制造产品质量管理方法

1. 再制造生产过程的质量控制

再制造生产过程质量控制所采用的主要方法是全面质量控制。再制造全面质量控制是再制造企业发动全体员工，综合运用各种现代管理技术、专业技术和各种统计方法与手段，通过对产品再制造生命周期的全过程和全因素的控制，保证用最经济且最环保的方法生产出质优价廉的再制造产品，并提供优质服务的一套科学管理技术。其主要特点体现在：全员参加质量管理；对产品质量产生、形成和实现的全过程进行质量管理；管理对象的全面性，不仅包括产品质量，而且包括工作质量；管理方法的全面性，综合运用各种现代管理技术、专业技术和各种统计方法与手段；经济效益和环境效益的全面性。

2. 再制造工序的质量控制

再制造的生产过程包括从废旧产品的回收、拆解、清洗、检测、再制造加工、组装、检验、包装直至再制造产品出厂的全过程，在这一过程中，再制造工序质量控制是保证再制造产品质量的核心。工序质量控制是根据再制造产品工艺要求，研究再制造产品的波动规律，判断造成异常波动的工艺因素，并采取各种控制措施，使波动保持在技术要求的范围内，其目的是使再制造工序长期处于稳定运行状态。为了进行工序质量控制，首先要制定再制造的质量控制标准，如再制造产品的标准、工序作业标准和再制造加工设备保证标准等；而后收集再制造过程的质量数据并对数据进行处理，得出质量数据的统计特征，并将实际结果与质量标准比较得出质量偏差，分析质量问题并找出产生质量问题的原因；进行再制造工序能力分析，判断工序是否处于受控状态并分析工序处于控制状态下的实际再制造加工能力；对影响工序质量的操作者、机器设备、材料、加工方法和环境等因素进行控制，并对关键工序与测试条件进行控制，使之满足再制造产品的加工质量要求。通过工序质量控制，能及时发现和预报再制造生产全过程中的质量问题，确定问题范畴，消除可能的原因，并加以处理和控制，包括进行再制造升级、更改再制造工艺、更换组织程序等，从而有效地减少与消除不合格产品的产生，实现再制造质量的不断提高。工序质量控制的主要方法有统计工序控制，主要的采用的工具为控制图。

3. 再制造产品的质量控制

再制造产品的质量控制技术主要包括再制造毛坯的质量检测技术、再制造加工过程的质量控制技术和再制造成品的检测技术。

再制造毛坯由于其作为再制造生产原料的独特性及其质量性能的不稳定性，对其进行质量检测是再制造质量控制的第一个环节。对于废旧产品的零件，需要进行全部的质量检测，无论是内存质量还是外观几何形状，并根据检测结果，结合再制造性综合评价，决定零件能否进行再制造，并确定再制造的方案。再制造毛坯的内在质量检测，主要是采用一些无损检测技术，检查再制造毛坯存在的裂纹、孔隙、强应力集中点等影响再制造后零件使用性能的缺陷，一般可采用超声检测技术、射线检测技术、磁记忆效应检测技术、涡流检测技术、磁粉检测技术、渗透检测技术和工业内窥镜等。再制造毛坯外观质量检测主要是检测零件的外形尺寸和表层性能的改变等情况，对于简单形状的再制造毛坯几何尺寸测量，采用一般常用工具即可满足测量要求，对于复杂的三维零件的尺寸测量，可采用专业工具，如三坐标测量机等。

生产过程的检验指对零件或产品在工序过程中所进行的检验，包括再制造工序检验、再制造工艺控制检测、再制造零件检验和再制造组装质量检验等。再制造过程中，再制造质量的监控主要是对再制造具体技术工艺过程与参数的监控，对再制造零件进行质量在线监控，可分为三个层次：再制造生产过程控制、再制造工艺参数控制和再制造加工质量与尺寸形状精度的在线动态检测和修正。再制造质量的在线监控常用的有模糊控制技术、自适应控制技术、表面质量自动检测系统、复杂零件尺寸检测系统、管棒材涡流自动检测系统和实时测温及控制系统等。

再制造产品的质量检验通常采取新品或者更严格的质量检验标准。再制造成品检验是指对组装后的再制造产品在准备入库或出厂前所进行的检验，包括外观、精度、性能、参数及包装等的检查与检验。再制造产品质量检验的目的，主要是判断产品质量是否合格和确定产品质量等级或产品缺陷的严重程度，为质量改进提供依据。质量检验过程包括测量、比较判断、符合性判定以及实施处理。再制造成品的质量控制包括再制造产品性能与质量的无损检测、破坏性抽测、再制造产品的性能和质量评价三方面内容。

▶5.1.3　再制造质量管理应用

产品再制造实施过程中的质量管理，不仅是要对该过程中的各环节进行质量检验，严格把关，使不合格的毛坯零件不进入再制造使用，不合格的备件不用、再制造不合格的产品不进入销售使用，而且更为重要的是通过质量分析，找出产生再制造产品质量问题的原因，采取预防措施，把废品、次品和返修品量减少到最低限度。主要从严格执行再制造工艺规程、合理选择检验方式、开展质量状况的统计和分析三个方面开展工作。

▶1. 严格执行再制造工艺规程

严格执行再制造工艺规程，就是要全面掌握和控制影响产品质量的各个主要因素。而在制造、再制造过程中影响产品质量的因素很多，可概括为以下六个方面：

1）人员。人员是执行产品再制造的主体和首要因素，对人的要求就是要使再制造质量的管理者熟悉技术领域内的详细要求，使工艺过程的操作者达到技术熟练、标准明确，对确保再制造质量的意义的认识更加深入。同时，由于人的自身条件也会影响产品质量，从全过程控制的角度，还要使参与再制造的人的身体状况和工作能力与再制造要求相适应。

2）机器设备。机器设备是确保产品再制造的物质条件，而对机器设备的要求通常包括精度、效率、质量稳定性和基本的维护保养质量与效果等，确保产品再制造的各项物质条件与产品质量目标达到最佳匹配。

3）原材料（器材备件）。原材料是产品质量形成的基础，没有合格的原材料作为保障，也就没有产品再制造质量的保证。再制造所用的原材料是废旧产品，由于其在失效形式上具有明显的个体化特点，因此要加强对废旧产品的检测，要从它们所具有的物理特性、化学特性和形状规格等方面进行约束。

4）技术方法。在再制造过程中，掌握科学、合理的再制造方法，采用先进的工艺技术和手段也成为保证产品质量的根本。这里的技术方法不仅包括在再制造过程中采取的技术措施，还包括在整个过程中所遵循和依据的工艺规程、操作规程等。

5）磨合试验。再制造产品磨合试验的作用是发现产品再制造和质量控制过程中存在的技术与管理问题，获取产品准确的技术参数，可以为分析评估再制造质量管理活动效果提供有效的依据。

6）环境。环境指产品再制造过程中，所依托的场所的温度、湿度、照明和噪声干扰等外部条件。在产品再制造过程中，必须要使其中的各节点或主要工作始终在最适宜的环境条件下进行。

▶▶ 2. 合理选择检验方式

检验是质量控制的直接手段，是获取质量信息和数据的直接途径。对于不同的检验内容、检验方法和检验技术等，要充分考虑检验的特殊性，确定有针对性的质量检验范围和原则，针对检验的对象和内容选择科学合理的检验方式。通常在再制造清洗后的加工和装配过程中设立检测点；对已产生质量波动，影响产品质量的关键工序要加强检验、监视和控制再制造状况，确保再制造产品的质量。检验方法很多且有不同的分类方式，应视情况选择，常见的分类方法是按检验实施过程及检验对象数量进行分类。

按检验实施过程的先后顺序可分为预先检验、中间检验与最后检验。预先检验是指在再制造之前对废旧产品的技术状况等进行检查，以便制订有针对性的再制造工艺措施，确定科学合理的保障条件和方案。中间检验指在再制造过程中对某工序前后的检查，如分解后检查、清洗后零部件形状和性能检查以及再制造加工后检验等；最后检验指在产品再制造工作全部完成后，对该再制造产品进行总体磨合及试验，检验和测试其总体质量。

按检验对象数量分为全数检查和抽样检查两种。全数检查又称普查，是指对所有产品进行逐件检查，由此分析判断再制造质量；抽样检查是指按事先规定的抽样方案进行抽检，是再制造过程中常采用的检查方式。

▶▶ 3. 开展质量状况的统计和分析

为了经常地、系统地准确掌握产品质量动态，就要按规定的质量指标（包括产品质量和工作质量）进行统计分析，及时查找问题原因，加强控制措施，重视数据的积累，建立健全的质量原始信息记录，定期检查、整理并分析。在关键的再制造工序、部位以及质量不稳定的再制造加工岗位都应设立管理点，加强统计管理，制订再制造过程质量管理的重要措施，以此为再制造工作的质量管理提供决策支持。

5.2　再制造毛坯损伤评价与寿命评估

针对机械产品，再制造零件由再制造毛坯基体和再制造强化涂覆层两部分组成。再制造毛坯是指回收的废旧机电产品零件，以再制造毛坯作为基体，通过在其薄弱表面或失效表面生成一层强化涂覆层，既恢复尺寸又提升性能，从而形成的再制造零件和产品。

再制造毛坯是废旧零件，在既往服役历史中存在损伤累积，既有已形成的具有一定尺度的宏观缺陷，又有未显现的隐性损伤，在重新服役时容易发展成为宏观缺陷。再制造前首先要评价再制造毛坯是否具有再制造价值，即可再制造性评价。借助无损评价技术手段,进行损伤状态评价及剩余寿命预测。

5.2.1 宏观缺陷评价及寿命评估技术

1. 现状

目前国内外普遍采用射线、超声、磁粉、涡流和渗透等五大类常规无损检测技术对再制造毛坯表面或内部形成的宏观缺陷进行定量评价。宏观缺陷指在三维空间上达到一定尺度的缺陷,如气孔、裂纹等。随着科学技术的发展进步,非常规的无损评价方法也越来越多地引入再制造毛坯检测之中,如红外热像、激光全息和工业内窥镜等,以适应再制造毛坯不同的质量控制要求。

再制造寿命评估和制造新品的寿命评估具有不同的目标,再制造寿命评估是为了充分挖掘废旧产品中材料的潜力,使报废机电产品获得"新生",为节省能源、节省材料、保护环境服务。它建立在宏观缺陷的定量化基础之上。进行再制造寿命评估除使用新品寿命评估中采用的技术手段外,无损检测技术,特别是先进的无损检测技术更成为再制造寿命评估的重要支撑技术。将无损检测技术,特别是先进无损检测技术与再制造寿命评估相结合,探索无损检测新技术在再制造寿命评估领域应用的可行性和技术途径,寻求准确、便捷的无损寿命评估新方法,这是再制造寿命评估领域的前沿课题。

2. 挑战

1)高端装备主动再制造对无损评价技术提出的挑战。目前高端装备的服役环境越来越苛刻,高速、高载、高压、高温、高真空、风沙和强光照等极端服役条件,导致关键部件多种失效模式耦合,寿命劣化特征参量提取困难,这对损伤评价设备在极端工况条件下运行的可靠性以及主动再制造评估提出新的挑战。

2)微小裂纹定量检测对无损评价技术提出的挑战。宏观缺陷都是由微小裂纹发展而来。微小裂纹的定量化是毛坯可再制造性评价的基础。目前工程界能够发现的小裂纹极限尺寸定位在0.1mm,在微米尺度内,小裂纹的定量评估受到损伤评价技术的局限。

3. 目标

1)研发新型物理参量传感检测的先进无损检测理论与方法,建立再制造毛坯极端工况下高可靠度的再制造性评价方法。

2)建立典型再制造毛坯件剩余寿命评估技术规范和标准,研发再制造毛坯剩余寿命评估设备,推动产业化应用。

5.2.2 隐性损伤评价及寿命评估技术

1. 现状

隐性损伤是指尚未形成可辨别的宏观尺度缺陷的早期损伤。隐性损伤具有更微观和细观的特点，隐性损伤发展到宏观缺陷的时间占据了构件寿命的绝大部分时间，其对构件宏观力学行为及性能的影响非常大。然而，由于隐性损伤不具有可辨识的物理参量的改变，常规无损检测方法都无法实施。目前仅有金属磁记忆检测技术和非线性超声技术等为数很少的无损评价方法能够用于早期损伤评价，但这些技术尚处于实验室探索阶段，未形成再制造工程应用的标准规范。

2. 挑战

1）隐性损伤的产生机制。在构件的早期损伤阶段，其内部结构状态的变化非常复杂和微弱。既有微观位错结构的变化，又有原子和分子水平的微裂纹萌生，揭示隐性损伤产生机制与原理，是开展再制造毛坯隐性损伤评价和寿命评估的前提和基础，解决这一问题面临很大挑战。

2）隐性损伤的磁、声等物理特征信号的采集及辨识。隐性损伤具有微观和细观特点，损伤累积引起的物理参量的变化非常微弱。采集构件材料这些物理参量的变化依然十分困难，在微弱的信号中辨识出来能够表征隐性损伤的特征参量面临巨大挑战。

3. 目标

1）揭示再制造毛坯隐性损伤生成及累积的物理机制，建立再制造毛坯隐性损伤评价方法与标准。

2）针对特定再制造毛坯构件的失效形式与服役工况特点，研发再制造毛坯隐性损伤的检测评估的专用设备。

5.2.3 多信息融合损伤评价与寿命评估技术

1. 现状

常规的无损评价方法都是利用单一的物理量进行检测，如超声、射线、涡流、磁粉和渗透等，这些单一检测方法获得的信息是不全面的，难以满足现代机械装备越来越复杂、苛刻的诊断要求。引入多传感器来采集多种物理参量的变化信息，经过综合处理后进行数据层、特征层和决策层的融合，以获得准确可靠的评价结果。

现有的信息融合系统结构分为分布式传感器结构、集中式传感器结构及混合组网结构三种类型。数据关联算法是多信息融合的核心，基于模型的方法、基于信号处理的方法以及人工智能的方法是三类常用的融合算法。多信息融合技术已经在机械装备无损评价中得到了较为充分的应用，国内外诸多研究机构相继研发了检测诊断系统，国外典型产品有 Bently 公司的 3300 系统、3500 系统和 EA3.0 系统，Scientific Atlanta 公司 M6000 系统，西屋电气公司的汽轮发电机组人工智能大型在线监测系统，IRD 公司的 Mpulse 联网机械状态检测系统和 Pmpower 旋转机械振动诊断系统等。在国内，中国运载火箭技术研究所、南京汽轮电机（集团）有限责任公司燃气轮机研究所、西安交通大学、上海交通大学、哈尔滨工业大学和清华大学等研究机构也研制了一大批各具特色的、适用于不同对象的且多信息融合的在线监测与诊断系统。

▶ 2. 挑战

1）信号处理与特征提取。信号特征提取技术是实现多信息特征层的重要手段。在机电装备再制造服役过程中，首先分析设备零部件运转中所获取的各种信号，提取信号中各种特征信息，从中提取与故障相关的征兆，利用征兆进行故障诊断。

由于机电系统结构复杂，部件繁多，采集到的信号往往是各部件运行情况的综合反映，且传递途径的影响增加了信号的复杂程度。如何从复杂的信号中提取出故障的特征参量，是多信息传感融合面临的一大挑战。

2）人工智能融合算法。采用多信息融合技术开展再制造毛坯损伤评价和寿命评估的关键是优选适宜的融合评估算法，人工智能技术将是最具潜力的算法融合手段。目前已经发展的专家系统、神经网络、模糊逻辑、遗传算法和支持向量机等人工智能融合算法，这些算法在某些特定对象的故障诊断中发挥了重要作用，但仍存在功能相对单一、只能进行简单诊断的不足。未来需要将多种性能互补的人工智能融合算法相互结合，但如何制订信息融合规则将成为一个难点。

▶ 3. 目标

1）建立信号特征的提取方法和融合准则。研发静动态信号故障特征提取技术，基于数学原理构造与再制造毛坯故障问题相匹配的基函数，有效提取故障特征；优选多信息融合算法，建立融合策略和准则。

2）建立人工智能寿命评估方法。基于人工智能技术，研究再制造毛坯寿命评估技术与方法，提供正确合理的评价结论，预测再制造毛坯的损伤发展规律与趋势，实现再制造毛坯剩余寿命的智能评价。

5.3 再制造涂覆层损伤评价与寿命评估

再制造涂覆层，主要是通过采用先进的表面工程技术在再制造毛坯局部损伤部位制备的一层耐磨、耐蚀且抗疲劳的涂覆层。再制造涂覆层附着在再制造毛坯基体上，既恢复再制造毛坯的超差尺寸，又提升再制造零件的使用性能。

再制造涂覆层的质量对再制造零件的服役寿命具有重要影响。再制造涂覆层是通过外加输入能量并且添加不同于再制造毛坯基体的异质覆层材料而形成的。其缺陷类型主要有裂纹、气孔、夹渣、厚度不均和结合不良等。此外，再制造涂覆层的结合强度、残余应力等力学性能状态也直接影响其服役寿命。因此，对涂覆层的损伤评价与寿命评估应主要针对涂层缺陷、结合强度及残余应力进行测量，对应缺陷的评价方法有渗透法、磁粉法、涡流法和超声法等常规评价方法；目前对涂层结合强度的检测仍采用破坏式的测量方法，尚无实用有效的无损评价方法；测试涂覆层的残余应力最常采用的是 X 射线衍射方法。再制造涂覆层的寿命评估技术研究集中在接触疲劳寿命评估方向。

5.3.1　再制造涂覆层缺陷评价及寿命评估技术

1. 现状

无论是机械嵌合类型的再制造涂覆层，还是冶金结合类型的再制造涂覆层，裂纹和气孔都是最主要的涂层缺陷。根据检测对象的要求，目前均是采用常规的无损评价方法进行检测，如渗透法、磁粉法、超声法和电磁法等。评价准则与制造领域的涂覆层相同。寿命评估技术则是基于获取的涂覆层裂纹失效形式，采用统计学方法处理。

2. 挑战

1）实现再制造涂覆层无损评价自动化的挑战。目前国内再制造企业采用的涂覆层无损评价工序安排在再制造成形工序之后、以离线方式进行，依靠专门的检测人员采用单独工位和单一设备实施。其检测效率低，评价结果的可靠性依赖检测人员的技术水平和经验积累。随着再制造企业产量日益提高，满足生产线上再制造涂覆层的快速检测要求和提高自动化水平成为迫切的技术需求。

2）提升再制造涂覆层定量评价智能化水平的挑战。信息技术的广泛普及为再制造企业提供了网络化平台，未来再制造企业生产工艺将基于物联网系统来执行。常规的涂覆层缺陷检测评价技术必须将其评价结果向定量化、数字化和信息化转化融合，这些常规评价技术面临着智能化改造升级的挑战。

3. 目标

1）研发流水线嵌入式再制造涂覆层无损评价技术与设备。综合已有的常规再制造涂覆层缺陷检测方法，研发嵌入流水线的再制造涂覆层评价技术与设备，能够实时在线评价涂覆层质量，提升检测效率和可靠性，提高再制造生产和质量控制的自动化水平。

2）研发再制造涂覆层智能化评估技术与设备。未来的再制造生产将依靠各种类型传感器来实现互联互通的智能化生产模式。在自动化设备基础上，增加信息传输、通信、存储和分析等组网技术，实现流水线上物料、人工、工具和设备等的物物相连,实现涂覆层缺陷与寿命评估的智能化。

5.3.2 涂覆层结合强度测试评价技术

1. 现状

再制造涂覆层的结合强度是评价再制造成形质量的一个重要指标。目前涂覆层结合强度测试方法的原理主要是通过给涂覆层和基体施加一定的外载荷,使涂覆层产生剥离和破坏,来测定结合强度的大小。胶接拉伸法是国内外通用的检测涂覆层结合强度的定量方法,此外还有划痕法、剪切法、弯曲法和热振法等。这些测试方法需要制作专门的试样在特定试验机上进行测量,测试过程会对试样造成一定程度的破坏。

2. 挑战

1)原位测试的结合强度无损评价技术的挑战。现有的结合强度测试方法仍然是一种间接测试方法,需要制作标准试样来进行测试,不能直接评价再制造零件的涂覆层与基体之间的结合状态。研发能够用于再制造成形过程中,直接在涂覆层表面实施的结合强度无损评价技术是所面临的挑战。

2)无损或微损测试结合强度的挑战。建立一种再制造涂覆层结合强度的无损或微损评价方法对控制再制造产品质量非常重要。目前的结合强度测试方法都属于破坏性的测试方法,有些方法甚至会造成测试试样的完全断裂。虽然研究报道了探索压痕法、声发射法和超声波法等微损或无损的结合强度测试方法,但它们仍处于实验室研究阶段,研究结果仍然滞后于生产需求。

3. 目标

1)研发再制造涂覆层结合强度原位无损评价新工艺方法。

2)关注科技进步带来的新技术和新材料,将之引入再制造涂覆层结合强度评价之中,研发能够原位测试、无损或微损的评价的新方法和新工艺。

5.3.3 涂覆层残余应力测试评价技术

1. 现状

应力状态是表征再制造涂覆层质量状态的一个重要指标,残余应力分布特征直接关系到涂覆层的服役安全性和可靠性。长久以来,残余应力测试评价技术一直受到密切的关注,根据测试技术对检测对象的影响程度,残余应力测试方法有很多类型。不同方法受各自测试原理的限制,适用于不同类型的涂覆层。根据测试方法实施是否对涂覆层产生损伤,可将涂覆层残余应力测试评价技术分为有损和无损两种类型,小孔法、割条法和轮廓法等有损测试方法需要局部分离或分割含残余应力的零件,使残余应力局部释放达到测试目的;X 射线衍射方法、超声波法和磁性法等通过测量不同残余应力区域的晶格变形、声速和磁性能的改变来评价残余应力，属于无损测试方法。目前再制造涂覆层残余应力测试较多采用 X 射线衍射方法。

▶▶ **2. 挑战**

1）再制造涂覆层残余应力无损测试需求的挑战。为避免对再制造涂覆层引入新的损伤，残余应力无损测试新方法一直是获得高度关注的研究方向。现有 X 射线衍射方法只能测定表面应力，受材料表面状态和结构形状的影响较大。研发新的再制造涂覆层无损测试方法面临挑战。

2）再制造涂覆层残余应力多维测试需求的挑战。常规的残余应力测试技术测试的是一维方向的残余应力，而残余应力是一个张量，具有三个维度，测试技术需要给出三个维度的残余应力大小和方向才能表征残余应力状态。实现多维残余应力测试面临挑战。

▶▶ **3. 目标**

1）研发再制造涂覆层残余应力无损测试新设备与方法。纳米压痕技术是非常有前景的再制造涂覆层残余应力测试新技术。深入研究纳米压痕技术测试残余应力的理论与方法，研发压入式再制造涂覆层残余应力测试的无损设备与工艺方法。

2）研发再制造涂覆层残余应力多维测试新设备与方法。轮廓法是国外提出的一种可实现多维残余应力测试的新技术，该技术可以检测二维或者三维的残余应力。深入研究轮廓法等能够测试多维残余应力的新技术和新方法，研发适合再制造生产线使用的涂覆层多维残余应力测试设备。

5.4 再制造产品质量检测与结构监测

▶ **5.4.1 再制造产品性能试验**

经过装配获得的再制造产品，在投入正常使用之前一般要进行磨合与试验，以保证再制造产品的使用质量，增加再制造产品的市场竞争能力。

▶▶ **1. 基本概念**

（1）再制造产品磨合　再制造产品磨合是指将装配后的再制造产品，通过一段时间的运转，使相互配合的零部件间关系（主要是指配合零部件在摩擦初期表面几何形状和材料表层物理、机械性能的变化过程）趋于稳定。它通常表现为摩擦条件不变时，摩擦力、磨损率和温度的降低，并趋于稳定值（最小值）。

再制造产品磨合的目的：发现再制造加工和装配中的缺陷并及时加以排除；

减少初始阶段的磨损量，保证正常的配合关系，延长产品的使用寿命；改善配合零部件表面质量，使其能承受额定载荷；完成性能参数调试，保证零部件间协调工作，达到最佳动力性和经济性。

（2）再制造产品试验　再制造产品试验是指对再制造产品或其零、部件的特性进行的试验或测定，并将结果与规定的要求进行比较，以确定其符合程度的活动。试验应按试验规范进行。试验规范是试验时应遵守的技术文件，通常规定试验条件（如温度和湿度等）、试验方法（包括样品准备、操作程序和结果处理）和试验用仪器、试剂等。根据规范进行试验，所得结果与原定标准相互比较，可以评定被试对象的质量和性能。

▶ 2. 磨合的影响因素

（1）负荷和速度　负荷、速度以及负荷和速度的组合对再制造产品磨合质量和磨合时间影响很大。在磨合一开始，摩擦表面薄层的塑性变形随负荷的增加而变大，使总功、发热量和能量消耗随之增加。试验研究表明，对一定的摩擦副，当其承受的负荷不超过临界值时，表面粗糙度值减小，表面质量得到改善；当超过临界值时，磨合表面将变得粗糙，摩擦系数和磨损率都将提高。速度是影响摩擦表面发热和润滑过程的重要参数。因此，初始速度不能太高，但也不可过低，终止速度应接近正常工作时的速度。

（2）磨合前零件表面的状态　零件表面状态主要指组成再制造产品的零件表面粗糙度和物理、机械性能。磨合前零件表面粗糙度对磨合质量产生直接影响。在一定的表面粗糙度下，由于粗糙不平的两个表面只能在轮廓的峰顶接触。在两表面间有相对运动时，由于实际接触面积小，易于产生磨损。同时，磨合过程中轻微的磨痕有助于保持油膜，改善润滑状况。当零件表面粗糙度值过大时，在规定的初始磨合规范下，形成了大量较深的划痕或擦伤，其后的整个磨合过程都不易将这些过量磨损消除，要达到预期磨合质量标准，就需延长磨合时间，增大磨损量，结果使组件的配合间隙增大，影响了正常工作，还缩短了使用寿命。相反，如果零件表面粗糙度值过小，则会因为表面过于光滑，表面金属不易磨掉。同时，由于表面贮油性能差，可能发生黏着，加剧磨损。

在磨合过程中，表面粗糙度不断变化并趋于某一稳定值，即平衡表面粗糙度。平衡表面粗糙度是该摩擦条件下的最佳表面粗糙度，与之相对应的磨损率最低，摩擦系数最小。平衡表面粗糙度与原始表面粗糙度无关是磨合的重要规律之一。虽然原始表面粗糙度不影响平衡表面粗糙度，但它影响磨合的持续时间和磨合时的磨损量。因此，使零件表面的原始微观几何形状接近于正常使用条件下的微观几何形状就可以大大缩短磨合时间，节省能源。

（3）润滑油的性质　磨合初期，摩擦副处于边界摩擦或混合摩擦状态。为了防止磨合中发生擦伤、胶合、咬死，以及提高磨合质量、缩短磨合时间，还采用磨损类型转化的方法，将严重的黏着磨损转化为轻微的腐蚀磨损或研磨磨损。例如，根据金属表面与周围介质相互作用可以改变表面性能的现象，在磨合用润滑油中加入硫化添加剂、氯化添加剂、磷化添加剂或聚合物（如聚乙烯和聚四氟乙烯）等。这些添加剂在一定的条件下与表面金属起作用，生成硫化物、磷化物或其他物质，它们都是易剪切的。又如在再制造发动机磨合时，可以在燃油中加入油酸铬，使燃烧后生成细小颗粒的氧化铬。氧化铬对摩擦表面起研磨抛光作用，因此可抑制严重黏着磨损的发生并缩短磨合时间。

与磨合质量直接有关的润滑油的性质是油性、导热性和黏度。油性是润滑油在金属表面上的附着能力，油性好能减少磨合过程中金属直接接触的机会并减轻接触的程度。导热性是油的散热性，散热性好可以降低金属的温度，减轻热黏着磨损的程度或防止其产生，同时可以减少或避免润滑油的汽化。黏度是影响液体流动的性质，黏度低的油流动性好，油浸入较窄的裂纹中起到润滑和冷却作用，带走磨屑，降低零件表面的温度。

在磨合期，摩擦力大，摩擦表面温度高，磨损产物多，因此对润滑油的要求是流动性好和散热能力强。为了减小磨合到平衡表面粗糙度时的磨损量，防止零件表面在磨合中擦伤，润滑油还必须具有较强的形成边界膜（吸附膜和反应膜）的能力。

▶ 3. 再制造产品的整装试验

再制造产品的整装试验按照试验规范进行操作，以检验再制造零部件质量，试验合格后才能转入下一工序。整装试验的主要任务是检查总装配的质量，各零部件之间的协调配合工作关系，并进行相互连接的局部调整。整装试验一般包括试运转、空载试运转及负载试运转三部分。

（1）试运转　试运转的目的是综合检验产品的运转质量，发现和消除产品由于设计、制造、维修、贮存和运输等原因造成的缺陷，并进行初步磨合，使产品达到规定的技术性能，在最佳的运行状态工作。产品试运转工作对正常运转质量有着决定性的影响，应引起高度重视。

为了防止产品的隐性损伤在试运转中造成重大事故，试运转之前应依据使用维护说明书或试验规范对设备进行较全面的检查、调整和冷却润滑剂的添加。同时，试运转必须遵守先单机后联机、先空载后负载、先局部后全体、先低速后高速以及先短时后长时的原则。

（2）空载试运转　空载试运转是为了检查产品各个部分相互连接的正确性并进行磨合。通常是先做调整试运转再进行连续空载试运转。目的在于揭露和消除产品存在的某些隐性损伤。

产品起动前必须严格清除现场一切遗漏的工具和杂物，特别是要检查产品旋转机件附近是否有散落的零件、工具及杂物等；检查紧固件有无松动；对各润滑点，应根据规定按质按量地加注相应类型的润滑油或润滑脂；检查供油系统、供水系统、供电系统、供气系统和安全装置等工作是否正常，并设置必要的警告标识，尤其是高速旋转，必要时应对内含高压、高温液体的部件或位置设置防护装置，防止出现意想不到的事故伤及人身。只有确认产品完好无疑时，才允许进行运转。

经调整试运转正常后，开始连续空载试运转。连续空载试运转在于进一步试验各连接部分的工作性能和磨合有相对运动的配合表面。连续空载试运转的试验时间，根据所试验的产品或设备的使用制度确定，周期停车和短时工作的设备可短些，长期连续工作的设备或产品可长些，最少为 2~3h。对于精密配合的重要设备，有的需要空载连续试运转达 10h。若在连续试运转中发生故障，经中间停车处理，仍须重新连续试运转达到最低规定时间的要求。空载试运转期间，必须检查摩擦组合的润滑和发热情况、运转是否平稳、有无异常的噪声和振动以及各连接部分密封或紧固性等。若有失常现象，则应立即停车检查并加以排除。

（3）负载试运转 负载试运转是为了确定产品或设备的承载能力和工作性能指标，应在连续空载试运转合格后进行。负载试运转应以额定速度从小载荷开始，经证实运转正常后，再逐步加大载荷，最后达到额定载荷。对于一些设备，为使其在规定的载荷条件下能够长期有效地工作，负载试运转时，会要求在超载 10% 甚至 25% 的条件下试运转。当在额定载荷下试运转时，应检查产品或设备能否达到正常工作的主要性能指标，如动力消耗、机械效率、工作速度和生产率等。

▶ 4. 再制造产品磨合试验系统

再制造产品磨合试验系统是实现磨合与试验的必要条件，其技术性能、可靠性水平和易操作性等决定着能否满足磨合与试验规范的要求，能否实现磨合与试验的目的，最终决定再制造产品的质量。因此，磨合试验系统在保证再制造质量方面具有重要意义。

（1）磨合试验系统的基本要求 磨合试验系统的基本要求有以下几点：

1）符合试验规范的要求，达到质量控制的目的。

2）试验检测参数要合理，数据可靠，显示直观，可对试验过程各参数进行记录，有利于对再制造质量进行分析。

3）加强对试验过程的控制，可对试验中出现的异常现象进行报警提示。

4）根据试验时测取的参数生成试验结果，并可方便地保存、查询和打印。

5）试验系统要技术先进，为进一步开发留有接口。

选择与研制试验设备应考虑的主要因素有设备的适应性、对再制造质量的保证程度、生产效率、生产安全性、经济性及对环境的影响等方面。

（2）磨合试验系统的构成 磨合试验系统一般由机械平台部分、动力及电气控制系统和数据采集、处理及显示系统三部分构成。

1) 机械平台部分。通常由底座、动力传动装置、操纵装置和支架等构成，主要完成各被试件的支承、动力的传递、在试验过程中对被试件的操控。

2) 动力及电气控制系统。通常由电动机（常用动力源）、电动机控制装置、电气保护装置等组成，主要为试验提供动力，完成试验系统的通断控制、电力分配、过载保护控制和电动机控制等主要功能。

3) 数据采集、处理及显示系统。主要由信息采集装置（传感器）、信号预处理装置（放大器和滤波器）、数据采集及处理系统等组成，通过多种类型的传感器，实现了多种被测参数的采集，通过放大和滤波等预处理转换为可采集的标准信号。通过数据采集，实现信号的模数转换，经数字滤波和标定后，由计算机或仪表进行显示。

5.4.2 再制造产品结构健康监测

再制造产品的结构健康监测就是对关键的再制造结构损伤从产生、扩展直至破坏全过程进行监控的技术。它依托于传感器技术和物联网技术的发展而发展。通过采用一定的加工工艺将传感元件与驱动元件植入结构表面或内部，来感知结构的损伤累积和缺陷发展，采集结构损伤与缺陷的变化信息并处理，提取表征因子，利用损伤诊断算法对结构的"健康状态"进行在线监测、综合决策、安全评估和及时预警，并自动采取防范措施，将结构调整至最佳工作状态，保证服役安全。

世界各国均对结构健康监测十分重视，尤其在航空航天、海洋工程、土木工程、大型核电设备和输油输气管线等领域，结构健康监测技术研究均是热点研究方向。二十世纪早期建设的一些重要工程结构已经相继达到设计寿命，甚至出现超期服役现象，多层面、复杂化的安全隐患不断显现。对这些即将到寿或已经到寿的工程结构开展主动再制造迫在眉睫。目前在超大跨桥梁、大坝和飞行器结构上已经开始结构健康监测的工程实践，取得了不少成功的应用实例。

结构健康监测技术涉及多学科的交叉融合，结构健康监测系统非常复杂，通常包括传感器子系统、驱动元件系统、数据采集处理系统、数据传输系统、损伤评价模型、安全评价预警系统及数据管理控制系统等。尽管经过多年发展已经取得不少进展，但真正的实际工程结构健康监测方面仍存在许多问题没有解决。即使是美国、日本和英国等较早开展结构健康监测的国家，也只是停留在局部和小范围的测试层面上，监测结果的可靠性和准确性面临很多技术瓶颈需要解决。

1. 光纤智能传感实时监测技术

（1）现状 光纤智能传感器是光纤和通信技术结合的产物，与电测类传感器有本质区别。它具有体积小、损耗低、灵敏度高、抗电磁干扰、电绝缘、耐腐蚀以及易于分布式传感的优点，可进行应力应变、温度、力和加速度等多种参量的测量，是进行结构健康监测最具潜力的智能传感器件。基于光纤传感的监测正成为结构健康监测技术的重要发展方向。

根据光纤传感机理可以将光纤传感器分为强度型、干涉型和光纤光栅型三种。与强度型或干涉型光纤传感器比较，光纤光栅传感器是近年来发展最为迅速的光纤传感元件。它对应变及温度非常敏感，能方便地使用复用技术，可实现单根光纤对几十个应变节点的测量，并能将多路光纤光栅传感器集合成空间分布的传感网络系统，被认为是最具发展前途的光纤传感器。

航空航天领域是最早使用光纤光栅传感器的领域。光纤光栅传感器埋入航空航天器构件内部或表面通过监测应力和温度来进行结构健康监测。美国、瑞典、意大利和加拿大等国家在这方面的研究工作非常深入。例如，美国空军及NASA 的多个项目中都包含了基于光纤光栅的结构健康监测技术，在 20 世纪 90年代初提出智能机翼的研究计划，在 1998 年采用光纤光栅传感器监测运载器RLV X – 33 低温贮箱状态等。相比较国外的研究工作，我国的研究工作起步较晚，但受到高度关注。国内已有上百家单位从事这一领域的研究，如南京航空航天大学基于光纤传感技术监测无人机典型结构和复合材料典型构件；武汉理工大学发明角调谐波长解调方法，实现光纤光栅解调技术的创新等。光纤光栅传感器还应用于船舶、石油化工和核工业等电类传感器难以使用的场合，利用光纤传感器构成的智能结构有着非常广阔的发展前景。

（2）挑战

1）光纤传感器的封装与连接技术。光纤传感器既可以贴在结构的表面，也可以埋入结构内部对结构进行实时测量。通过采用不同形式的封装形成各种光纤光栅传感器，是实现光纤结构健康监测的研究重点。光纤光栅植入被测结构的方式直接影响应力应变的传递效果，光纤传感单元与被测结构之间的结合方式直接影响传感器的有效性和可靠性。光纤传感器与结构集成时，要减小两者相互之间的影响，减小器件自重，减小引起结构的应力集中是面临的挑战。

2）光纤传感采集的海量数据的分析处理。光纤传感网的实时感知信息是海量、高速、实时且多样的，具有大数据特征。运行状态海量传感数据的采集、处理、存储与挖掘，是全面分析装备运行状态的宝贵资源。这对存储数据的海量性和处理实时性提出挑战。快速准确地从海量数据中提取出结构的损伤特征值，研究适合复杂结构的损伤诊断算法，实现对结构损伤的类型、位置及损伤程度的准确识别，研究适合的信息融合算法是未来面临的挑战。

（3）目标

1）研发光纤光栅传感单元柔性封装新方法，探索面向复杂工程结构件的布设及应变传感调控途径，推动光纤光栅传感器的智能监测的工程化应用。

2）提出光纤光栅信号应变和温度交叉敏感的处理方法，提取损伤表征参量，建立基于光纤光栅的再制造产品智能监测算法模型。

▶▶ 2. 压电智能传感监测技术

（1）现状　压电传感元件具有灵敏度高、工作频带宽和动态范围大的优点，已在结构健康监测研究中得到广泛应用。压电传感元件是利用压电材料的压电效应制成的传感元件。压电材料利用正压电效应实现传感功能，利用逆压电效应实现驱动功能。常用的压电材料包括压电陶瓷、压电聚合物和压电复合材料等。

基于压电传感元件损伤诊断方法，按照工作模式分为主动监测方法和被动监测方法两种。主动监测方法利用压电传感元件在结构中产生主动激励，再通过分析结构的响应推断结构的健康状态。被动监测方法直接利用压电传感元件获取的结构响应参数，实现结构损伤诊断。

相比较常规的无损检测技术，压电智能传感监测技术利用集成在结构内部或表面的特定驱动或传感元件网络，在线实时获取与结构健康状态相关的信息（如结构因受载而产生的应变和在结构表面传播的主动被动应力波等），然后再结合特定的信息处理方法和结构力学建模方法，提取与损伤相关特征参数，达到识别结构损伤状态、实现健康诊断，保证结构安全和降低维修费用的目的。

目前国内外关于压电传感元件的研究主要集中在压电传感元件封装方法研究、主（被）动监测方法研究和结构健康监测系统研制等几个方面。

美国、英国和日本等发达国家开展了大量结构健康监测技术中传感器和损伤诊断方法的原理性基础研究，但结合真实结构，相关验证和工程化方面仍有大量问题，仍然处于研究探索阶段。相对于国外，国内基于压电传感元件的结构健康监测技术也开展了较多研究工作，但面向工程应用方面的研究比较少，与实际需求差距大。

（2）挑战

1）压电传感元件的布设优化问题。大型结构或构件的健康监测系统常常需要布设大量的压电传感元件，压电传感元件的数量、粘贴位置和布设组网方式直接决定健康监测系统的功效。目前仍未提出适宜的计算模型确定压电传感元件与结构耦合后的有效感应范围，压电传感元件的布设优化面临挑战。

2）压电传感元件在结构中长期耐久性和性能稳定性的问题。压电传感元件是结构健康监测系统的最前端，是整个系统可靠稳定的前提。对压电传感元件进行可靠封装，发挥压电传感单元的最佳物理特性，保证传感器使用寿命是结构健康监测的关键问题。

3）压电信号损伤识别和寿命评估方法。使用了数量众多的压电传感元件的复杂结构，提取合适的损伤指标和损伤识别算法，融合多组监测信号数据，识别结构损伤并评价服役寿命，仍然是动态健康监测面临的关键问题，也是国内外健康损伤诊断方法重点研究方向。

（3）目标

1）建立压电传感单元的布设优化计算模型，实现压电信号高效可靠传输。

2）考虑材料参数、结构参数、载荷工况及损伤形式等多控制参量，建立基于压电传感单元的大型复杂结构主动再制造损伤预测与寿命评估方法。

▶ 3. 远程健康监测技术

（1）现状　远程健康监测技术是随着计算机技术、通信技术和传感技术的发展而逐渐兴起的一项新兴技术。它由信息采集子系统、工控机及相关软件组成。以若干台中心计算机作为服务器，在重要结构装备上建立监测点，采集结构或设备健康状态数据，建立远程诊断分析中心，利用网络通信提供远程健康监测的诊断评价支持。

远程健康监测不同于传统的监测模式，是一种多元信息传输、监测和管理一体化的集成技术，实现了信息、资源和任务共享，与其他计算机网络互联，同时能完成实时、快速和有效的监测。

远程监测与故障诊断技术是国内外非常关注的研究方向，利用 Internet 的远程诊断方法和技术的研究最先是从医学领域开始的，1988 年远程医疗（Tele-medicine）的概念首先在美国被提出，随后，这一技术在美国和欧洲一些国家得到了非常广泛的研究和应用。1997 年斯坦福大学和麻省理工学院联合主办了首届 Internet 的远程监控诊断工作会议，在航空领域、土木工程领域和汽车行业获得关注和研究。

飞行器的结构健康监测是确保飞行器安全的重要手段，为维护飞行器性能提供依据。以空中客车公司为例，其远程结构健康监测已经包含结构应力、微裂纹和湿度等。在土木工程领域，针对大坝和桥梁开展远程结构健康监测的研究工作较多，采集位移和振动等特征信号。

汽车远程监测方面的研究在国外起步较早，英国帝国理工学院在 2000 年进行了汽车运行和排放状态远程监测系统研究，通过采用嵌入式数据采集技术、GPS 车辆定位技术、信息技术和数据仓储技术实现准确可靠的汽车运行状态及尾气排放远程监测，系统监控中心对车辆传输数据进行存储、分析及显示。由于汽车远程监测与故障诊断系统涉及车辆电控技术、汽车通信协议、电子技术和无线通信技术等诸多领域，研究开发难度较大、维护成本高且技术上也未取得实质性进展，没有在车辆上普及推广。

经过近 30 年的发展，远程健康监测系统虽然取得了很大的成就，但尚不能很好地满足工程实践需求。远程健康监测系统的概念体系、知识获取、评价方法、网络传输和可靠性等许多方面还有待于系统、深入地研究。

（2）挑战

1）数据压缩与远程网络技术。远程健康监测的故障信息包括数据信息、音频信号、视频信号和控制信号等。这些不同类型的信号需要基于网络实现远程传输。不同类型信号的传输特征和要求不同，需要寻求一种有效压缩算法，将信号压缩满足传输效率和质量要求。同时还需深入研究网络通信、网络存储、传输及网络安全等涉及的相关技术，这是未来远程健康监测需要解决的重要问题。

2）远程损伤诊断的评估方法。在设立的监测点采集数据，针对获取的多类型型号提取损伤特征，进一步采取数据挖掘方法来进行知识发现，建立远程损伤诊断模型，这是实现远程健康监测工程应用的关键，也是必须解决的核心问题。

（3）目标

1）建立远程健康监测的通信方式和通信协议及软件共享的通用标准，实现数据和诊断知识、损伤评价技术的共享。

2）研发健康远程监测的嵌入式系统，融入再制造生产企业的生产管理、设备维护系统之中，建立智能化的再制造产品远程健康监测系统，促进理论成果的工程实用转化。

参 考 文 献

[1] 中国机械工程学会再制造工程分会. 再制造技术路线图 [M]. 北京：中国科学技术出版社，2016.

[2] GRIFFITH A A. The phenomenon of rupture and flow in solids [J]. Philosophical Transactions of the Royal Society of London，Series A，1920（221）：163-198.

[3] PARIS P C，ERDOGAN F A. A critical analysis of crack propagation laws [J]. Journal of Basic Engineering，1963，85（4）：528-534.

[4] ZHAO S B，ZHANG C L，WU N M，et al. Quality evaluation for air plasma spray thermal barrier coatings with pulsed thermagraphy [J]. Progress in Natural Science：Materials International，2011，21（4）：301-306.

[5] YANG L，ZHONG Z C，YOU J，et al. Acoustic emission evaluation of fracture characteristics in thermal barrier coatings under bending [J]. Surface and Coatings Technology，2013，232：710-718.

[6] 刘彬，董世运，徐滨士，等. 超声无损检测在再制造涂层质量评价中的研究与应用 [J]. 无损检测，2010，32（3）：196-200.

[7] 徐滨士，王海斗，朴钟宇，等. 再制造热喷涂合金的结构完整性与服役寿命预测研究

[J]. 金属学报，2011，47（11）：1355-1361.

[8] 张帆. 机械装备状态监测的光纤光栅传感网相关理论与技术研究 [D]. 武汉：武汉理工大学，2014.

[9] SUN F P, CHAUDHRY C, LIANG C, et al. Truss structure integrity identification using PZT sensor-actuator [J]. Journal of Intelligent Material Systems and Structures, 1995, 6 (1): 134-139.

[10] 耿连才. 汽车远程监测与故障诊断系统研究与测试 [D]. 长春：吉林大学，2014.

[11] 陈媛媛，邓皓，吴德操. 结合 WSN 和北斗卫星通信的桥梁远程监测模型 [J]. 激光杂志，2015，36（4）：109-113.

[12] 姚巨坤，杨俊娥，朱胜. 废旧产品再制造质量控制研究 [J]. 中国表面工程，2006，19（z1）：115-117.

[13] 陈学楚. 现代维修理论 [M]. 北京：国防工业出版社，2003.

[14] 张琦. 现代机电设备维修质量管理概论 [M]. 北京：清华大学出版社，2004.

第 6 章

———

再制造工程管理与服务

6.1 再制造工程标准管理

6.1.1 再制造工程国家标准概述

1. 标准与标准化

国家标准 GB/T 1.1—2020 中，将"标准"定义为："通过标准化活动，按照规定的程序经协商一致制定，为各种活动或其结果提供规则、指南或特性，供共同使用和重复使用的文件。"标准宜以科学、技术和经验的综合成果为基础，以促进最佳的共同效益为目的。

国家标准 GB/T 20000.1—2014 中，将"标准化"定义为："为了在既定范围内获得最佳秩序，促进共同效益，对现实问题或潜在问题确立共同使用和重复使用的条款以及编制、发布和应用文件的活动。"

标准化是围绕标准所进行的一系列活动，包括标准的制定、实施、监督和修改等，是一个不断循环、螺旋式上升的运动过程，每完成一次循环，标准将得到进一步的完善，也将及时地反映当今技术发展水平。标准化的主要形式有系列化、通用化和组合化。

2. 再制造标准的作用

面对我国再制造发展的新形势、新机遇和新挑战，有必要在系统梳理现有相关标准、明确再制造标准需求和重点领域的基础上，建立再制造标准体系并成套、成体系地开展再制造标准化工作，引领我国再制造产业健康、有序发展。标准对再制造产业发展的作用体现在以下几个方面：标准促进科技成果转化，支撑经济提质增效升级；标准推动再制造产业国际发展，支撑"一带一路"倡议发展；标准对再制造产品质量控制和体系控制意义重大，是我国再制造产业持续、健康和快速发展的重要保障。

3. 再制造标准制定情况

系统、完善的再制造标准体系是再制造产业得以良性发展的重要保障。2011 年，我国成立了全国绿色制造技术标准化技术委员会再制造分技术委员会，负责再制造领域国家标准体系规划和标准制定，目前已发布我国再制造领域首批近 20 项国家标准。全国产品回收利用基础与管理标准化技术委员会研究制定了 GB/T 27611—2011《再生利用品和再制造品通用要求及标识》再制造国家标准。此外，全国汽车标准化技术委员会、全国土方机械标准化技术委员会、全国机器轴与附件标准化技术委员会、全国内燃机标准化技术委员会、全国电工电子产品与系统的环境标准化技术委员会、全国石油钻采设备和工具标准化技术委员会和全国产品回收利用基础与管理标准化技术委员会等标委会也已发布并继续研制与其行业相关的再制造产品系列标准。

当前,已经制定发布了 GB/T 28619—2012《再制造 术语》、GB/T 27611—2011《再生利用品和再制造品通用要求及标识》、GB/T 28620—2012《再制造率的计算方法》等基础通用标准;GB/T 28676—2012《汽车零部件再制造 分类》、GB/T 32811—2016《机械产品再制造性评价技术规范》、GB/T 32810—2016《再制造 机械产品拆解技术规范》等再制造前服务标准;GB/T 33947—2017《再制造 机械加工技术规范》、GB/T 35977—2018《再制造 机械产品表面修复技术规范》等再制造加工质量控制技术标准;GB/T 28678—2012《汽车零部件再制造 出厂验收》、GB/T 35978—2018《再制造 机械产品检验技术导则》等再制造产品服务标准,为推动我国再制造业快速增长提供了有力的技术支撑。我国已发布再制造国家标准近 40 项、在研再制造国家标准近 10 项,已发布再制造团体标准近 20 项、地方标准 10 余项、行业标准近 30 项,其中再制造基础通用、工程机械、汽车零部件和办公设备等标准较多。我国再制造标准化工作处在快速发展阶段,发布实施的再制造系列标准,对规范再制造企业生产、保证再制造产品质量、推动我国再制造产业发展起到了积极的作用。

但总体上,我国再制造标准的研究还处在起步阶段,再制造标准研究面临较大困难和压力,主要表现在:虽然已经启动了一批标准的研究工作,但标准数量少,较零散,缺乏系统性。再制造质量控制、技术基础和管理认证等方面标准缺乏,导致无法建立统一规范的再制造质量控制及产品认定评价体系,阻碍了再制造技术的广泛应用和再制造行业的健康发展。因此,亟需构建一套围绕再制造全过程、从顶层设计到再制造不同行业再到再制造产品的标准体系,规划设计一套行之有效的基础通用、关键技术、流程管理和产品标准体系框架,逐步规范和完善再制造产业的标准体系,充分发挥标准的基础支撑、技术导向和市场规范作用,保证再制造产品质量、降低再制造费用同时提高再制造效率,形成再制造产业与标准化工作螺旋式上升并相互促进的局面,促进我国再制造产业规范化发展。

6.1.2 再制造工程国家标准体系

再制造国家标准的制定要以促进再制造产业创新发展为主题,加强顶层设计和统筹规划,运用系统的分析方法针对再制造标准化对象及其相关要素所形成的系统进行整体标准化研究,以再制造整体标准化对象的最佳效益为目标,按照立足国情、需求牵引、统筹规划、急用先行、分步实施的原则,加强基础通用标准和关键核心标准制定与修订。一方面,标准体系建设工作应与我国目前实施的再制造试点示范工作密切结合,通过试点示范发现最佳实践,挖掘标准化需求，总结先进的技术、产品、管理和模式，采用标准的形式固化试点示范成果，并在全行业推广；另一方面，应制定再制造技术实施指南和评价指标体系标准，对再制造试点示范的成效开展评价，切实推动并提升再制造发展水平。

基于装备全生命周期、多层面和全流程的再制造工程国家标准体系框架如图 6-1 所示。其中，基础通用标准包括术语、通用规范、技术要求、标识、材料和数据库等，位于标准体系框架的最底层，其研制的基础通用标准支撑着标准体系框架上层虚线内关键技术标准和流程管理标准；关键技术标准和流程管理标准位于虚线框内，是标准体系框架的主体，在标准体系框架中起着承上启下的作用；再制造产品标准位于标准体系框架的顶层，包括汽车、工程机械、航空航天、精密仪表、办公用品、冶金、煤炭和电力等，面向行业具体需求，对基础通用标准、关键技术标准和流程管理标准进行细化和落实，用于指导各行业进行再制造。

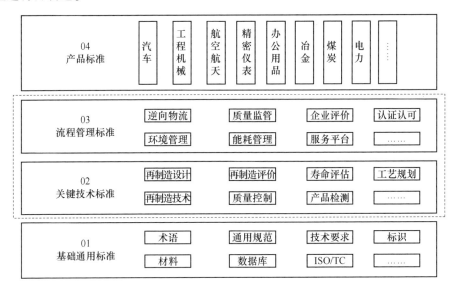

图 6-1 再制造工程国家标准体系框架

我国再制造标准体系涵盖基础通用标准、关键技术标准、流程管理标准和产品标准，是一个有机整体，具有丰富的内涵：

1）我国再制造标准体系是由若干个相互联系的标准体系组成的有机整体。作为一个整体，各个子系统都有各自的范围，各子系统之间相互独立又相互联系。

2）我国再制造标准体系各个子系统之间相互作用、相互补充又相互依赖，各个子系统相互融合，共同构成了我国再制造标准体系的整体，并能不断容纳新标准。

3）我国再制造标准体系的范围是与我国再制造企业运营管理密切相关的，标准体系是规范和衡量再制造企业的管理依据，同时随着科技发展和技术进步，针对标准在实施过程中存在的问题要及时做出修订，提高标准的市场适用性。

6.1.3 再制造工程国家标准发展方向

1. 再制造基础通用标准

再制造基础通用标准作为其他标准的依据和基础在标准体系建设中具有重要作用。以美国、英国、加拿大为代表的欧美等国高度重视再制造产业发展，并制定了相应的再制造产品和工艺过程标准。目前我国已经发布实施了《再制造 术语》等再制造基础通用标准，但标准数量少、不够系统和全面。再制造基础通用标准将重点发展以下内容：

1）再制造基础通用标准研制。制定和修订完善再制造基础通用标准体系，包括术语、标识、通用规范、技术要求及数据库等基础通用标准，统一再制造相关概念，为其他各部分标准的制定提供支撑。

2）完成再制造工程国家标准体系框架顶层规划，编制明细表。完成再制造工程国家标准体系建设总体设计，完成现有标准梳理和标准体系框架设计，完成明细表编制、策划并对外发布。

3）申请成立再制造国际标准化技术委员会（ISO/TC）。与国家标准化管理委员会加强沟通合作，推动中国再制造标准的国际互认，在国际合作项目洽谈及协议制定中，优先选用中国再制造标准。同时依托国际合作项目，组建标准战略联盟，推动中国再制造标准上升为国际标准。

2. 再制造关键技术标准

再制造包括废旧产品的拆解、清洗、检测、加工和装配等过程，再制造关键技术包括再制造设计技术、再制造系统规划技术、再制造拆解与清洗技术、再制造损伤评价与寿命评估技术以及再制造成形加工技术等。先进再制造技术保障了再制造产品质量，为再制造发展提供技术支撑。例如，纳米电刷镀和粉末冶金技术应用于航空发动机再制造，电弧喷涂技术应用于装备钢结构在海洋环境下的长效防护，激光熔覆技术应用于工程机械、矿山机械的再制造，堆焊、等离子熔覆等应用于装备的伴随保障等。

随着先进再制造技术的应用，迫切需要一套系统、完整的再制造标准体系规范再制造企业生产、保证再制造产品质量、降低再制造费用并提高再制造效率。再制造关键技术标准将重点发展以下内容：

1）完成再制造关键技术标准体系总体设计，完成体系框架设计，编制完成再制造关键技术标准明细表。

2）建立系统完善的再制造关键技术标准体系，完成再制造关键技术核心标准研制，引导再制造试点示范工作有序推进，初步建设完成标准推广应用平台。

3）完成再制造关键技术国家标准研制，建成标准推广应用平台，全面建成再制造关键技术标准体系。

4）构建完善的智能再制造标准体系，结合再制造产业和技术发展，策划并发布《国家智能再制造标准体系建设指南》，对智能再制造标准体系进行动态优化。

▶▶ 3. 再制造流程管理标准

再制造活动位于产品全生命周期中的各个阶段，对其进行科学管理能够显著提高产品的利用率、缩短生产周期、满足个性化需求、降低生产成本并减少废物排放量。根据再制造时间和地点，可将再制造分为三个阶段：回收阶段的管理、生产阶段的管理和使用阶段的管理。再制造管理的技术单元包括技术管理、质量管理、企业评价、认可认证、市场准入和信息管理等。其中质量管理是核心，贯穿于再制造的全过程，包括再制造回收毛坯质量、废旧产品拆解分类及检测、再制造加工的质量控制、产品包装、销售及售后服务等，整个质量控制体系关系到再制造产业的经济社会效益。

为推进再制造产业规范化、专业化发展，充分发挥试点示范引领作用，我国政府机关印发了《再制造单位质量技术控制规范（试行）》（发改办环资〔2013〕191号）、《再制造产品认定管理暂行办法》（工信部节〔2010〕303号）和《再制造产品认定实施指南》（工信厅节〔2010〕192号），对再制造产业发展和管理相关问题做出了规定。随着国家对再制造产业支持力度的加大，再制造产品虽然未成为消费的主流趋势，但公众对再制造的认识水平不断提升，再制造产品消费预计会迎来快速发展，大量的管理标准需要制定，或将现有的规章制度进行转化。再制造管理标准将重点发展以下内容：

1）加快再制造管理标准的制定工作，逐步解决和克服我国目前再制造企业管理标准中的问题，形成科学、合理且系统的再制造管理标准体系及框架，并与国际接轨。

2）构建面向多层面的再制造产业链管理标准，从再制造产业链管理角度开展再制造标准体系设计，包括再制造环境管理体系标准、再制造能耗管理标准、再制造绿色供应链管理标准、再制造职业健康与安全管理标准、再制造企业认证制度、再制造市场监管制度、再制造市场准入等标准体系设计。

3）构建我国再制造管理标准体系表，规范再制造企业运营管理，提升再制造企业管理水平、管理效率和再制造产品质量，节约管理成本，提高再制造效益，促进我国再制造产业健康发展。

▶▶ **4. 再制造产品标准**

产品标准是规定产品应满足的要求以确保其适用性的标准，产品标准的主要作用是规定产品的质量要求，包括性能要求、适应性要求、使用技术要求和检验方法等。产品标准化为产品的规模制造和流通提供了准则和秩序。发达国家再制造产业已有几十年历史，不仅在旧件回收、生产工艺和加工设备、销售和服务等方面形成了一套完整的体系，而且形成了较大的规模。随着再制造业的发展，我国再制造从最初的汽车行业逐渐扩展到工程机械、矿山设备、办公设备和航空航天等领域。在已发布的《再制造产品目录》中，产品涵盖12个类型130余种再制造产品。我国已发布实施的部分再制造产品标准，再制造产品涉及汽车、工程机械、办公设备、医疗器械等。

随着科技发展和技术进步，航空航天、医疗、工程机械和汽车等领域废旧机电产品及关键零部件的附加值日益提升。大型飞机、航空发动机、智能绿色列车、节能与新能源汽车、海洋工程装备及高技术船舶、高端数控机床和高端医疗设备等一批大型高端装备，以及电力、煤炭、冶金、钻井、采油和纺织等工业领域的大型装备均面临再制造的问题，因此，如何利用再制造技术实现零部件的高质量、高效率和高可靠性再制造是面临的重要问题。同时由于数控机床、医疗设备、数码产品等智能和复杂精密机电装备零部件种类多、数量大，给其产品再制造标准的制定带来了巨大挑战。

再制造产品标准将重点开展汽车、工程机械、办公设备、煤炭、电力、冶金和航空航天等重点行业以及航空发动机、燃气轮机、内燃机、盾构机等重点产品的再制造标准制定。

6.2 再制造多生命周期管理

▶▶ 6.2.1 基本内容

▶▶ **1. 基本概念**

产品生命周期是指本代装备从设计、制造、装配、使用到报废所经历的全部时间。装备多生命周期则不仅包括本代装备生命周期的全部时间，而且包括本代装备退役或停止使用后，装备或其零部件在多代装备中的循环使用和循环利用的时间。这里的循环使用是指将废旧装备或其零部件直接或经再制造后用在新装备中，而循环利用是指将废旧装备或其零部件转换成新装备的原材料。

装备多生命周期工程是指从装备多生命周期的时间范围来综合考虑环境影

响与资源综合利用问题和装备寿命问题的有关理论和工程技术的总称，其目标是在其多生命周期时间范围内，使装备的回用时间最长，对环境的负面影响最小，资源综合利用率最高。为了实现装备多生命周期工程的目标，必须在综合考虑环境和资源效率问题的前提下，高质量地延长装备或其零部件的回用次数和回用率，以延长装备的回用时间。

装备再制造多生命周期是指制造服役使用的装备达到物理或技术寿命后，通过再制造或再制造升级生成性能不低于原型新品的再制造品，实现再制造装备或其零部件的高阶循环服役使用，直至达到完全的物理报废为止所经历的全部时间。装备多生命周期即包括对装备整体的多周期使用，也包括对其零部件的多周期使用。

多生命周期包涵了产品从概念设计、使用、报废、再制造、再使用，直至终端处理的整个过程，是从产品多个使用周期内的质量、可靠性和功能等角度提出的，产品多生命周期框图如图 6-2 所示。

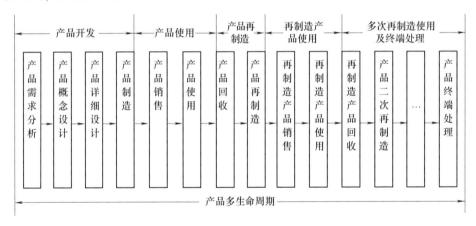

图 6-2　产品多生命周期框图

再制造多生命周期管理指以废旧产品为对象，以产品（零件）循环升级使用为目的，以再制造技术为手段，对产品多生命周期中的再制造全过程进行科学管理的活动。再制造活动位于产品生命周期中的各个阶段（图 6-3），对其进行科学管理能够显著提高产品的利用率，缩短生产周期，满足个性化需求，降低生产成本，减少废物排放量。

根据再制造时间和地点，可将再制造分为四个阶段：再制造性设计阶段（指在新产品设计过程中对产品的再制造性进行设计与分配，以保证产品具有良好的再制造能力）、废旧产品回收阶段（即逆向物流，指将废旧产品回收到再制造工厂的阶段）、再制造生产阶段（指对废旧产品进行再制造加工生成再制造产品的阶段）和再制造产品使用阶段（指再制造产品的销售、使用直至报废的阶段)。再制造管理的内容主要是这四个阶段的再制造活动。

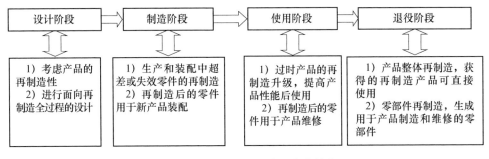

图 6-3   再制造在产品生命周期中的作用

▶ 2. 再制造管理影响因素分析

再制造管理着眼于优化废旧产品再制造的整个过程，获得低成本、高性能且生态环保的再制造产品，实现产品的可持续发展。通过分析再制造在产品各个阶段的作用，可以明确表 6-1 所列因素对再制造各阶段管理的重要影响。

表 6-1   再制造管理的阶段及影响因素

阶 段		主要影响因素
再制造性设计	新产品设计	再制造性标准的确定、分配和验证等
废旧产品回收	废旧产品收购	废旧产品品质、数量、地域及收购成本等
	废旧产品运输	产品的形状、大小、运输的安全性、经济性和方便性等
	废旧产品贮存	产品的老化、体积和环境性等
	相关法律法规	废旧产品回收体系、相关约束及支持力度等
再制造生产	废旧产品再制造预处理	废旧产品的易拆解性、易清洗性及分类、结构、材料和故障模式等
	再制造加工	废旧产品失效形式、再制造技术、经济性和环境性等
	再制造产品性能测试	再制造产品性能特征、零件品质和试验设备等
再制造产品使用	再制造产品销售	再制造产品的成本、价格、市场区域和客户心理等
	再制造产品使用	售后服务、易用性、环境性和工况等
	再制造产品信息	产品的性能和零件信息等

当然很多影响因素在具体执行某一类或多类产品的再制造过程中都应给予充分考虑，而且在产品概念设计阶段考虑产品的再制造性非常必要，属于产品早期的再制造管理，这里所指的再制造全过程是从产品报废后的回收开始，经再制造生产、再制造产品使用，直至产品终端处理的整个过程。通过对再制造

全过程的管理,可以优化资源、降低成本、缩短再制造周期并提高产品的可持续发展能力。

6.2.2 再制造多生命周期管理体系及内容

1. 产品的再制造多生命周期管理体系

再制造多生命周期管理除了正常的产品生命周期管理之外,面向再制造周期的管理内容主要包括逆向物流系统、再制造生产系统、政策法规系统、再制造产品服务系统和消费者使用系统等,通过对整个系统的考虑,对某类再制造产品的毛坯、生产和使用进行综合的评估,并设定最优化的管理模式,为再制造的发展提供科学的生产链。

产品的再制造周期管理是再制造体系内的一个重要内容,能够优化再制造产业体系的资源配置,创造最高的经济效益和环境效益。将再制造作为一个系统工程进行考虑,则再制造周期管理体系如图6-4所示。

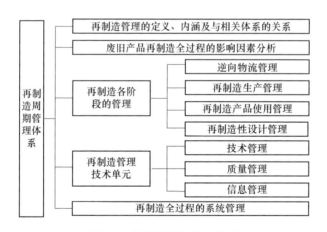

图 6-4 再制造周期管理体系

以系统管理为特点的再制造周期管理涉及内容相当广泛,各部分之间联系紧密,同时又有不同的侧重点。例如,逆向物流主要由回收企业完成,经过初步的分类,将可再制造的毛坯送回再制造工厂,而毛坯的品质对再制造产品的质量具有显著的影响。再制造生产主要由独立的再制造企业或者产品原制造商完成,并承担了再制造产品的销售。同时,由于废旧产品在品质、数量和时间上的不确定性,各个部分之间又相互产生影响,如废旧产品的回收量与再制造企业毛坯需求量之间相互影响。所以,以系统的观点,立足于现代化信息管理的基础,认真研究再制造系统的特点,形成科学的再制造多生命周期管理体系,对促进再制造产业发展具有重要影响。

▶▶ 2. 再制造周期管理阶段内容

再制造周期管理主要是针对表 6-1 中所列再制造各个阶段的影响因素,利用先进的管理方法,对再制造进行系统管理,包括对各阶段的管理和整个系统中各个技术单元的管理。

再制造包括以上四个阶段,每个阶段的管理又根据地点、时间的不同而相对独立,对其进行科学的管理,关系到再制造各个环节的正常运行。

(1) 回收阶段管理 回收阶段的管理主要指废旧产品从用户流至再制造工厂的过程。国外将此过程称为逆向物流,美国部分学校还开设了逆向物流学课程。我国将这个过程称为废品物流,而且主要是指对生活垃圾的回收,对其中的有用材料采用了回收材料的形式,是一种材料循环形式,而再制造可以实现产品再循环。此阶段的管理主要是指对具有较高附加值的废旧产品进行回收、分类、仓储、运输到再制造厂整个过程的管理,包括废旧产品标准、回收体系、运输方式、仓储条件、废旧产品包装和分类等的管理,主要目的是建立完善的逆向后勤体系,降低回收成本,保证具有一定品质的废旧产品能够及时、定量地回收到再制造厂,并保证再制造加工所需废旧产品的质量和数量。对该阶段的管理,可以显著地降低再制造企业的成本,保证产品质量。

(2) 生产阶段管理 再制造生产阶段的管理包括对再制造企业内部的生产设备、技术工艺、操作人员及生产过程进行管理,以保证再制造产品质量。此阶段是废旧产品生成再制造产品的阶段,对再制造产品的市场竞争力、质量和成本等具有关键影响作用,尤其是对高新再制造技术的正确使用决策,可以决定产品的质量和性能。该阶段的管理是整个再制造周期管理的核心部分。

(3) 使用阶段管理 使用阶段的管理包括对再制造产品的销售、售后服务及再制造产品客户信息等进行的管理。再制造产品不同于原产品,是产品经过性能提升后的高级形式,但在再制造理念还没有得到推广时,普通客户会从心理上认为其仍属于旧产品,因此对其的销售活动应该建立在一定的客户心理研究基础上,使再制造理念得到推广,并采用特定的销售管理方法。另外再制造产品的分配渠道也不完全等同于原产品,需要建立相应的销售渠道。该阶段的管理是再制造产业经济价值和环境价值的体现。

(4) 再制造性管理 再制造性管理作为一个独特于某类废旧产品再制造全过程之外、立足于产品设计阶段的体系,主要包括对产品再制造性的设计、分配、评价及验证等内容。对再制造性的管理可以直接影响废旧产品再制造能力的大小和再制造产品的综合效益。在产品设计阶段进行再制造性管理,需要综合考虑产品的性能要求及环境要求,对产品末端处理的再制造能力进行设计,包括设定产品的再制造性指标、确定再制造性指标的分配方法及明确再制造性评价及验证体系等。

▶ 6.2.3 产品再制造升级周期管理

▶ 1. 产品再制造升级周期管理内容

产品再制造升级贯穿于产品多生命周期的各个过程，具有重要的地位和作用，并在各个阶段都具有可操作的工作内容。根据产品多生命周期过程，并综合考虑再制造升级的作用任务，可以列出在产品多生命周期过程中的再制造升级工作，如图 6-5 所示。由此可知，从产品第 1 次生命周期的论证设计阶段、方案阶段、研制阶段、生产制造阶段、使用阶段到退役阶段，都包含着再制造升级的工作内容，也正是这些再制造升级内容的考虑和使用，才实现了产品的第 2 次、…、第 N 次的多生命周期使用。在面向装备全生命周期的全域阶段，开展不同阶段的再制造升级活动时，均采用不同的技术内容及理论与工程支撑，且各个生命周期内所采用的技术内容方法和工程实现思想基本相同。因此，构建

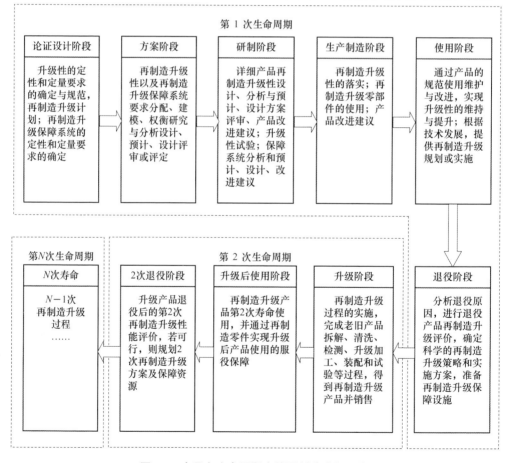

图 6-5 产品多生命周期中的再制造升级工作

基于多次生命周期的装备再制造升级的技术内容及理论体系，明确其不同的支撑、保障与实现技术内容，建立相应的实施工具手段，对于开展产品的再制造升级工作具有重要意义。

由图 6-5 可知，再制造升级工作可以实现产品的多生命周期，而且其工作内容遍及于多生命周期的各个过程。例如，在其第 1 次生命周期中，在论证设计阶段，要考虑其在功能落后时的升级性，进行相应的模块化、标准化或结构设计，提升其升级时的便利性；在生产制造阶段，要根据其升级性设计要求进行生产落实，保证其升级性能；在使用阶段，要进行升级性的维持与巩固，并根据技术发展和功能需求，实时进行再制造升级实施建议，并进行再制造升级方案的初步确定及保障资源的论证；在退役阶段，进行再制造升级性评价，科学确定再制造升级方案，正确配置再制造升级资源，开展再制造升级工作，生成性能显著提升的再制造升级产品，进入产品的第 2 次生命周期。如此循环，将实现产品的多生命升级循环，不断满足不同时期对产品功能的新需要。

▶▶ **2. 面向多生命周期的再制造升级体系理论**

根据产品再制造升级的全域工作内容和再制造升级技术内容，参考产品再制造升级的全域工作内容、再制造升级技术内容和再制造升级的工程实施，可进一步构建再制造升级工程的理论与技术系统框图，如图 6-6 所示。

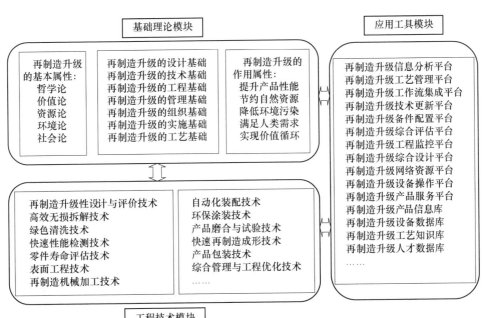

图6-6 再制造升级工程的理论与技术系统框图

再制造升级工程的理论与技术系统包括基础理论模块、工程技术模块和应用工具模块，其中基础理论是升级的基础，工程技术是升级的实现方式，应用工具是支持手段，三部分以第二部分所描述的工程技术内容为升级实现的核心，向基础部分拓展为基础理论模块，向工程部分拓展表现为升级的应用工具模块，同时三者又相互补充、完善和支撑。

再制造升级的概念内涵、构成要素、工艺方法和设计管理等内容都属于基础理论模块，它为工程技术模块和应用工具模块提供再制造升级的发展观和属性支持。

工程技术模块主要研究再制造升级的支撑技术，这些技术大致可分为三类：支持再制造升级性设计的再制造升级性设计与评价技术、支持再制造工艺流程的再制造升级加工技术、支持再制造升级优化应用的综合评价管理技术。第一类以新产品再制造升级性的设计与验证为研究内容，包括再制造升级性的设计方案论证、指标分配、指标拆解和试验应用等相关内容；第二类以实现再制造升级的具体工程加工应用为研究内容，包括拆解、清洗、分类、加工、装配、涂装、试验和质量控制等相关内容；第三类是面向再制造升级全域的再制造升级管理与评估技术，以实现再制造升级的全域优化为目标，包括再制造升级保障资源优化、信息管理、售后服务和物流管理等相关内容。

应用工具模块包括实施再制造升级所需要的支持工具，其核心是各种资源平台、软件平台和数据库，包括再制造升级信息分析平台、工艺管理平台、工作流集成平台、技术更新平台、备件配置平台、综合评估平台、工程监控平台、综合设计平台、网络资源平台、设备操作平台、产品服务平台、产品信息库、设备数据库、工艺知识库和人才数据库等内容。这些平台和数据库是再制造升级理论与工程技术实际应用的有机结合，是提高再制造升级效益的有效措施。

目前在再制造技术及其应用方面开展了一定的研究，并在工程实践中开展了多类产品的再制造升级实践。但作为一个工程系统，再制造升级在发展特有的技术体系的同时，还必须融合先进的信息科学、管理科学和社会科学的内容，来进一步推动再制造升级的系统化、科学化和实用化发展，提高再制造升级效益。

6.3 再制造服务

6.3.1 再制造服务的理论基础

再制造服务理论体系涉及的相关理论基础及概念，从宏观社会及经济学的角度，主要包括可持续发展理论、生态经济学理论和生态伦理学理论；从微观再制造服务系统及其产品服务的角度，主要包括社会网络理论、复杂系统理论、价值链理论、调度理论、产品生命周期理论、产品开发设计理论和产品定价与成本评估理论等。

1. 再制造服务的宏观理论基础

（1）可持续发展理论　再制造服务涵盖以再制造处置为核心的整个逆向供应链，其物资在逆向供应的过程中不可避免地会消耗能源和资源，产生环境污染，因此，为了实现长期、可持续发展，就必须采取各种措施来维护自然环境。再制造服务正是依据可持续发展理论，形成了逆向供应链与环境之间相辅相成的推动和制约关系，达到环境与物流的共生。

（2）生态经济学理论　再制造服务涉及经济与生态环境两大系统，架起了经济效益与生态环境效益之间彼此联系的桥梁。再制造服务就是以生态经济学的一般原理为基础和指导，对再制造服务过程中的经济行为、经济关系和规律与生态系统之间的相互关系进行研究，以谋求在生态平衡、经济合理和技术先进条件下的生态与经济的最佳结合以及协调发展。

（3）生态伦理学理论　生态伦理学是从道德角度研究人与自然关系的交叉学科，它以道德为手段，从整体上协调人与自然环境的关系。生态伦理迫使人们对再制造服务中的环境问题进行深刻反思，从而产生一种强烈的责任心和义务感。为了子孙后代的切身利益，为了人类能更健康安全地生存与发展，人类应当维护生态平衡。再制造服务正是从生态伦理学取得了道义上的支持。

2. 再制造服务的微观理论基础

（1）社会网络理论　社会网络理论是集心理学、行为学、社会计量学、社会学和统计学等多领域理论，形成的一种重要的社会结构研究范式。由于再制造服务的集成运营模式导致再制造服务过程存在客户、服务供应商和服务集成商等多个服务主体，它们及其间的关系在一定时间范围内构成了一个相对稳定的再制造服务网络。再制造服务系统网络的运作是自组织的，是在自身利益的驱动下，以开放的结构实现分布式制造以及服务资源的聚集和协作，共同完成产品的生产和交付比。因此，为了实现再制造服务系统的长期、稳定发展，就必须明确再制造服务系统中各社会行动者的结构和关系，分析系统自组织的特征和运行机制，从而找出网络系统的演化规律和优化控制方法，达到再制造服务主体的互利共赢。

（2）复杂系统理论　复杂系统理论作为系统科学中的一个前沿方向，其主要目的是用整体论和还原论相结合的方法去分析系统，并揭示复杂系统的一些难以用现有科学方法解释的动力学行为。再制造服务系统作为一种社会系统，是典型的复杂系统。为了解决再制造服务这一复杂系统问题，提高系统效率与效益，需要借鉴模块化思想，同时重视数学理论与计算机科学的结合，应用复杂系统理论中元胞自动机、人工生命、人工神经元网络和遗传算法等人工智能方法和虚拟实验手段，对再制造服务系统开展研究。

（3）价值链理论　价值链理论主要用于对增加一个企业产品或服务的实用性或价值的一系列作业活动的描述，包括企业内部价值链、竞争对手价值链和行业价值链三部分。传统企业价值链的基本构成要素大部分来自企业内部，随着制造业服务化发展、企业生产活动的融入和企业集群的出现，再制造服务作为再制造业与服务深度融合的典型产物，在再制造服务过程中会出现越来越多的生产性服务活动，传统再制造产业内部不同类型的价值创造活动逐步由一个企业为主导分离为多个企业（生产性服务业）的活动，这些企业相互构成上下游关系，共同创造价值，并呈现系统网络化的特征。但对于某一再制造服务企业来说，再制造服务企业间呈现出的是链条结构。因此，提高再制造生产服务效率和效益，需要研究再制造服务链的价值增值机理，研究新环境下再制造业价值链的构成及其变化，从生产要素、业务流程和价值链角度来研究再制造服务链的全局增值，而非局部增值。

（4）调度理论　调度理论是一门关于调度、调用、管理和控制等的理论，其内容涵盖应用数学、运筹学和工程技术等多个领域。由于在再制造生产服务过程中，涉及多类服务动态调度管理问题，如在设备出现故障需要及时维修的情况下，如何科学地选择出服务人员进行维修？在对服务人员智能排序的过程中，如何科学考虑服务人员的状态、服务人员的能力、故障难易程度、人员数量、人员层次搭配、服务人员已服务历史总时长以及故障机器的历史维护人员等诸多因素？因此，需要应用现代调度理论中数学、人工智能和计算智能等的研究成果，找到合适的智能调度方法来解决再制造生产服务中的智能排序及调度问题。

（5）产品生命周期理论　传统的产品生命周期，是产品的市场寿命，即一种新产品从开始进入市场到被市场淘汰的整个过程。随着再制造理论的提出，产品生命从全生命周期拓展为多生命周期，即产品从设计、制造、服役到经济寿命终止报废后，进入回收、再设计、再制造和再使用的多次再生周期循环，直到最后一次再生服役期结束所经历的全部时间。由于在再制造产品服务过程中需要基于产品客户需求和产品数据对产品进行状态分析，继而开展可再制造性评估服务和再制造设计服务和再制造加工服务等，因此需要采用产生生命周期及其数据管理理论，实现再制造服务产品数据结构建模，研究再制造服务产品的服务数据与物理产品的融合机理和模型的演化机理，为建立再制造服务产品的统一数据模型奠定基础。

（6）产品开发设计理论　再制造服务产品的开发，包括服务产品和物理产品两个层面，而物理产品的开发设计又必须遵循产品客户需求和开发对象（即废旧产品及其零部件）的状态条件，因此，再制造服务产品的开发设计是一个相较制造产品开发更为复杂的过程。为了准确高效地实现再制造服务产品的开发设计，需要综合应用产品开发设计理论中的产品再制造设计、产品模块化和产品快速配置设计等方法，对再制造产品毛坯剩余寿命进行评估和预测，在考虑资源优化利用、可拆卸性和可回收性的条件下，构建产品模块及其关联模型，并研究基于复杂模块网络的快速组合配置设计方法。

（7）产品定价与成本评估理论　由于再制造服务产品是"物理产品 + 服务"集合，服务成本难以精确预算，导致再制造服务企业在产品服务周期内获得的纯利润变得复杂而难以计算。为了提高再制造服务产品定价与成本评估的准确性，需要在再制造产品服务的研究中，对纯物理产品、"物理产品 + 服务"和纯服务等不同类型和不同层次的产品服务，采取不同的定价与成本评估方法，细化分类并研究对应的利润计算理论。

6.3.2　再制造服务的理论体系框架

再制造服务作为现代制造服务和绿色制造的重要内容，其以在役或退役的可再制造产品为对象，为服务需求者提供广义产品，借鉴绿色制造、再制造和服务型制造等相关理论体系框架，结合前期再制造服务相关研究成果，初步构建再制造服务的理论体系框架，如图6-7所示。

再制造服务的理论体系框架以再制造服务基础理论体系为基础，以研究完善再制造服务基本概念、内涵和体系结构为目标，重点展现了再制造服务增值过程中与再制造服务核心内容相关的主要理论。

1. 再制造服务的基本概念

服务型制造是知识资本、人力资本和产业资本的聚合物，是通过产品和服务的融合、客户全程参与、企业相互提供生产性服务和服务性生产，实现分散化制造资源的整合和各自核心竞争力的高度协同。再制造是基于性能失效分析、寿命评估等对损坏或即将退役的产品进行再制造设计、拆卸分解、清洗检查、整修加工、重新装配和调整测试等一系列活动，使其达到或超过原型新品性能的过程。借鉴服务型制造的思想，考虑再制造自身所具有的服务特性，可将再制造服务（Remanufacturing Services，RMS）理解为：以再制造服务集成商或集成平台为核心的再制造企业群面向客户的服务，即以再制造服务化为基础，对再制造企业在整个产业链上运作过程中与客户需求相关的价值增值活动提供服务，包括提供再制造工程整体解决方案和再制造产品服务。在再制造行为实施过程中，以生产性服务为基础，对损坏或退役的产品，提供再制造回收、可再制造性评估决策、再制造设计、再制造加工和信息化再制造等再制造生产性专业服务，是一种将整合资源分散服务和提升再制造价值的集成服务方式。再制造服务的内涵随着社会发展和技术进步不断扩展。

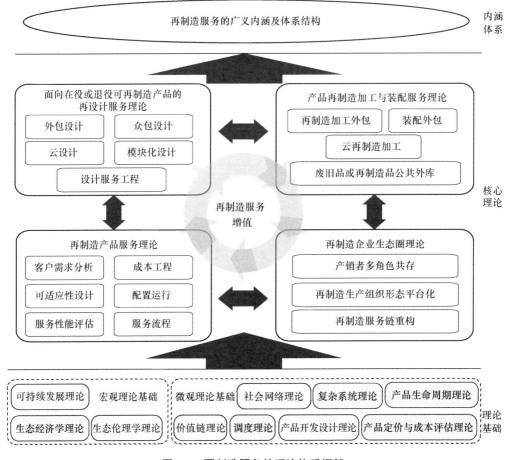

图 6-7　再制造服务的理论体系框架

⫸ 2. 再制造服务核心理论

再制造服务作为逆向供应链服务的重要组成部分，其交互过程中涉及的资源、组织、服务价值及其关联关系和动态配置等，共同构成再制造服务系统。整个再制造服务过程采用服务聚合技术，将分散的、相互独立的、由不同服务供应商提供的多项服务整合在一起，形成新的大粒度的服务，并向外提供，以创造出全新的服务价值。这些增值的服务活动所组成的动态过程，形成再制造服务价值链。围绕服务价值链，再制造服务的核心理论可分为四个部分，主要包括面向在役或退役可再制造产品的再设计服务理论、产品再制造加工与装配服务理论、再制造产品服务理论和再制造企业生态圈理论等。

6.3.3 再制造服务的关键技术

1. 再制造组织与运行模式

再制造与服务的融合首先要求重构再制造生产者与生产者、生产者与消费者之间的链接。组织关系由链式供应方式向网状生态共创体系改变，再制造工业服务逻辑正在出现。依托于再制造产品，将再制造生产性服务、服务性生产、用户全程参与再制造及服务过程引入传统的制造价值链，扩展价值链的涵盖范围，通过企业间的再制造专业化分工和协作及网络化协作实现资源整合、价值增值和知识创新。解决这些问题依赖于对再制造组织与运行模式的研究，需要对再制造生产性服务、服务性生产等进行定义和描述，给出再制造与服务融合的技术支持框架，对再制造资源的供需匹配进行系统研究，尤其是对再制造生产者与生产者、生产者与消费者之间角色定位和链接关系的系统性描述和演变规律的深度解析。

2. 再制造服务增值

再制造本身具有服务特性，充分体现了从产品经济到服务经济转变，可促使国内外越来越多再制造企业通过运用服务来增强自身产品竞争力以及向服务转型以获取价值来源，这使得依托再制造服务实现价值增值成为解决问题的核心。再制造服务增值涉及供应商、服务商、再制造商、分销商以及用户节点企业等角色的耦合关系。再制造节点企业紧密围绕其核心能力开展业务，并将非核心业务外包；通过相互提供再制造生产性服务、分工合作实现高效生产服务再制造协作；此外，再制造协同再设计、回收商库存管理和远程维护等都体现了再制造生产服务网络上的新型服务关系，包括服务增值策略、增值机理、服务价值网络、服务成本工程和再制造与服务的可持续融合框架等。再制造服务增值主要体现在两个方面：再制造过程的服务化，在废旧产品再制造过程中，所需的再制造生产服务要素在再制造及其价值创造中的投入增加，成为再制造企业竞争力的关键来源；再制造产品的服务化，再制造商以"再制造产品＋服务"进行供应商角色转型。

3. 面向再制造的设计与生产性服务

（1）面向再制造产品的再设计服务　再设计服务是再制造服务的重要组成部分，提升再设计服务能力，是基于废旧产品特性，提高再制造产业链产品开发效率的关键。再制造产品再设计服务的实现框架包括外包设计、众包设计和云设计等。基于以上模式的再制造产品再设计服务是一种在线的、分布式的、高效的问题解决方案，通过整合利用分散的设计资源来完成再制造产品协同开发。这个方案能有效降低成本、增强再制造企业核心竞争力，将成为越来越多再制造企业凝聚核心竞争力的重要举措。

（2）产品再制造加工与装配服务　再制造生产服务的主要形式是生产外包，其核心思想是以再制造外协加工的方式将生产任务委托给外部专业化细分下的再制造加工企业来完成，以达到降低成本、分散风险、提高效率和增强竞争力的目的。对再制造生产外包模式的研究主要包括概念框架研究、外包调度规划研究和外包决策支持研究等。

再制造加工外包和装配是废旧零件再制造加工与生产任务的主要模式，该模式中，外包服务需求方可以将非核心的再制造生产服务转移到外部企业，从而有更多精力提升核心业务；而外包服务提供方可以聚焦专业化再制造加工服务，与其他提供方一起形成以某类废旧产品的重要工序或核心部件的再制造加工组装为核心的再制造中心，从而占据市场位置。共享仓库和仓储再制造产品服务系统等服务模式，为再制造产品零部件的贮存和配送提供了新的解决思路，该模式可实现需求方和提供方的双赢。

▶ 4. 再制造产品服务系统

21世纪初，联合国环境规划署（United Nations Environment Programme，UN-EP）提出了产品服务系统（Product Service System，PSS）的概念，最初的目的是实现人、产品、企业和环境的可持续发展。借鉴此概念，再制造产品服务系统可通过系统地集成再制造产品和服务，为用户提供再制造产品功能而不是产品本身以满足他们的需求，从而在再制造产品生命周期内实现价值增值和再制造生产与消费的可持续性发展。在此基础上，再制造产品服务系统是指由再制造核心企业或第三服务方主导的、通过附加无形的产品服务到有形的再制造产品上，来达到在再制造产品生命周期内再设计、再制造、销售、配置、运控和维护好再制造产品的工作能力，提升再制造产品环保性能的一种系统性解决方案，并希望通过这种"再设计-再制造-服务"一体化解决方案，在经济、资源和环境方面实现服务驱动的价值增值。再制造产品服务系统的关键使能技术可以从用户需求分析、再设计、配置、运行服务和服务性能评估等方面展开。再制造产品服务系统是以再制造产品为主导的传统运作方式转变为以服务为主导的合作方式，并为用户提供系统化服务解决方案的一种再制造企业可持续发展模式。再制造生产者和消费者的角色均需重新定位，他们之间的价值关系也需重构。可见，再制造产品服务系统是造就再制造服务核心价值的原动力。

▶ 5. 再制造服务逆向供应链

在再制造生产外包和再制造产品服务等多服务再制造模式的联合驱动下，再制造企业和服务企业之间的合作模式也发生了相应改变，服务主导的思想正成为重构逆向供应链实现价值共创的重要手段。逆向供应链企业间的合作模式转变为企业间的协同，企业间的行为也相互交错，形成密集而动态的逆向供应链服务。再制造服务逆向供应链涉及服务回收管理、服务需求管理和服务逆向供应链协调等方面的主要研究内容。再制造逆向供应链在盈利模式、组织行为和价值形式等方面与传统的制造物流供应链有显著差异。参考相对较为成熟的产品制造供应链研究的共性基础理论，可通过抽象出再制造服务逆向供应链具有的、与产品制造供应链截然不同的特征，构筑适应于再制造服务自身特点的、并能将再制造产品制造供应链的相关共性理论融合应用到再制造服务逆向供应链的新模式、新方法、新模型和新技术。因此，加强对再制造服务逆向供应链运营的基础理论研究将成为一种趋势。

6. 支持再制造服务的信息与智能技术

信息与智能技术包括互联网＋、服务计算、云计算、大数据、边缘计算、智能计算、数字孪生、信息物理融合系统（Cyber-Physical System，CPS）及工业互联网等，其快速发展可推动再制造与服务的深度融合，能够提升再制造的资源配置效率，优化再制造企业的生产组织和运营管理方式，为再制造的推广应用创造先决条件，加速再制造服务研究的进程，如 CPS、大数据和智能计算技术对再制造服务过程的支撑；云计算技术对再制造服务平台以及被封装的云服务资源、集中式调度与管理、云服务请求和再制造知识服务技术等的支持；数据挖掘技术在再制造产品质量改进方面的支撑，包括考虑再制造产品质量描述、质量预测、质量分类和参数优化等；服务计算支持的面向服务的架构体系（Service-Oriened Architecture，SOA）；边缘计算在工业互联网条件下强化再制造数据的分布化处理能力；数字孪生则是实现再制造物理世界和信息世界智能互联与交互融合的一种潜在的有效途径，物理融合、模型融合、数据融合和服务融合是它需要解决的技术难点。可见，再制造会因信息化和智能化的深度引入而发挥出它在服务价值增值方面的更大潜能。具有智能技术的工业互联网增加了服务化内容，通过对废旧产品状态数据的全面深度感知、实时动态传输与高级建模分析，可形成再制造的智能决策与控制机制。

6.3.4 再制造服务的应用

将再制造服务的理论和方法应用于生产实践中，不仅可以为再制造企业提供额外的服务增值和资源配置优化，而且以用户为主导的个性化服务也能使用户成为再制造过程的决策者和参与者，从而拉近企业与用户的距离，最终提升再制造企业在其行业中的竞争力。基于再制造的理论和方法，国内外一些再制造企业将成功转型为再制造产品和服务融合的再制造服务企业。

瑞典 BT 叉车公司（简称 BT 公司）是欧洲较早开始实践产品服务系统和再制造的公司，其主营产品为电动式叉车，依靠租赁业务提供有效的再制造原料来源，其信息系统为产品再制造性评价提供数据支撑，降低了评估复杂性，服务网络配置为再制造产品提供销售渠道。该公司拥有丰富的经验和较强的可分析性，产品附加值高。

斯凯孚（SKF）齿轮箱再制造服务中心（天津），全面关注生产的安全以及对环境的影响，在轴承、密封件、润滑系统、机电一体化和服务领域具有全球领先的技术和产品，斯凯孚已经从一家产品供应商逐渐转变为解决方案的提供商，可根据客户的需求量身定制产品、服务和综合解决方案，从而降低设备运行成本，提高产能和利润率。

作为复印机巨头之一的施乐公司成功地实施了复印机再制造服务策略，复印机再制造工厂遍布美国、英国、荷兰、澳大利亚、墨西哥、巴西和日本等地，已经发展成为一个正式的再制造系统。施乐公司为使用过的复印机、打印机和墨盒建立了再制造程序。其典型的复印机零件拥有四个服役阶段：一是作为新品中某一部件的一部分；二是作为再制造产品中同一部件的一部分；三是作为再制造产品中某再制造部件的一部分；四是进入材料再循环程序。施乐公司将产品的租赁作为一种销售策略，不再销售产品本身，保留了产品的所有权，而是销售产品所能提供的功能和服务，产品在服役终了或租期终了时能够得到回收，极大地减少了原材料消耗，而获得最大化的经济利润。为使复印机再制造能有更持久的生命力，施乐公司还开展了产品再制造升级研究，通过获取在产品拆卸和再制造等方面数据，研究开发了新一代面向再制造设计的模块化复印机，即 DC265 型复印机。

中国印家集团有限公司探索以 O2O 模式培育线上线下相融合的产业生态圈，促进再制造打印复印机向产业链前后两端延伸。线上以打印复印机为基础扩大产品服务范围，建立"互联网＋企事业服务"产业资源共享平台，为销售联盟商和供应商提供一项 VIP 服务及产品，如再制造打印复印机产品推出的合约机服务，以价值分享为手段，使再制造打印复印机成为"轻资产中的轻资产"，吸引上下游企业，推出"以租代售、按张收费"和"以换代修"的销售服务体系，体现了办公文印现代服务模式。线下以再制造重构打印复印机产业链为基础，实现产品生产低消耗，产业链上下游企业快速集聚，提升自主研发创新能力。Ecostar 印家整机厂以柔性标准化的生产形式，针对不同机型所需工序、工时和工艺等要素制订规范，实现了规模化流水线生产。现已建成全球第一大规模打印复印机再制造生产线，年产能可达 40 万台。

卡特彼勒公司再制造业务通过不断发展全球逆向物流体系，其再制造工厂利用先进的技术和工艺，对废旧的工程机械零部件进行专业化的修复和再制造，使其在性能和质量上达到全新产品的水平。其再制造逆向物流体系能够实现实时旧件信息全球共享，通过互联网及大数据等智能手段实现绿色供应，为后市场补充了产品供应类别，也保证了后市场供应的可持续性。卡特彼勒公司打破了传统的供应链模式，改变了传统供应链中即将到寿命产品被报废的命运，通过再制造以废旧零部件为原材料，形成了闭环供应链，使其具有可循环性和可持续性。

中国宝武设计院宝钢工程技术集团有限公司，致力于向"再制造+服务"的模式转型，服务模式主要有检修及再制造服务、备件无库存模式、备件总包模式和年标模式等。该公司成立了专业的备件再制造团队，主要的再制造修复产品有圆盘剪、碎边剪、摆动剪、各类卷筒（包括卡罗塞尔卷取机卷筒、热轧卷筒、冷轧卷筒）、皮带助卷器、连铸框架和连铸辊等（图6-8）。

图6-8　再制造产品

从上述再制造服务企业的工业应用案例可知，再制造服务是以"再制造+服务"为核心驱动力的、能达成再制造企业和用户双赢的再制造模式。随着价值创造焦点的逐步转换，再制造企业价值创造的方式也发生了根本性的转变，再制造服务指明了再制造企业发展的方向。

6.4　绿色再制造生产管理

6.4.1　清洁再制造生产管理

1. 清洁再制造生产的内涵

清洁再制造生产可以定义为：在再制造生产过程中，采用清洁生产的理念与技术方法，以实现减少再制造生产过程的环境污染，并减少原材料资源和能源使用的先进绿色再制造生产方式。其本质是减少再制造生产过程的环境污染和资源消耗，它既是一种体现再制造宏观发展方向的重要生产工程思想与趋势，也可以从微观上对再制造生产工艺做出具体要求和规划，体现再制造资源和能源节约的优势，在生产过程中制订污染预防措施。

清洁再制造生产主要是通过再制造管理和工艺流程的优化设计，使得再制造生产过程污染排放最低，资源消耗最少，资源利用率最高，以实现最优的清洁绿色再制造生产过程。清洁再制造生产方式在再制造企业的应用，将能够有效提升再制造生产的绿色度，解决当前制造企业面临的资源和环境问题，增强再制造产业的发展和竞争能力。

再制造与清洁生产两者都体现着节约资源和保护环境的理念，都是支撑可持续发展战略的有效技术手段，相互之间存在着密切的联系。再制造的生产方式是实现废旧产品的重新利用，这一过程实现了资源的高质量回收和环境污染排放最大化的减少，所以再制造本身就是一种清洁生产方式。同时，再制造生产本身也属于制造生产过程，因此在再制造生产过程中采用清洁生产技术，可以进一步减少再制造生产过程的资源消耗和环境污染，实现再制造资源和环境效益的全过程最大化。再制造所使用的毛坯是退役的废旧产品，本身蕴含了大量的附加值，相当于采用了最优的清洁能源，完成了大量毛坯成形。而且再制造过程本身相对制造过程来说消耗的材料和能源极少，再制造生产本身也是清洁生产过程，再制造产品符合清洁生产的产品要求，属于绿色产品的范畴。

▶▶ 2. 清洁再制造生产内容及控制

清洁再制造生产不但是一种生产理念，更是一套科学可行的生产程序。这套程序需要从生产设计规划开始，结合再制造全周期过程逐步深入分析，按一定的程序分析制订出再制造全工艺过程的资源消耗、污染产生及环境评估，采用清单分析方法进行生产系统资源消耗分析，采用不影响环境的资源使用方案，减少或避免在生产过程中使用有毒物质，对再制造生产全过程排放的废弃物品类进行分析，避免采用对环境污染的方案或资源，从传统的以产品生产为目标的生产模式转换至兼顾生产产品和污染预防的生产模式，在生产管理理念和工艺技术手段等方面，严格按照清洁生产程序组织再制造生产，达到消除或减少环境污染并最大化利用资源的目的。

清洁再制造生产需要从生产全过程来进行控制，图6-9所示为清洁再制造生产内容及全过程控制框架。具体来讲，其在工厂的应用，需要从废旧产品的再制造工程设计阶段就进行规划，调整再制造生产过程使用的材料及能源，改进技术工艺设备，加强清洁再制造的工艺管理、技术设备管理、物流管理、生产管理和环境管理等工作，实现再制造生产过程的节能、降耗和减污，并实现废物处理的减量化和无害化。

▶▶ 3. 废旧发动机清洁再制造生产应用

（1）发动机清洁再制造工艺思路 再制造在我国已经得到了初步的发展，越来越多的企业加入到再制造行列。发动机再制造是我国最早开展再制造应用的领域，经过近20年的发展，在我国已经形成了一定的生产规模和成熟的生产工艺流程，其主要生产步骤包括拆解、清洗、检测、加工、装配及包装等。在发动机再制造生产中，引入了清洁生产理念，对发动机再制造生产方式进一步优化设计，广泛采用清洁再制造生产方式，将能够进一步减少再制造过程的资源消耗和降低环境污染，增强发动机再制造效益。

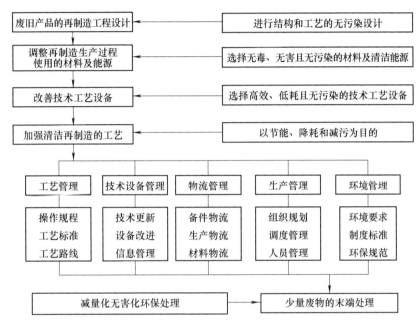

图6-9　清洁再制造生产内容及全过程控制框架

　　在管理层面，发动机清洁再制造生产需要推行清洁再制造全生产过程的清洁管理，即对生产全过程采用清单分析的方法，应用清洁生产审计，即在生产规划之初，对计划采用或者正在采用的再制造生产过程进行总体的污染测算和全过程的清单分析评估，对预计产生污染较多的工艺步骤进行改进，尽量减少再制造生产过程中的各种危险性因素，如高温、高压、低温、低压、易燃、易爆、强噪声和强振动等，制订出最优化的清洁再制造生产工艺过程。例如，可以在检查有关生产单元技术过程、原材料、水电消耗、三废排放的来源与数量以及类型的清单基础上，通过全工艺过程的定量化评估分析，综合考虑投入与产出的关系，找出不合理污染单元，制订减少污染排放的方案，进而提升环境等综合效益，建立可循环的绿色清洁再制造生产线。

　　（2）发动机清洁再制造生产工艺　根据清洁生产的理念和要求，结合再制造生产的关键特点，发动机清洁再制造生产需要重点做好以下工艺过程内容要求：

1）清洁再制造拆解过程。废旧产品的再制造拆解是实现再制造的基础步骤，也是再制造的关键内容。但由于废旧产品经过使用后，本身的品质下降，在拆解中面临着大量的废弃件、废弃油料的处理问题，容易造成污染，因此，采用清洁再制造拆解过程是发动机清洁生产的重要内容。为实现清洁拆解，一是需要建立自动化程度高的流水线拆解方式，避免人为误操作造成的旧件损伤，产生过多的资源浪费和固体废弃物；二是需要根据废旧发动机特点，制订废油和废水的收集处理方案及措施，避免泄漏，造成环境污染；三是需要不断提高拆解技术水平，配置高效或专用的拆解设备，淘汰旧件回收率低、污染严重的拆解工艺设备，提高无损拆解率。

2）清洁再制造清洗过程。再制造清洗过程是清除废旧产品表面污垢的过程，包括化学清洗和物理清洗方法，也是再制造生产中易产生高污染的过程，属于清洁再制造生产中需要重点关注并进行清洁设计的内容。传统的废旧产品再制造化学清洗液中存在着污染环境、不利于环保处理的化学成分，对环境造成了严重污染。清洁再制造的清洗要求包括：一是尽量减少化学清洗液的使用，尤其减少化学清洗液中对环境污染大的成分，杜绝对环境的化学污染；二是尽量采用机械清洗方式，重点实现的化学溶剂的清洗方法向水基的机械清洗方法发展，如摩擦、喷砂、超声和热力等清洗方式，增加物理清洗在再制造清洗中的比例，避免化学清洗的污染；三是大量采用先进的清洗技术，如干冰清洗、激光清洗和感应清洗等，提高清洗效率，减少环境影响；四是建立再制造清洗残留液或固体废弃物的环保处理装置，实现废液的循环利用和固体废弃物的减量化无害处理。总之，清洗过程是清洁再制造生产控制的重要内容，也是不同于清洁制造的过程，应通过清洁清洗技术、工艺、设备和管理来保证再制造清洗实现清洁、环保和高效，减少清洗过程的环境污染。

3）清洁再制造加工过程。对检测后存在表面或体积缺陷，需要性能恢复或升级的旧件，将进入再制造加工过程，主要包括机械尺寸修理法和表面技术恢复法。

机械尺寸修理法的主要清洁生产过程与传统产品制造相同，即主要是采用清洁能源和环保切削液，加强废液和切屑等固体废弃物的资源化利用和环保处理，降低设备噪声，从而实现清洁机械加工过程。

表面技术恢复法要做好表面技术加工过程的清洁生产，需要注意以下几点：一是要求尽量减少化学镀液的使用，尤其是限制使用毒性较高的原材料，减少使用挥发性有机溶剂，如使用替代六价铬、镉、铅、氰化物和苯系溶剂的工艺，严格避免六价铬污染；二是改造生产环境，对部分高声、光、电和粉尘污染的设备进行隔离，避免对生产环境产生污染，危害人身健康，例如，对于喷涂工艺设备要建立专用房间处理，操作人员穿着防护服，对粉尘采用抽风管道进行处理等；三是建立完善的三废处理装置，既实现有用资源的回收利用，又使最终三废排放均经过环保处理，将其环境影响降至最低；四是不断发展绿色表面技术，并加强对污染重工艺技术的改造和替换，例如，用物理方法替代化学方法获得涂层，用易处理的镀液代替污染重的镀液等。

4）清洁再制造涂装过程。再制造零件与新件组装成再制造产品后，最后需要进行涂装工艺，即对表面进行喷漆等，以达到防护、装饰和标识等目的。再制造涂装由于涉及大量的挥发性有机物，易于对空气质量和环境造成严重危害，以及对人类健康造成巨大威胁。清洁再制造涂装需要从涂装对象、工艺、材料、设备和管理等方面来综合考虑，例如，对涂装对象和涂装目的进行深入分析设计，避免过度涂装，节约资源；对涂装工艺过程进行设计，采用高效可靠的技术流程；对涂装材料进行科学选择，避免采用高污染的材料；对涂装设备进行模块化规划配置，以更小的占用面积、更少的材料消耗来实现材料节约；涂装管理除强调全过程管理外，还可以采取专业化外包的方式，减少环保处理负担。

（3）发动机清洁再制造生产管理　发动机清洁再制造生产要求以减少环境污染和资源浪费为目的，面向再制造全过程进行综合管理和控制。从企业管理层面，应提出并实施清洁再制造生产管理，将环境影响作为再制造生产过程中各种决策的重要方面，在对再制造产品的论证、再制造生产线布局、再制造生产技术应用和再制造废弃物处理等的规划之初就要体现清洁生产的思想以及清洁生产战略和实施方案，从设计源头规划出再制造生产中的污染预防理念。例如，尽量采用各种方法对常规的能源采取清洁利用，如电、煤、油及各种燃气的供应等；在再制造生产过程中严格限制能源消耗高、资源浪费大和污染严重的工艺流程，对可能污染重、全生命周期能源消耗高、产品性能品质差的再制造产品实行转产；完善再制造生产管理，减少无效劳动和消耗；组织安全文明生产，倡导绿色文化；落实岗位和目标责任制，防止发生生产事故；科学安排生产进度，改进操作程序等。在具体工艺层面，清洁再制造生产需要通过具体的工艺措施来实现再制造全周期过程的污染预防和资源节约。例如：对企业内部的物料进行内部循环利用；加强设备管理，杜绝跑冒滴漏，提高设备完好率和运行率；通过资源、原材料的节约和合理利用，使原材料中的所有组分通过生产过程尽可能地转化为产品，使废弃物资源化、减量化和无害化，减少污染物排放；尽量少用和不用有毒有害的原料，以防止原料及产品对人类和环境的危害；同时替代原废旧产品中毒性较大的材料及零件，对废旧产品中的高环境污染材料和零件进行合理处理，减少其废弃后的环境危害；在再制造所需新备件使用中，要采用无毒、无害的最新技术备件产品，防止其在使用过程中对人类产生危害等。

科学发展观提出要建设资源节约型和环境友好型社会，再制造和清洁生产都是针对当前面临的严峻环境与资源挑战而提出来的，是推进社会可持续发展的重要手段，也是贯彻落实科学发展观的重要内容。运用清洁生产理念，通过科学规划实现清洁再制造生产，将不但能够提升再制造企业产品的绿色度，减少环境污染和资源消耗，还能够提升再制造企业效益，建立企业绿色文化。同时，作为先进清洁的再制造生产方式，政府部门也需要通过完善规章制度等措施，不断促使再制造企业自觉、连续并且持久地推行清洁再制造生产，为社会的可持续发展做出更大的贡献。

6.4.2 精益再制造生产管理

1. 精益再制造基本概念及特点

（1）精益生产 精益生产就是有效地运用现代先进制造技术和管理技术成就，以整体优化的观点，以社会需求为依据，以发挥人的因素为根本，有效配置和合理使用企业资源，把产品形成全过程的各要素进行优化组合，以必要的劳动，确保在必要的时间内，按必要的数量，生产必要的零部件，达到杜绝超量生产，消除无效劳动和浪费，降低成本、提高产品质量，用最少的投入实现最大的产出，最大限度地为企业谋求利益的一种新型生产方式。

（2）精益再制造生产 精益再制造生产是指在充分分析再制造生产与制造生产异同点的基础上，借鉴制造生产中的精益生产管理模式，在再制造生产的全过程（拆解、清洗、检测、加工、装配、试验及涂装等）进行精益管理，以实现再制造生产过程的资源回收最大化、环境污染最小化以及经济利润最佳化，实现再制造企业与社会的最大综合效益。精益再制造生产模式主要是在再制造企业里同时获得高的再制造产品生产效率、再制造产品质量和再制造生产柔性。精益再制造生产组织中不强调过细的分工，而是强调再制造企业各部门、各再制造工序间密切合作的综合集成，重视再制造产品设计、生产准备和再制造生产之间的合作与集成。

（3）主要特点 再制造生产管理与新品制造生产管理的区别主要在于供应源的不同。新品制造是以新的原材料作为输入，经过加工制成产品，供应是一个典型的内部变量，其时间、数量和质量是由内部需求决定的。而再制造是以废弃产品中那些可以继续使用或通过再制造加工可以再使用的零部件作为毛坯输入，供应基本上是一个外部变量，很难预测。因为供应源是从消费者流向再制造商，所以相对于新品制造活动，再制造具有逆向、流量小、分支多、品种杂以及品质参差不齐等特点。与制造系统相比较，由于再制造生产具有更多的不确定性，包括回收对象的不确定性、随机性、动态性、提前期、工艺时变性、时延性和产品更新换代加快等。而且这些不确定性，不是由系统本身所决定的，它受外界的影响，很难进行预测，这造成实际的再制造组织生产难度比制造更高。因此，应充分借鉴制造企业的精益生产方式，建立再制造企业的精益再制造生产模式，以显著提高再制造企业的生产效率。

▶ 2. 精益再制造生产的表现

精益再制造针对小批量、高品质再制造生产特点，以同时获得高生产效率、高产品质量和高生产柔性为目标。与大批量生产的刚性的泰勒方式相反，其生产组织更强调企业内各部门、各工序相互密切合作的综合集成，重视再制造物流、生产准备和再制造生产之间的合作与集成。精益再制造生产的主要表现特征如下：

（1）以再制造产品需求用户为核心　再制造产品面向可能的需求用户，按订单或精准用户需求组织生产，并与再制造产品用户保持及时联系，快速供货并提供优质售后服务。

（2）重视员工的中心地位作用　精益再制造生产模式中，员工是企业的主人翁和雇员，被看作是企业最重要的资产，应把雇员看得比机器等资源更重要，将作业人员从设备的奴役中解放出来，注意充分发挥员工的主观能动性，形成新型的人机合作关系。采用适度自动化生产系统，充分发挥员工的积极性和创造性，通过不断培训，提高员工工作技能和创新思想，使他们成为公司的重要资源并具有较强的责任感。推动建立独立自主的、以岗位为基础的再制造生产小组工作方式，小组中每个人的工作都能彼此替代和相互监督。

（3）以精简为手段　简化是实现精益生产的核心方法和手段。精简产品开发、设计、生产和管理过程中一切不产生附加值的环节，对各项活动进行成本核算，消除生产过程中的种种浪费，提高企业生产中各项活动的效率，实现从组织管理到生产过程整体优化，产品质量精益求精。精简组织机构，减少非直接生产工人的数量，使每个工人的工作都能使产品增值。简化与协作厂的关系，削减库存，减少积压浪费，将库存量降低至最小限度，争取实现零库存。简化生产检验环节，采用一体化的质量保证系统。简化产品检验环节，以流水线旁的生产小组为质量保证基础，取消检验场所和修补加工区。

（4）实行并行工程　在产品开发一开始就将设计、工艺和工程等方面的人员组成项目组，简化组织机构和信息传递，以协同工作组方式，组织各方面专业人员并行开发设计产品，缩短产品开发时间，杜绝不必要的返工浪费，提高产品开发的成功率，降低资源投入和消耗。

（5）产品质量追求零缺陷　在提高企业整体效益方针的指导下，通过持续不断地在系统结构、人员组织、运行方式和市场供求等方面进行变革，使生产系统能很快适应用户需求而不断变化，精简生产过程中一切多余的东西，在所需要的精确时间内，实施全面质量管理，并以此确保有质量问题的次品不往后传递，高质量地生产所需数量的产品，以最好的产品提交用户。

（6）采用成组技术　实现面向订单的多品种高效再制造生产。

▷ 3. 精益再制造生产管理模式及应用

精益再制造相对于大批量粗放式生产而言，可以大大降低生产成本，强化企业的竞争力。精益再制造生产管理综合了现代的多种管理理论与先进制造技术方法（图6-10），成为再制造生产资源节约和效益提升的重要手段。

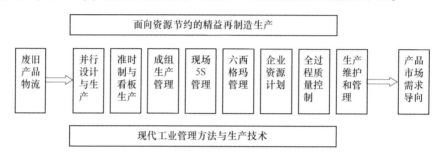

图 6-10　精益再制造生产管理体系

精益再制造生产需要把尽善尽美作为再制造产品生产的不懈追求目标，持续不断地改进再制造生产中的拆解、清洗、加工和检测等技术工艺和再制造生产方式，不断增加资源回收率，降低环境污染和再制造成本，力争再制造生产的无废品、零库存和再制造产品品种的多样化。再制造生产中追求以人为中心、以简化为手段，正是达到这种尽善尽美理想境界的人员和组织管理的保证。具体来讲，需要做好以下精益再制造生产内容改进：

（1）充分发挥再制造企业员工的潜力　一是充分认识工人是企业的主人，发挥企业职工的创造性。在再制造的精益生产模式中，企业不仅将任务和责任最大限度地托付给在再制造生产线上创造实际价值的工人，而且根据再制造工艺中的拆解、检测和清洗等具体工艺要求和变化，通过培训等方式扩大工人的知识技能，提高他们的生产能力，使他们学会相关再制造工序作业组的所有工作，不仅是再制造生产、再制造设备保养和简单维修，甚至还包括工时和费用统计预算。工人在这种既受到重视又能掌握多种生产技能，而不是枯燥无味地重复同一个动作的企业中工作，必然会以主人翁态度积极地、创造性地对待自己所负责的工作。二是在精益再制造生产中，让工人享有充分的自主权。生产线上的每一个工人在生产出现故障时都应有权让一个工区的生产停下来，并立即与小组人员一起查找故障原因、做出决策、解决问题并排除故障。三是再制造生产中要以用户为上帝。再制造产品开发中要面向用户，按订单组织并根据废旧产品资源及时生产，与再制造产品用户保持密切联系，快速及时地提供再制造产品和优质售后服务。

（2）简化再制造生产组织机构　再制造产品的生产需要对物流、加工和销售等全过程进行设计，因此，可以在再制造工程设计中采用并行设计与生产方法，在确定某种废旧产品的再制造项目后，由再制造产品性能改造设计、生产工艺和销售等方面的工程人员组成项目组，各专业的人员及时处理大量的再制造信息，简化信息传递，使系统对市场用户反应灵活。遇到的冲突和问题尽可能在开始阶段得到解决，使重新设计的再制造产品不但满足再制造工艺生产要求，还能最大程度地符合用户的功能和费用要求。

（3）简化再制造生产过程，减少非生产性费用　在精益再制造生产中，凡是不直接使再制造产品增值的环节和工作岗位都被看成是浪费，所以精益再制造生产也可以采用准时制生产方式。但由于再制造毛坯具有不确定性，因此应该提高物流预测的可靠性，即从废旧产品物流至再制造工厂生成再制造产品并销售的全部活动，采用尽量少中间存储（中间库）的、不停流动的且无阻力的再制造生产流程。同时，工厂需要适当撤销间接工作岗位和中间管理层，从而减少资金积压和非生产性费用。在再制造拆解、清洗和加工等工艺中尽量采用成组技术，实现面向订单的多品种高效再制造生产。

（4）简化再制造产品检验环节，强调一体化的质量保证　再制造产品的质量是再制造企业的生命，相对制造企业来说，由于废旧产品来源及质量的不确定性，更应该高度重视再制造产品的质量。精益再制造生产可采用一体化质量保证系统，以再制造工序的流水线生产方式划分相应的工作小组，如拆解组、清洗组、检测组和加工组等，以这些再制造生产小组为质量保证基础。小组成员对产品零部件的质量能够快速、直接处理，拥有一旦发现故障和问题，即能迅速查找到起因的检验系统。同时，由于每一个小组对自己所负责的工序零部件给予高度的质量检测保证，可相应取消专用的零部件检验场所，只保留产品整体的检验区域。这不仅简化了再制造产品的检验程序，保证了再制造产品的高质量，而且可节省费用。

（5）简化与协作厂的关系　再制造的协作厂包括提供废旧产品的逆向物流企业、提供替换零部件的制造企业、提供再制造产品销售的企业以及提供技术和信息支撑的相关单位。再制造生产厂与这些协作厂之间是相互依赖的关系。在新的再制造产品开发阶段，再制造生产厂要根据以往的合作关系选定协作厂，并让协作厂参加新的再制造产品开发过程，提供相关信息和技术支持。再制造生产厂和协作厂采用一个确定成本、价格和利润的合理框架，通过共同的成本分析，研究如何共同获益。当协作厂设法降低成本、提高生产率时，再制造生产厂则积极支持、帮助并分享所获得的利润。在协作厂的生产制造阶段，再制造生产厂仅把要再制造生产所需的零部件性能规格要求提供给协作厂，协作厂则负责具体的供应。再制造生产厂与协作厂之间的这种相互渗透、形似一体的协作形式，不仅简化了再制造生产厂的产品再制造工程设计工作，简化了再制造生产厂与协作厂的关系，也从组织上保证了再制造物流工作的完成，能够最大限度地避免再制造中物流不确定性的问题。

总之，精益再制造生产以人为中心、以简化为手段、以尽善尽美为最终目标，这说明再制造的精益生产不仅是一种生产方式，更主要的是一种适用于现代再制造企业的组织管理方法。在再制造生产中采用精益生产方式无须大量投资，就能迅速提高再制造企业管理和技术水平。随着它在再制造企业中不断得到重视及应用，实行及时生产、减少库存和看板管理等活动，确保工作效率和再制造产品质量，将能够推动再制造企业创造显著的经济和社会效益。

6.4.3 再制造信息管理

1. 概述

信息是指事物运动的状态和方式，以及这种状态和方式的含义和效用。信息反映了各种事物的状态和特征，同时又是事物之间普遍联系的一种媒体。信息是再制造系统中的一项重要资源，是掌握再制造规律、发现问题、分析原因、采取措施、不断提高再制造质量和经济效益的必不可少的依据。

再制造信息是指经过处理的，与再制造工作直接或间接相关的数据、技术文件、定额标准、情报资料、条例、条令及规章制度的总称。当然，严格地说，信息是指数据、文件和资料等所包含的确切内容和消息，它们之间是内容和形式的关系。其中，尤以数据形式表达的信息为管理中应用最为广泛的一种信息，再制造管理定量化，离不开反映事物特征的数据。因此，经过加工处理的数据，是最有价值的信息。在管理工作中往往将数据等同于信息，将数据管理等同于信息管理，不过，信息管理是更为广义的数据管理。废旧产品再制造信息以文字、图表、数据和音像等形式放在书、磁带（盘）、光盘等载体中，其基本内容有公文类、数据类、理论类、标准类、情报类和资料类等。

再制造信息管理是再制造企业在完成再制造任务过程中，建立再制造信息网络，采集、处理和运用再制造信息所从事的管理活动。产品再制造管理要以信息为依据，获得的信息越及时、越准确、越完整，越能保证再制造管理准确、迅速且高效。在产品全系统全生命管理过程中，与产品再制造有关的信息种类繁多、数量庞大、联系紧密，必须进行有效的管理，才能不断提高产品再制造水平，并及时将再制造信息反馈到产品的设计过程。

再制造信息管理的基本要求：建立健全产品再制造业务管理信息系统；及时收集国内外产品再制造过程中的技术信息；组织信息调查，对反映再制造各环节中的基本数据、原始记录和检验登记进行整理、分类和归档；信息数据准确，分类清楚、处理方法科学、系统且规范；信息管理应逐步实现系统化、规范化和自动化。

⚡ 2. 再制造信息管理与决策

再制造信息管理与决策是再制造管理的重要内容，其管理策略需要综合考虑废旧产品工况、技术发展、市场需求和消费心理等信息，而且由于其具有明显区别于制造过程的特点，对其管理具有复杂性、多元化等特征。因此，借鉴应用云计算，获取产品设计、使用和服务信息，构建明确的再制造信息管理与决策技术方法和系统，对于形成科学的再制造管理方案，会产生极大的推动作用。

1）深入分析再制造信息特征及来源，建立基于传感网络的再制造信息源采集系统，并形成信息分布及筛选技术手段，有效提供信息采集方法手段，为"以旧换再"提供支撑。

2）利用信息管理系统开发的基本要求，结合再制造工程中信息的特征，规划设计并开发面向再制造全过程的再制造信息管理系统，实现再制造信息的全域采集与管理控制。

3）利用互联网技术和系统，构建面向再制造的产品获取、使用和服务云计算平台，进行面向再制造全周期的产品设计规划，为再制造信息管理与决策提供依据。

⚡ 3. 再制造信息管理流程

信息管理的工作流程包括信息收集、信息加工、信息存储、信息输出、信息利用和信息跟踪。信息的价值和作用只有通过信息流程才能得以实现，因此，对信息流程的每一环节都要实施科学的管理，保证信息流的畅通，图 6-11 所示是一个简化的信息流程图。

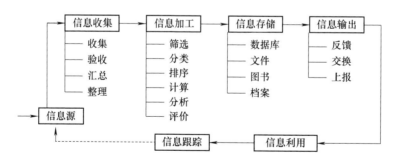

图 6-11　简化的信息流程图

（1）再制造信息的收集　开展信息工作的关键和难点就在于是否能做好产品再制造信息的收集工作。产品再制造信息的收集方法一般分为两种：常规收集和非常规收集。常规收集是对常规信息的经常连续收集。常规收集的信息通常有两大特点，一是内容稳定，二是格式统一。这种信息一般要求全数取样，并使用统一规定的表格和卡片。非常规收集指的是不定期需要某些信息的收集。收集的信息有时是全面信息，有时是专题信息。专题信息的收集又可分为普查（全数取样）、重点调查、随机取样和典型调查等。产品再制造信息的收集方式主要有调查统计表、卡片形式、图形形式以及文字报告形式。再制造信息收集的基本程序：确定信息收集的内容和来源，编制规范的信息收集表格，采集、审核和汇总信息。

（2）再制造信息的加工　产品再制造信息的加工主要是指对所收集到的分散的原始信息，按照一定的程序和方法进行审查、筛选、分类、统计计算和分析的过程。信息加工应满足真实准确、实用、系统、浓缩、简明和经济的基本要求。信息加工的程序及其内容一般应包括审查筛选、分类排序、统计计算、分析判断和编制报告输出信息等。

（3）再制造信息的存储　产品再制造信息经过加工后，无论是否立刻向外传递，都要分类存储起来，以便于随时查询使用。信息的存储有多种多样的方式，如文件、缩微胶片、计算机和声像设备等。过去传统的办法一般是采用文件的方式来存储信息。随着信息量的猛增以及计算机的广泛使用，信息的存储将逐渐被计算机数据库的方式所替代。应根据信息的利用价值和查询、检索要求以及技术与经济条件来确定不同管理层次信息的存储方式。

（4）再制造信息的反馈　产品再制造信息反馈是把决策信息实施的结果输送回来，以便再输出新的信息，用以修正决策目标和控制、调节受控系统活动有效运行的过程。其中，输送回来的信息就是反馈信息。信息反馈是一个不断循环的闭环控制过程，是一种用系统活动的结果来控制和调节系统活动的方法。在产品再制造活动中，信息反馈的作用更加突出，其反馈信息能够辅助制造设计部门进行设计上的改进，以保证退役产品的再制造性。通过对这些反馈信息的分析判断，作为修正决策目标和实施计划的依据，以便指导和控制产品再制造工作的正常进行。

参 考 文 献

[1] 中国机械工程学会再制造工程分会. 再制造技术路线图 [M]. 北京：中国科学技术出版社，2016.

[2] 张秀芬，奚道云. 机电产品再制造产业标准化探索 [J]. 中国标准化，2012（8）：93-100.

[3] 姚巨坤，朱胜，崔培枝. 再制造管理——产品多寿命周期管理的重要环节 [J]. 科学技术与工程，2003，3（4）：374-378.

[4] 崔培枝，姚巨坤. 面向再制造全过程的管理 [J]. 新技术新工艺，2004（7）：17-19.

[5] 姚巨坤，朱胜，崔培枝，等. 面向多寿命周期的全域再制造升级系统 [J]. 中国表面工

程，2015，28（5）：129-135.

［6］李浩，纪杨建，祁国宁，等.制造与服务融合的内涵、理论与关键技术体系［J］.计算机集成制造系统，2010，16（11）：2521-2529.

［7］范建.基于多生命周期的煤机装备再制造模式研究［J］.中国管理信息化，2014（16）：108-111.

［8］孙林岩，李刚，江志斌，等.21世纪的先进制造模式—服务型制造［J］.中国机械工程，2007，18（19）：2307-2312.

［9］ BT Industries. BT Services and Solutions Brochure［Z］. Toyota Material Handling Europe，2011.

［10］KERR W，RYAN C. Eco-efficiency gains from remanufacturing：a case study of photocopier re-manufacturing at Fuji Xerox Australia［J］. Journal of Cleaner Production，2001，9（1）：75-81.

［11］卡特彼勒再制造获评"绿色循环再制造"优秀案例［Z/OL］. http：//news. 21-sun. com/detail/2017/03/2017030708223657. shtml，2017.

［12］崔培枝，姚巨坤，李超宇.面向资源节约的精益再制造生产管理研究［J］.中国资源综合利用，2017，35（1）：39-42.

［13］崔培枝，姚巨坤，杨绪启，等.废旧产品清洁再制造生产及其应用［J］.再生资源与循环经济，2017，10（1）：35-38.

［14］朱胜，姚巨坤.再制造技术与工艺［M］.北京：机械工业出版社.2011.

［15］田晓平.推动中国再制造服务业标准化建设［J］.中国质量与标准导报，2019（12）：25-28.

［16］李恩重，张伟，郑汉东，等.我国再制造标准化发展现状及对策研究［J］.标准科学，2017（8）：29-34.

［17］李恩重，郑汉东，高永梅，等.装备再制造标准适用性分析初探［J］.中国标准化，2018（24）：212-215.

第 7 章

———

绿色再制造工程典型应用

我国作为制造大国，机电产品保有量巨大，再制造是报废及老旧机电产品资源化利用的最佳形式之一。工业和信息化部积极培育再制造产业发展，2009年以来，组织开展了机电产品再制造试点示范、产品认定、技术推广和标准制定等工作，逐步深化了业界发展再制造的理念和认识，规范了再制造生产，引导了再制造消费。当前，我国再制造产业已初具规模，初步形成以尺寸恢复和性能提升为主要技术特征的中国特色再制造产业发展模式。

为贯彻落实《中国制造 2025》《工业绿色发展规划（2016—2020 年）》《绿色制造工程实施指南（2016—2020 年）》，加快发展高端再制造、智能再制造，进一步提升机电产品再制造技术管理水平和产业发展质量，推动形成绿色发展方式，实现绿色增长，工业和信息化部研究制定了《高端智能再制造行动计划（2018—2020 年）》。

当前我国经济已由高速增长阶段转向高质量发展阶段。在近十年的机电产品再制造试点示范、产品认定、技术推广和标准建设等工作基础上，亟待进一步聚焦具有重要战略作用和巨大经济带动潜力的关键装备，开展以高技术含量、高可靠性要求和高附加值为核心特性的高端智能再制造，推动深度自动化无损拆解、柔性智能成形加工以及智能无损检测评估等高端智能再制造共性技术和专用装备研发应用与产业化推广。推进高端智能再制造，有利于带动绿色制造技术不断突破，有利于提升重大装备运行保障能力，有利于推动实现绿色增长。

7.1 高端再制造典型应用

高端再制造是再制造产业发展的方向，再制造产业发展过程中，高端化、智能化技术如激光熔覆、3D 打印等不断涌现，并在再制造领域广泛应用，聚焦重要战略作用和巨大潜力的关键装备，以高技术含量、高可靠性要求和高附加值为核心特性，提高能源资源水平，提升新产品的设计，并实现经济效益和三代环境保护的双赢，进一步推动高端智能再制造产业。工业和信息化部实施了一批高端再制造重点工程和项目，推动我国再制造产业做大做强，在工业装备再制造领域取得积极的效果。如航空发动机领域已实现叶片规模化再制造；医疗影像设备关键件再制造技术取得积极进展；首台再制造盾构机完成首段掘进任务后已顺利出洞；解放军 5719 工厂已累计再制造航空发动机叶片超过 4 万件，装在 1000 多台次发动机上安全飞行 33 万小时。再制造生产还与新品设计制造积极反哺互动，起到了显著的技术进步促进作用。宝山钢铁股份有限公司应用激光熔覆等增材再制造技术对破损的轧钢机架牌坊开展现场再制造，使牌坊功能面使用寿命延长约 10 倍，所用材料仅为原机重量的 0.1‰，再制造价格仅为购置新品的 2‰；宝山钢铁股份有限公司投入激光再制造费用约 3000 万元，直接经济效益达 3 亿元，间接经济效益已超 10 亿元。此外，国内首台再制造盾构机在完成首段掘进任务后已安全出洞，再制造盾构机的质量、性能、可靠性及节能效果广受赞誉。中国电子科技集团公司第十二研究所在医疗影像设备关键件的再制造技术研发与应用方面也取得积极进展。这些再制造领域的新发展态势呈现一个共性特点，就是聚焦具有重要战略作用和巨大经济带动潜力的关键装备，以高技术含量、高可靠性要求和高附加值为核心特性，在提升能源节约和资源循环利用水平的同时，可反哺新品设计制造，推动加快突破尖端装备技术。

7.1.1 隧道掘进机再制造

1. 概述

隧道掘进机（Tunnel Boring Machine，TBM）又称盾构机，是集机、光、电、液、传感以及信息技术于一身，具有开发切削土体、输送土渣、拼装隧道衬砌和测量导向纠偏等功能，涉及地质、土木、机械、力学、液压、电气、控制以及测量等多门学科技术，具有产品结构复杂、技术含量高、可靠性要求高和单台设备价值高等特点，是装备制造业的标志性产品。TBM 已经成为当今地铁、隧道、引水工程、公路（越江）隧道、城市管道工程施工的主力机型。

TBM 作为工程机械领域的高端成套装备，具有研发周期长、技术工艺复杂、产品附加值高以及施工风险大等特点，广泛应用于地铁、铁路、水利、公路以及城市管道等工程。TBM 产品的整机设计寿命一般为 10 km，市场上现存的近 30% TBM 产品即将进入大修及报废时段，但由于各个零部件的使用寿命不相同，TBM 在完成一定量的施工任务并且设备达到设计寿命，或者在没有后续工程的情况下，尽管有些结构存在不同程度的损坏，但很多零部件仍然可以继续使用，如果将其报废则会造成极大的经济损失和资源浪费。通过再制造，可赋予废旧 TBM 新的使用寿命，TBM 再制造技术符合国家可持续发展、构建循环经济的战略需求。因此，TBM 再制造潜力巨大，TBM 再制造产业将逐步成为 TBM 行业发展的重要组成部分。

国外 TBM 制造和应用单位都有对 TBM 进行成功再制造的案例。例如：国外 TBM 制造企业罗宾斯（Robbins）公司每年生产的 35～50 台 TBM 中将近 70% 通过恢复性再制造实现翻新；海瑞克（Herrenknecht）公司也有大量 TBM 再制造后使用。经粗略调查，全世界再制造 TBM 的应用比例为 60%～75%。一台 TBM 可以经过多次再制造设计及再制造，应用于多项工程施工。例如某台主梁式 TBM 最初出厂时开挖直径为 7.63 m，于 2004—2006 年完成冰岛 Karahnjitkar 水电项目 1#隧道 14.3km 的掘进施工，经再制造后其开挖直径变为 9.73m，于 2008 年完成瑞士 CeneriSigirino 基线隧道工程 2.4km 的掘进施工。又如另一台主梁式

TBM 最初出厂时开挖直径为 3.52m，后经第 1 次再制造开挖直径变为 3.6m，经第 2 次再制造开挖直径变为 4.2m，经第 3 次再制造开挖直径变为 3.9m。

目前，我国的隧道工程及 TBM 产业规模已跃居全球首位。截至 2017 年底，国内市场的 TBM 保有量已近 2000 台套，近三年的保有量年平均增幅更是达到 30% 以上。为了打破国外长期垄断 TBM 市场的局面，掌握自主设计、制造 TBM 的能力，国家出台了系列重点振兴 TBM 国产化的相关政策，国家对 TBM 的发展日益重视，与之相关的 TBM 技术研究和专利数量逐年增加。2016 年，中国铁建重工集团股份有限公司、中铁工程装备集团有限公司和中铁隧道局集团有限公司三家 TBM 制造和施工单位以及安徽博一流体传动股份有限公司、蚌埠市行星工程机械有限公司等 TBM 关键配套件单位被列入工业和信息化部机电产品第二批再制造试点单位。2017 年和 2018 年，中铁工程装备集团有限公司、秦皇岛天业通联重工股份有限公司、中铁隧道局集团有限公司的再制造盾构机经过现场审核、产品检验与综合技术评定以及专家论证等程序，符合《再制造产品认定管理暂行办法》及《再制造产品认定实施指南》的要求，分别被列入第六批和第七批《再制造产品目录》（见表 7-1）。

表 7-1　工业和信息化部盾构机再制造产品目录

制 造 商	产品名称	产品型号	目录批次
中铁工程装备集团有限公司	土压平衡盾构机	$4m \leqslant \phi < 6m$	第六批
		$6m \leqslant \phi < 7m$	
		$9m \leqslant \phi < 12m$	
	泥水平衡盾构机	$6m \leqslant \phi < 7m$	
	硬岩掘进机	$6m \leqslant \phi < 7m$	
秦皇岛天业通联重工股份有限公司	土压平衡盾构机	$4m \leqslant \phi < 6m$	第七批
		$6m \leqslant \phi < 7m$	
	泥水平衡盾构机	$6m \leqslant \phi < 7m$	
	硬岩掘进机	$4m \leqslant \phi < 8m$	
中铁隧道局集团有限公司	土压平衡盾构机	$6m \leqslant \phi < 7m$	

注：截至 2018 年 1 月。

2. TBM 再制造技术

（1）TBM 再制造技术的概念　　TBM 再制造是指在隧道施工中，对于完成了规定施工里程或达到了规定使用期限的 TBM，以全寿命理论为指导，以优质、高效、节能、节材、环保为目标，以先进的设计方法和先进的制造技术为手段，对 TBM 进行修复、改造，修复后 TBM 的性能和寿命的预期值达到或超过原设备的性能与寿命，其过程如图 7-1 所示。

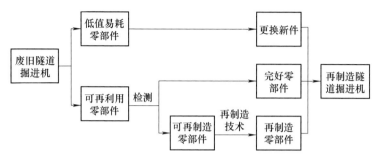

图 7-1　TBM 再制造过程

（2）TBM 再制造技术的特征　TBM 再制造技术是面向整个设备生命周期的系统工程，具备以下几个鲜明特征：

1）TBM 再制造技术是实现废旧设备重新获得使用功能的创新技术，具有充分利用资源、降低生产成本、减小对环境危害和提高经济效益的特征。

2）TBM 再制造技术所针对的零部件有个体性、多样性，以及质量和数量的差异性等特点。

3）TBM 再制造技术符合国家可持续发展战略。

TBM 再制造技术具有广阔的市场前景，主要表现在以下几个方面：

1）再制造 TBM 成本约为新机成本的 70%，降低了工程成本，可实现资源的持续利用。

2）再制造 TBM 的使用性能不低于新机，并可以根据下一个工程的建设环境和地质条件等因素对再制造 TBM 进行适当调整，以满足市场需求。

3）旧 TBM 再制造时，如果不是最后一次再制造，则可为下一次再制造留下寿命空间，符合施工方利益，容易在市场应用推广。需说明的是，再制造厂家要对再制造的设备负责，做好再制造设备的售后服务，为用户和业主提供可靠性应用保证，这也是相关企业及产品拥有广阔市场的前提。

3. TBM 部件修复对象分析

从零部件的磨损量看，大多数 TBM 主结构件相对运动副虽然有一定的磨损和损坏，但磨损量与整体零件的重量相比显得微不足道。假如采用先进的修复技术，恢复其原有的形状和尺寸，成本不高。而且采用先进修复技术恢复的表层比原有表层更为耐磨、耐蚀和耐用。

（1）后配套台架结构（包括各类工作平台）　后配套台架主要承载为主机掘进服务用配套设备，掘进的振动和负载对结构件使用寿命的影响不大，只需修正台架结构的变形和锈蚀即可重复投入使用。

（2）TBM 主机结构件　TBM 前部主梁、后支腿、鞍架、轴承驱动组件和撑靴等主要结构件，多为焊接结构件，使用中承受交变载荷和高频振动，长期运行过程中，焊缝容易开裂，结构产生变形和疲劳，相对运动产生的磨损相对较少，磨损量不大，因此设备下场后具备修复价值。

（3）主驱动机构和减速机构 主电动机通过拆卸、检查，更换破损的密封、轴承和齿轮，彻底清除残存积垢，转子重新绝缘处理，依然可以继续运行使用。

（4）封后配套电气设备 如果 TBM 的工作环境保持干燥，绝缘良好，则后配套电气设备应该不会有大的损伤，假如电缆及各类缆线包裹良好，只要橡胶材料没有超过老化期，完全可以修复利用。

（5）刀盘 刀盘主要承受掌子面坚硬岩石的磨砺，钢板框架结构长期处于拉、压、弯、剪和扭组合荷载的作用下，属于磨损严重构件，而且掘进过程中主焊缝结构的开裂现象比较严重，长期运行还伴随疲劳现象，耐磨板丢损、脱落，刀具座孔磨损、变形较多，刀盘外形轮廓的几何形状难以维持，修复的难度比较大，是再生修复的重点攻关项目。

（6）主轴承 由于主轴承价值昂贵，对隧道掘进的影响重大，加之内部配合零件加工工艺精良，目前对其工作荷载的相应分析尚不透彻，对于滚道、滚子和保持架的磨损修复还不具备条件。需要进一步加大对修复技术和装备的投入，重点对材质和加工工艺进行研究、攻关。

（7）液压元件和胶管 液压元件的修复价值，完全取决于使用过程对其维护保养的程度，如果管理得当，油液污染始终控制在合理的水平，则液压元件的工作寿命将大大延长。再生过程中，经过仔细的检查和测试，可以发现损坏的零件，通常通过成组更换损坏的密封件，按照正确的装配关系进行组合，仍然可以继续使用相当长一段时期。

（8）独立设备 独立设备的检修如同发动机再生一样，根据拆检结果进行相应更换和修复，完全可以达到新机的使用效果。

（9）刀具 通常 TBM 的刀具磨损后，只是更换新刀圈和刀体内部分损坏件，用量特别大，通过多年的探索和研究试验，目前完全可以实现部分刀具的国产化。由于刀圈的磨损量大，采用特殊表面工程技术进行修复的厚度尚不能满足要求，目前可以通过研究试验进行一些探索。

4. TBM 各系统的再制造

TBM 再制造工程首先采用高附加值再制造深度拆解技术和高效化学清洗技术，对废旧 TBM 进行拆分、清洗，拆分出易损零件（易损零件直接报废）和可再利用零件，对可再利用零件进行检测，再次拆分出完好零件、可再制造零件，对可再制造零件进行再制造加工并检测合格，将完好零件、再制造零件和原厂新零件通过新技术和新工艺进行组装升级，最后将装配好的 TBM 进行调试用于隧道工程，以下列几个系统为例探讨 TBM 各系统的再制造：

（1）切削系统

1）刀盘。刀盘是 TBM 的核心部件之一。刀盘的地质适应能力决定着工程施工的成败，刀盘的再制造是 TBM 再制造的重点之一。刀盘结构长期处于拉、压、弯、剪和扭组合荷载的作用下，掘进过程中变形、开裂、磨损和刀具脱落等问题极易发生，刀盘外形轮廓的几何形状难以维持，修复难度大。刀盘再制造的关键问题是解决其工程地质适用性和结构强度，应根据下一个工程的地质和水文条件具体情况对刀盘的强度、刚度、开口率、刀间距、耐磨性，以及搅拌棒、刀具座及泡沫注入口等性能和结构进行再制造。

2）刀具。刀具的类别和布置方式是顺利掘进的重要保证，TBM 刀具包括滚刀和切削刀。滚刀的再制造，包括刀圈、刀体、刀轴和轴承等的修复。其主要破坏形式是刀具的磨损，当刀具损坏后一般是更换新的刀圈、刀体等。切削刀的破坏形式主要为冲击破坏和磨粒磨损，切削刀的再制造是在磨损后的刀具上堆焊硬质合金球齿，并根据施工工况和制造环境来确定其焊接工艺、热处理工艺。例如，在北京地铁 5 号线砂卵石地层中，再制造的周边刮刀比进口刀具的掘进距离增加 20%，其寿命优于进口刀具。

（2）主驱动系统

1）主轴承。作为 TBM 的核心部件，主轴承的失效形式主要是滚道、滚子及保持架的变形和磨损。再制造过程首先是检查与检测，例如：对内、外圈进行探伤检查；对内、外圈的滚动体、滚道面及外圈齿面进行硬度检测；对全部滚道面进行端面跳动及圆度检测等。其次，制订主轴承的修复方案，例如：内圈滚道面采用磨削、外圈滚道面采用车削方式修复；对滚道面重点位置进行硬度检测；对车削的滚道面进行磁粉探伤；滚动体需要全部更换；保持架需要表面清理与修复。

2）减速器。减速器的再制造，首先将其进行拆卸、检查。检查内部零部件的磨损状态，对于减速器的齿轮、轴及箱体等采用表面修复或机械加工进行再制造，对其中的轴承、密封进行更换，对转子的绝缘进行再处理，以使再制造设备性能完全满足使用要求。

（3）壳体结构　以盾构壳体为例，盾构的壳体结构主要包括前盾、中盾和尾盾。壳体结构件易变形和磨损，应对其进行圆柱度、轴方向弯曲、本体长度及外周长度检查，保证各项指标在允许误差范围之内，对于磨损部位利用表面工程进行修复。

（4）电气系统　电气系统的再制造包括检查电气柜及所有电动机和仪器仪表，检查电路板是否干净；检查主电源变压器、各电动机绝缘电路绝缘是否良好等。对控制系统的电路板进行检测，修复后满足使用条件，更换老化的控制线；对于不适合新工程的控制系统进行重新设计，使电气控制系统的性能达到甚至超过新的 TBM。

（5）液压系统　对 TBM 液压系统中的零部件进行拆解、清洗，并进行试验检测，根据试验检测结果确定液压系统的损坏部位并进行修复或更换。检查液压泵的输出压力能否达到设计压力；检查活塞杆和缸体内壁是否有磨损，对于出现磨损处重新镀铬；检查液压泵、液压缸、油管、接头、控制阀块、密封部位及配合件等部位是否泄漏，检查液压油管是否出现损伤、老化，检查散热器和过滤器是否正常，对于出现故障的零部件进行修复或更换。

（6）独立设备　对于 TBM 的独立设备，首先进行拆装检查，根据拆装检查结果对损坏部分进行修复或更换。对再制造设备拆分出的完好零件直接进行清洗、喷涂等防护工艺；结构上完整的磨损零部件可以采用热喷涂技术进行再制造，热喷涂材料需要根据再制造的零件材料和硬度要求进行选择，并确定再制造零部件的修复技术及工艺，以满足设备使用要求。

▶▶ 5. 再制造 TBM 质量保证措施

推广应用再制造 TBM 意义重大，首要的问题是采取一系列措施确保再制造TBM 具有可靠的质量和优良的性能。只有这样，才能为再制造 TBM 在工程实践中顺利施工创造条件，才能促进再制造 TBM 的合理推广。

（1）分析再制造的可行性和工程适应性　TBM 属于定制大型施工设备，在选用再制造 TBM 之前，首先需要根据开挖直径、支护类型筛选可供选择的旧机；对于筛选入围的设备，需分别充分调查其在前续工程的设备性能、制造标准、工程对象、地质条件、施工业绩、施工中存在的问题以及现状等。结合后续工程的地质条件、施工环境、开挖直径、初期支护或管片衬砌要求、施工图、施工组织、进度计划等进行专业分析、对比论证，分析 TBM 原设计功能与性能、设备配置等与新工程需求的匹配程度，初步估算再制造工作量、时间和成本等，进行再制造 TBM 可行性以及工程适应性评估，选定原型机。

（2）制订合理的再制造方案　经可行性和工程适应性论证、确认采用再制造 TBM 并选定原型机后，进一步对选定 TBM 原型机的现状进行深入调查，组织专家和专业人士对各个系统和关键部件的现有性能进行综合评价，明确关键系统和部件的状态，结合新工程的条件和要求，拟定再制造 TBM 的功能需求与技术性能，针对不同系统和部件分别选用维护、维修、改造、改进或更新等措施，系统制订再制造技术方案，测算再制造工期，核算再制造成本，反复论证优化，最终确定合理的再制造方案。

方案的合理性控制至关重要，一定要充分结合设备现状、新项目的工程地质条件和工程量。例如，中天山隧道采用的 TBM 已经承担过两项隧道工程施工任务，由于工期、成本方面的影响，刀盘仅进行了恢复性维修和部分改进，加之后期围岩条件恶劣，导致刀盘质量明显下降，在一定程度上影响了 TBM 的顺利掘进。事后总结分析，当初如果投入更多的工期和成本，对刀盘进行彻底更新，设计制造全新刀盘，从刀盘主体、刀座、刀具、刮渣板和耐磨层等方面全面提升刀盘性能，使结构与配置更合理、质量更可靠，估算施工工期能缩短一半以上，经济效益和社会效益将非常显著。因此，TBM 再制造技术方案合理、工期科学、投入成本匹配，结合良好的过程控制，保证再制造 TBM 的质量，才能达到顺利施工的目标。

当然，设备的性能要求以满足工程施工需要为前提，并预留一定的余量，这就要求在设定设备性能和质量标准时，必须由经验丰富的专家和专业技术人员对工程的复杂性做出正确的预判，并提出合理标准。

（3）做好再制造过程中的质量控制 产品质量是发展再制造业的关键所在，也是再制造 TBM 能否获得成功的关键。再制造过程中质量控制的内容主要包括工艺控制、措施控制、执行力控制和过程中的质检等。在 TBM 再制造过程中应建立合理严格的组织机构和制度、制定质量控制管理办法和检验标准、明确人员分工和职责，并严格落实于再制造全过程，同时对再制造过程中发现的不合理方案，及时提出并整改。

TBM 再制造过程中的质量控制主要包括以下几个方面：

1）建立完善的质量保证体系。

2）以自检自控为主，参与再制造的作业人员精细操作，严格执行工序标准，并结合具体工作内容提出改进意见和建议，经设计部门同意后实施。

3）专业质检，指定专门的质量检验监督工程师，对每一道工序进行质量控制，按检验标准进行检验，若发现整修质量问题，则强令返工，直至达到整修质量标准。

4）原材料质量控制，对板材、型材、配件和单项设备等，严把进厂质量控制关，必须经检验合格后方可投入使用，严禁使用不适用、不合格的配件。

（4）制定严格、精细的监造和验收标准 设备监造是一个监督过程，涉及整个设备的设计和制造过程。因此，TBM 再制造之前首先应该制订详细的监造计划及进行控制和管理的措施，明确监造单位、监造过程和监造人员，如果本单位无法胜任监造工作的，则可以委托专业的第二方进行监造。

监造人员必须具有相应专业技术和丰富的经验，熟悉监造的任务和监造重点，熟练掌握监造设备合同技术规范、生产技术标准和工艺流程等，具备质量管理方面的基本知识，并严格执行相关标准和要求，严格工序质量控制，质检到位。

监造内容主要包括设计方案审查与生产过程监督两个方面，需要制定详细的验收标准和要求。对设备的性能和质量，尽可能地采取可量化的标准进行规定，可以根据工程需要和技术可行性规定具体工况下应该达到的标准。在工厂预组装、调试与试运转过程中进行检验，无法完成的可以在试掘进和掘进过程中进行验证。

（5）再制造模式的选择　目前再制造的模式主要有施工单位独立制造、TBM 制造商制造和施工单位与制造商联合制造等几种模式。根据 TBM 原型机来源、维修改造范围和深度、改造难度、后续工程需求及再制造经济指标等因素，综合评估确定再制造模式。如果施工单位技术能力较强、经验较丰富且配套设施完整，则可以独立完成；否则应委托或联合制造商共同实施。如果委托制造商实施 TBM 再制造，则事先要考察其信誉、技术能力、业绩、地理位置和技术人员的素质等综合因素，确保再制造的质量和现场服务的质量。

7.1.2　重载车辆再制造

1. 重载车辆再制造工艺过程

随着重载车辆的类别、型号、再制造方式（恢复性再制造、升级性再制造和应急性再制造等）、生产条件和组织等不同，其再制造的工艺过程有着较大的差别。下面主要以中型重载车辆为代表，介绍其恢复性再制造的一般工艺过程。

图 7-2 所示为以车体修复为主流水线的重载车辆恢复性再制造的一般工艺过程。对废旧重载车辆先拆部分武器、光学和通信设备，进行外部清洗，然后拆成总成、部件及零件，零件经清洗、检测、鉴定后分为可用件、修复强化件及

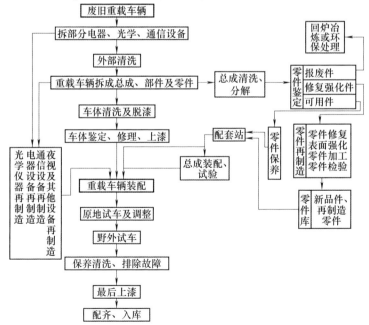

图 7-2　以车体修复为主流水线的重载车辆恢复性再制造的一般工艺过程

报废件三种类型。可用件按规定工艺保养后入库待用或参加装配；修复强化件送入指定场地进行修复强化，并按不低于新品零件标准检验合格后，入库待用或参与装配；报废件应进行更换，对不能或不宜进行修复的报废件，根据具体情况或做材料级的循环利用，或做环保处理。所有合格零件经过配套后装配成总成，而后送到车体上进行总装。

工厂条件下的重载车辆恢复性再制造通常以流水作业方式进行。流水作业法是按工艺过程的顺序、工序间的衔接关系和大致相同或互成倍数的时间节奏，把整个重载车辆再制造过程分成若干站（组），每一站完成一定的工作内容。流水作业法通常是重载车辆车体按时间节奏沿主流水线移动，各个站上配有专用设备及相应的操作人员，其生产率较高，便于实现机械化。重载车辆各个总成及光、电、通信等设备的再制造多在专门车间完成，图 7-3 所示为按网络计划法组织的重载车辆变速箱装配工艺流程。重载车辆恢复性再制造的性能和质量应达到新品标准。

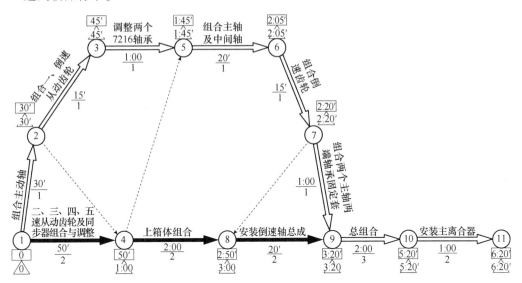

图 7-3　按网络计划法组织的重载车辆变速箱装配工艺流程

现场条件下的重载车辆应急性再制造通常以包修法进行。包修法是由一个作业组来完成一台重载车辆自拆卸、修复到装配的全过程，多采用换件修复。包修法对操作人员的技能要求较高。由于现场要求以最短的时间使重载车辆能够完成给定的任务，因此允许仅恢复其主要功能。

▶▶ 2. 重载车辆零件的再制造

（1）零件再制造的重要性　零件的再制造即对失效零件的修复与强化，和必要时的结构、材料及性能等改进。由图 7-2 可见，零件修复强化在重载车辆再制造过程中占有极其重要的地位。再制造可以认为是在零件及由零件构成的部件、装备而非材料水平的再循环。大而言之，主流水线中重载车辆车体的修复就是一个大零件（各钢板及一些支架、支座等组成的焊接合件）的修复，包括对诱导轮支架齿盘及损伤的支座、支架等部分的切割与焊接，车体及焊缝裂纹的焊修，侧减速器基准孔等配合表面的修复强化与加工；小而言之，各总成分解鉴定后的很多失效零件均需进行修复强化，并经检验合格后才能投入装配。

重载车辆零件再制造具有很高的资源、环境、社会与经济效益。如用等离子喷涂法修复强化重载车辆转向机行星框架，其成本仅为新品的10%，材料消耗（热喷涂粉末）不到毛坯用钢的1%，而使用寿命却提高1倍以上。重载车辆零件使用优质合金钢材较多，其零件再制造所占的比例越大，节约效果越明显。随着表面工程技术的发展及零件修复强化工艺和质量的不断提高，应尽量扩大修复强化零件的范围，尽量减少作为废钢回炉冶炼等材料循环，或填埋等环保处理部分的数量，以便节约资源和能源，降低再制造的成本。

由于在再制造中，更换零件（再制造零件或新品零件）的失效密度函数及其平均寿命直接决定着再制造装备的可靠性，因此零件再制造的质量对重载车辆技术性能的发挥和维修间隔期的长短有着直接的影响。应充分利用各种高新表面技术和复合表面技术，高质量地修复强化失效零件，成倍地延长其使用寿命，从局部到整体保证再制造装备的质量不低于原始装备。

（2）重载车辆零件修复强化方法选择　在重载车辆零件修复强化中，使用较多的是堆焊、热喷涂、槽镀、电刷镀等技术。

重载车辆零件失效表面类型及其修复强化方法见表7-2。

表7-2　重载车辆零件失效表面类型及其修复强化方法

零件失效表面类型	特点及举例	常用修复强化方法
密封环配合面	重载车辆的传动部分零件带有这类表面的就有10项14件，全部为内圆柱面。材料是中碳钢或中碳合金钢，硬度分别为229～285HBW和255～302HBW。该类表面常因磨出沟槽造成甩油，严重时甚至烧坏零件。密封环配合面的壁体一般较薄，应防止变形	《零件表面强化（工艺规程）》中，明确选用热喷涂（氧-乙炔焰喷涂、等离子喷涂）法；磨损量较小时可用电刷镀法；以前曾用尺寸修理法
自压油档配合面和油封毡垫配合面	重载车辆行动部分的这类表面大多用于润滑脂的密封，防止泥沙的进入。属于易损表面，多为低应力磨粒磨损，如曲臂φ160mm自压油档配合面只能使用一个中修期	对于不怕变形的零件，如平衡肘、曲臂和侧减速器从动轴等可选用堆焊、喷熔、热喷涂及槽镀等方法；对于防变形要求较高的零件，宜用槽镀、电刷镀、喷涂、粘涂等方法

零件失效表面类型	特点及举例	常用修复强化方法
轴承内外圈配合面	这类表面较多，表面损伤主要是拆装时的划伤及使用中的磨损，磨损量不大。与轴承外圈相配合的孔壁一般较薄，应防止变形	可选用槽镀、电刷镀、热喷涂、粘涂等方法
衬套或器体滑动配合面	重载车辆的传动、行动部分的这类表面与配副间的相对运动速度不高，且多在一定转角范围内做往复摆动，经常发生偏磨。如平衡肘上与铜套相配的$\phi105mm$、$\phi90mm$表面运行一个中修期，偏磨量可达3mm。操纵装置中与衬套相配合的零件一般细而长，应防止变形	对于磨损量不大的（如减振器体和减振器叶片）或防变形要求较高的（如操纵部分的细长轴）可用等离子喷涂、电刷镀、槽镀和粘涂等方法；对于磨损量较大且对变形要求不高的可用手工电弧堆焊、等离子堆焊和喷熔等方法；变速箱滑块一类的小零件可用低真空熔结或氧-乙炔喷熔法
环槽面	重载车辆零件的环槽面多与密封环侧面接触，其磨损后槽宽加大，修理较困难	与滑块相配的拨叉环内侧面可用热喷涂法；07、09组的活动盘可用镶套法（套与体之间用过盈配合，端面点焊或粘结）；也可用尺寸修理法
箱体上的配合面	重载车辆的箱体类零件多用铝合金铸造，损坏部位有与轴承座配合的内孔，上、下箱体结合面等	变速箱等铝箱体主轴孔可用电刷镀法（以前无法修复）；中型坦克车体后桥孔用电刷镀法效果良好
弹子轨道面	这类表面包括与弹子、滚柱和滚针接触的轨道面及弹子定位槽面，其中有些是渗碳表面	变速箱滚针衬套等渗碳表面，可用尺寸修理法；扭力轴头或扭力轴支座$\phi90mm$内孔可用电弧堆焊法（选自强化合金焊条等）
键齿表面	重载车辆上有渗碳齿轮28项33件，都是优质合金钢制造，损坏后因无法修复而报废；曲轴、变速箱主轴等传动轴上的花键磨损后也造成整个零件报废。动力传动装置的键齿表面是修复难点	对磨损量不大的变速箱主轴花键等曾试验用电刷镀法，使用了一个大修期；侧减速器主动轴齿轮曾试验用自强化合金堆焊修复，效果良好；无相对运动的连接齿套、连接齿轮齿面可用堆焊法
螺孔	包括车辆各类构件上不同类型的螺孔	根据情况分别采用堵焊后加工、镶套和转角移位等方法
裂纹	不同零部件上出现的裂纹	毂类零件、装甲车体等出现裂纹可用电弧焊接等方法

1）等离子喷涂修复强化重载车辆零件。为了延长重载车辆易损零件的使用寿命，再制造技术国家重点实验室承担了用等离子喷涂工艺修复强化部分零件

并进行试车考核的试验任务。使用了两轮各3辆重载车辆，在其传动、行动、操纵部分共装喷涂件68项242件，重载车辆一侧装喷涂件，另一侧装对比件进行了一年的实车考核试验。试验重载车辆在各种路面及温带、寒区（-36℃）等环境中行驶一个大修期，中间进行了多次检测。

大修期的试车考核表明：容易损坏的密封环配合面、衬套配合面、自压油挡配合面等零件表面经等离子喷涂后，其耐磨性为相应新品表面的1.4～8.3倍。三类零件表面的耐磨性数据见表7-3。

表7-3 三类零件表面的耐磨性数据

零件类别	试件及数量	平均磨损量/(10^{-4}mm/100km)	平均相对耐磨性
密封环配合面	新品18件	24.19	1
	喷涂件25件	2.90	8.3
衬套配合面	新品14件	12.31	1
	喷涂件21件	3.02	4.07
自压油挡配合面	新品8件	12.63	1
	喷涂件23件	9.11	1.4

车辆运行到一个大修期后，传动装置中新品件大多数都已超过中修技术条件，而等离子喷涂件的大多数仍符合技术条件，还可以继续使用。在已经定型用等离子喷涂修复强化的50项零件中，有12项24件过去只能使用1～2个中修期，现在用喷涂强化后可以使用到一个大修期以上。重载车辆传动装置中的所有密封面使用中不再出现甩油故障，从而减轻了维修工作量。

试验中使用了七种国产粉末，试验粉末的主要规范参数及涂层性能见表7-4。以承受低应力磨损的回绕挡油盖各类涂层为例，第一轮试车采用的NiO_4、FeO_3、FeO_4涂层的抗磨粒磨损性能较差，相对耐磨性为新品（镀铬面）的53%～75%。第二轮试车时，喷涂WC-Co涂层的相对耐磨性为新品的3.2倍，喷涂115Fe涂层的相对耐磨性高达8.3，表明115Fe的抗低应力磨损的效果最好。

表7-4 试验粉末的主要规范参数及涂层性能

粉末牌号	粉末粒度/目	送粉量/(g/min)	实用电功率/kW	最高沉积效率（%）	弯板实验临界厚度/mm	实用电功率时结合强度/(N/mm²)	涂层硬度（HV）
NiO_4	-140～+300	23±2	20～24	74.2	$0.29^{-0.04}$	2.85～2.90	538
FeO_3	—	23±2	23～27	70.5	$0.24^{-0.04}$	2.51～2.66	396
FeO_4	—	20±2	20～26	78.5	$0.24^{-0.04}$	3.01～3.88	474

粉末牌号	粉末粒度/目	送粉量/(g/min)	实用电功率/kW	最高沉积效率（%）	弯板实验临界厚度/mm	实用电功率时结合强度/(N/mm²)	涂层硬度（HV）
WF-311	—	20±2	24~26	68.3	$0.25^{-0.04}$	4.05~4.30	373
WF-315	—	22±2	24~26	68.9	$0.25^{-0.04}$	2.61~2.88	474
115Fe	—	20±2	21~24	77.6	$0.45^{-0.04}$	3.16~3.68	461
NiAl	-140~+240	21±2	22~25	65.5	一般不做弯曲试验	4.40~4.50	231

图 7-4 所示为等离子喷涂法修复强化行星框架密封环配合面与新品的磨损曲线。曲线各点分别对应在 600km、7000km、11000km 分解鉴定时的磨损量。

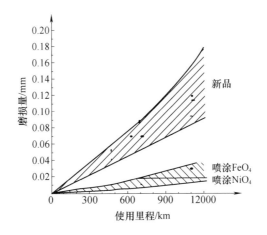

图 7-4　等离子喷涂法修复强化行星框架密封环配合面与新品的磨损曲线

等离子喷涂修复强化重载车辆零件节约钢材和资金示例见表 7-5。

表 7-5　等离子喷涂修复强化重载车辆零件节约钢材和资金示例

零件名称	新品价/元	新品毛坯重/kg	旧件喷涂后的使用效果	节省钢材重/kg	修复强化成本/元
行星框架	293	71.3	1件顶2件新品	合金钢71.3	14
轮盘	22	9.7	1件顶3件新品	碳钢19.4	14
密封盖	71	42	1件顶3件新品	碳钢84	19

等离子喷涂修复强化重载车辆零件试车考核证明，使用该工艺能够显著提高零件的耐磨性，延长零件的使用寿命，可以防止零件的变形（与堆焊等工艺相比），扩大失效零件的再制造范围（如铝箱体等零件），节约资源、能源和

成本。

在上述考核试验的基础上，热喷涂工艺已在重载车辆零件再制造中得到了进一步的推广应用。

2）电刷镀修复强化重载车辆零件。再制造技术国家重点实验室运用电刷镀技术对6种工作条件的18项重载车辆零件（共21件71个表面）进行了修复强化，并做了1180km摸底性试车考核；而后又对6种工作条件的29项51个零件进行修复强化，并做了接近大修期的试车考核。考核后的分解鉴定证实，镀层质量全部符合要求，修复强化表面的磨损量平均为新品相应表面的1/2～1/3，零件使用寿命得到明显提高。

电刷镀技术的独特工艺优点为车辆零件的再制造带来了很大的方便。如重载车辆车体后桥两侧各有一个轴承孔，即全车传动装置安装基准孔。由于承受的负荷大，精度要求较高，加上车体太大（长6m多，宽2m多，重约20t），过去很难对两个孔产生的磨损、变形进行修复。采用堆焊法修复会产生变形，其后的加工、测量等工序较为烦琐，需要配备一些大型专用设备。而采用电刷镀修复强化这两个孔，以特殊镍打底，用快速镍恢复尺寸并作为工作镀层，一般镀层厚度在0.2mm以内即可达到标准尺寸。刷镀中可以方便较正孔的圆度，镀后也不需镗孔，作业时间大大缩短。

车辆上各种传动轴上的花键磨损后，过去曾用电弧堆焊法修复。为了增补0.1～0.2mm的金属，要把整个键槽焊满，然后进行车削、铣削和磨削，非常费工费料。对一些高精度的细长外花键，由于很难解决堆焊变形问题，只得报废。而根据矩形花键电刷镀工艺流程（见表7-6）修复强化磨损的花键表面，既简便、经济、不产生变形，使用效果又好。如修复强化负荷最大的侧减速器主动轴花键，以特殊镍起镀，快速镍增补尺寸，镍钨合金做耐磨工作层，镀层厚度平均0.08mm，不需加工就将键宽镀到标准尺寸。试车后平均磨损量为0.035mm，距离大修允许磨损量0.19mm尚有0.155mm的尺寸储备。修复强化后的变速箱主轴经6725km的行驶，10条花键20个侧面的平均磨损量为0.029mm，修复强化层的相对耐磨性是新品的1.9倍。该主轴的新品价格为361元，修复强化费用仅22.8元，约占新品的6.3%。

表7-6　矩形花键电刷镀工艺流程

序号	工　步	溶　液	电极接法	工作电压及处理要求
1	清洗	清洗剂或丙酮		被镀表面无油污、杂质
2	非镀表面保护	绝缘胶带		
3	电净	电净液	工件接负极	电压12～15V
4	清洗	自来水		被镀表面润湿好、不挂水珠

序号	工　步	溶　　液	电极接法	工作电压及处理要求
5	活化	2 号活化剂	工件接正极	电压 10 ~ 14V
		自来水清洗		被镀表面呈均匀的暗灰色
		3 号活化剂	工件接正极	电压 18 ~ 25V
6	清洗	自来水		被镀表面呈均匀的银灰色，不挂水珠
7	镀底层	特殊镍	工件接负极	先不通电擦拭 3 ~ 5s，后用电压 18 ~ 20V 镀 3 ~ 5s，再降至 12 ~ 15V 施镀
8	清洗	自来水		被镀表面无残留镀液
9	镀工作层	镍-钨（D）	工件接负极	镀层厚度根据磨损量确定
10	清洗	自来水		被镀表面及周围无残留镀液
11	镀后处理			将零件表面的水珠擦干后涂油保护

　　纳米复合电刷镀技术的开发和应用已取得了较大的进展。近期，再制造技术国家重点实验室利用自己研制的系列纳米复合电刷镀溶液进行了大量的试验，并在重载车辆零件修复强化中取得了明显效果。

7.2　在役再制造典型应用

　　在役再制造，就是运用先进技术与材料，对在线运行的装备进行技术性能恢复或改造。装备在役再制造一般要能够保证装备的安全、健康运行，促进装备与生产工艺匹配，实现系统的高效运行，促进冶金生产节能减排，适应钢铁等产业的转型，即由规模化向定制化转型。近年来，我国钢铁企业和相关装备制造企业合作，在装备在役再制造方面取得了不错的成绩。

▶ 7.2.1　油田储罐再制造

　　据统计，全世界发达国家每年因腐蚀造成的损失价值占这些国家国民生产总值的 1% ~ 4%。在石油化工行业中，腐蚀介质对生产储罐的破坏很大。由于储存的油品中含有机酸、无机盐、硫化物及微生物等杂质，使储罐因腐蚀而缩短了使用寿命，严重者一年左右就报废，如某油田的 579 座储罐，仅 1986 年一年就有 215 座出现穿孔现象。这种腐蚀穿孔不仅泄漏油品，造成能源浪费和环境污染，甚至可能引起火灾、爆炸等事故。因此，必须采取有效的防护措施对储罐加强防腐处理，确保油田安全生产。与此同时，也需要将很多失效报废储罐进行再制造处理以恢复其功能，做到不破坏生态环境，减少资源浪费，减少停产，同时又能对服役期满的储罐进行再制造利用。

采用金属罐薄壁不锈钢衬里技术对油田储罐进行再制造修复延寿，增强了防腐性能，延长了使用寿命，通过近几年在油田中实际应用，取得了良好的经济和社会效益。薄壁不锈钢衬里技术根据储罐存储介质的腐蚀性、承受的压力温度和储罐的容积，选择衬里的不锈钢型号与规格，针对不同储罐的结构附件及储罐壁材质，通过设计与计算，确定在储罐内壁上特殊接头的型式与分布位置，利用特殊接头将衬里固定在储罐的内壁上形成不锈钢防腐层。

▶ 1. 储罐不锈钢衬里结构

金属罐与非金属罐衬里采用厚度为 0.21～1mm 的薄壁不锈钢板，用焊接工艺方法将其周边固定在罐体内壁预先布置的特殊接头上，由特殊接头将各部分衬里连成一个全封闭的、非紧贴式的、长效的薄壁不锈钢防腐空间，使储罐防腐层的附着力、物理性能、机械性能和施工性能得到了提高。储罐不锈钢衬里结构如图 7-5 所示。

图 7-5　储罐不锈钢衬里结构

▶ 2. 薄壁不锈钢衬里特点

利用金属防腐材料防腐，其寿命长，价格适宜，性价比高，维护费用低，属于对介质无环境污染的绿色防腐工程。

用焊接工艺技术完成防腐工程施工。直接把不锈钢焊接到罐体上，不老化、不脱落，防腐寿命长达 20～30 年。

薄壁不锈钢衬里防腐质量可靠，防腐层厚度易检验，薄壁不锈钢厚度规范（0.2～0.4mm）均匀一致。只要焊缝严密就能防腐，焊接工艺可靠，防腐质量有保证。

薄壁不锈钢衬里防腐性价比高，经济上合理。衬里罐比纯不锈钢罐的价格低 70%，节约基建投资。比涂料防腐一次性投资大，但长期运行费用低。

金属罐薄壁不锈钢衬里适用于油、气和水储罐的内衬防腐。用于油田三元复合介质储罐可节约 70% 建罐投资；用于水罐可防止水质污染，提供无二次污染的水；用于旧罐维修节约投资 50%，只要在金属罐报废前，就可用不锈钢衬里修复，比厚碳钢罐还耐用。

▶ 3. 薄壁不锈钢衬里技术的应用

金属罐与非金属罐薄壁不锈钢衬里技术是一种新型储罐再制造技术。通过对旧罐实施薄壁不锈钢衬里技术，提高了原储罐的表面工程标准和再制造产品质量，提高储罐防腐等级。因此，它使旧罐恢复原有功能，并延长了使用寿命，从而形成再制造产品。在对新、旧罐进行衬里的施工及存储介质时，对环境和介质均达到几乎零污染的程度，优化了资源配置，提高了资源利用率，做到投入少（50% 左右），产出高（新罐的水平和利用价值）。

7.2.2 发酵罐内壁再制造

某葡萄酒厂低温发酵车间的 16 个发酵罐是采用一般不锈钢板焊接而成的，使用后发现发酵罐内壁出现点状腐蚀，并导致酒中铁离子超标，影响了产品的质量，只能存放中、低档葡萄酒。为了解决内壁腐蚀问题，该厂曾采用环氧树脂涂料涂刷工艺，但使用一年后，涂层大片脱落，尤其罐底部，涂层几乎全部脱落。在该车间进行技术改造时，为了防止出现酒罐内壁继续腐蚀及铁离子渗出问题，采用现场火焰喷涂塑料涂层对葡萄酒罐进行保护，取得了良好的效果。

葡萄酒发酵罐要求内壁涂层材料无毒、无味且不影响葡萄酒质量，应具有一定的耐酸性和耐碱性，涂层与罐壁结合良好，使用中不得脱落。涂层最好与酒石酸不粘或粘后易于清除，表面光滑，具有一定的耐磨性。根据以上工况要求，特做以下材料及工艺再制造工程设计：

1. 涂层材料的选择

根据低温发酵罐工作情况及厂方的要求，选择了白色聚乙烯粉末作为葡萄酒发酵罐内壁涂层材料。

2. 火焰喷涂工艺

（1）喷涂设备及工艺流程　聚乙烯粉末火焰喷涂使用塑料喷涂装置，包括喷枪、送粉装置等。工艺流程：喷砂→预热→喷涂→加热塑化→检查。

（2）喷砂预处理　在喷涂塑料前，采用压力式喷砂设备，使用刚玉砂处理。

（3）表面预热　基体表面预热的目的是除去表面潮气，使熔融塑料完全浸润基体表面，从而得到与基体的最佳结合。通常将基体预热至接近粉末材料的熔点。

（4）喷涂　葡萄酒发酵罐内壁火焰喷涂施工采用由上到下的顺序，即顶部→柱面→底部。在经预热使基体表面温度达到要求后，即可送粉喷涂。喷涂时，应保持喷枪移动速度均匀、一致，时刻注意涂层表面状态，使喷涂涂层出现类似于火焰喷熔时出现的镜面反光现象，与基体表面浸润并保持完全熔化。葡萄酒发酵罐内壁喷涂参数见表 7-7。

表 7-7　葡萄酒发酵罐内壁喷涂参数

喷涂材料	氧气压力/MPa	乙炔压力/MPa	空气压力/MPa	距离/mm
聚乙烯	1~2	0.5~0.8	1	150~250

（5）加热塑化　喷涂聚乙烯涂层，由于聚乙烯熔化缓慢，涂层流平性略差，因此在喷涂后，需用喷枪重新加热处理或者喷涂后停止送粉使涂层完全熔化，流平后再继续喷涂。加热时，应防止涂层过热变黄。

（6）涂层检查　在喷涂过程中及喷涂完一个罐后，对全部涂层进行检查，主要检查有否漏喷，表面是否平整光滑，是否存在机械损伤等可见缺陷，然后进行修补。葡萄酒发酵罐装酒前经酸液和碱液消毒清洗，再进行检查，对查出结合不良的部位进行修补。

▶ 7.2.3　绞吸挖泥船绞刀片再制造

▶ 1. 基本情况

绞吸挖泥船是我国河道疏浚作业的主要船型，绞刀片是其主要的易损部件之一。绞吸挖泥船绞刀片通常焊接于刀架上，分为前、中、后三段，材质为ZG35Mn，质量为104kg。由于焊接性的要求，其耐磨性能受到限制。调研表明：前、中、后三段绞刀片磨损程度基本上为3∶2∶1，前段绞刀片磨损最为严重，在某工地土质主要为粗砂、板结黏土工况下，ZG35Mn前段绞刀片磨损至刀齿根部（剩余质量17kg左右），其疏浚方量为119631m³（全寿命为266.15h）。更换绞刀片一般需2~3天时间，且安装过程危险性高，劳动强度大，其间绞吸挖泥船主机处于空耗状态。可见，绞刀片在疏浚挖泥时受到严重的泥沙磨粒磨损作用，寿命短，更换频率高，工作效率低，严重制约了绞吸挖泥船整体效益的发挥。

绞刀片再制造技术是采用新设计、新材料和新工艺的特殊制造技术，解决原绞刀片耐磨性与焊接性的矛盾，在延长绞刀片寿命的同时，又利于绞刀片的再制造，可充分发挥资源效益。绞刀片的再制造过程从绞刀片的全寿命周期费用最小，具有可再制造性，再制造的成本、环境及资源负荷最小等易损件再制造的基本原则出发，对位于绞吸挖泥船绞刀架前端、工作时首先接触泥沙、吃泥深度及工作负荷最大、磨损最为严重的前段绞刀片进行了再制造研究。

▶ 2. 绞刀片再制造设计

提高绞刀片刀齿的耐磨性和使用寿命是绞刀片再制造技术的关键。再制造设计时既要考虑绞刀片所用材料的耐磨性等使用性能，还要考虑其再制造工艺性。根据绞刀片不同的工况条件及性能要求，可对绞刀片的刀齿与刀体采用不同材料和工艺分别设计和制造，通过焊接的方法将刀齿和刀体连接成一体。刀齿磨完后仅更换新刀齿而无须更换整个绞刀片，使其再制造性能得以改善。

（1）绞刀片刀齿再制造设计　综合绞刀片的工作环境、再制造性、耐磨性、工作效率及制造成本费用等因素，刀齿基体选用ZG35Mn材料铸造成形，该材料可满足对刀齿焊接性能、力学性能及制造工艺性能的要求。在刀齿基体上采用焊接的方法制备特种耐磨层，提高其抗磨粒磨损能力和使用寿命。刀齿由基体和耐磨层组成，按刀齿基体形状特征可划分为四种基本结构型式，每种结构型式各有其特点。再制造绞刀片刀齿头部结构如图7-6所示。

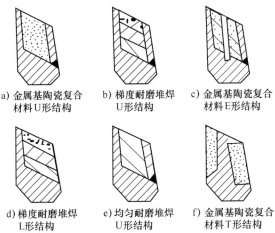

a) 金属基陶瓷复合　　b) 梯度耐磨堆焊　　c) 金属基陶瓷复合
材料U形结构　　　　 U形结构　　　　　　材料E形结构

d) 梯度耐磨堆焊　　 e) 均匀耐磨堆焊　　 f) 金属基陶瓷复合
L形结构　　　　　　 U形结构　　　　　　材料T形结构

图7-6　再制造绞刀片刀齿头部结构

针对1750m³/h绞吸挖泥船工地工况特点，选用U形结构，采用梯度耐磨堆焊的再制造方法。刀齿部位的成分和性能具有一定的梯度变化，大大降低了刀体和刀齿间的成分和性能突变产生的焊接应力和相变应力，同时保证了刀齿兼有强韧性、较高的耐磨性及刀齿工作的可靠性。采用梯度堆焊的再制造方法工艺简单、成本低，刀体与刀齿整体性强，刀齿性能易于保证，使传统绞刀片整体更换转化为局部刀齿更换，节约了资源，并且刀齿的更换过程更加快捷、方便和安全。刀齿设计采用了适当的耐磨层厚度以提高刀齿的使用寿命及抗折断能力。刀齿前端耐磨堆焊层总厚度设计为50mm，采用三种成分和性能不同的耐磨堆焊材料进行梯度化堆焊，即过渡耐磨堆焊层（厚度为10mm）、高耐磨堆焊层（厚度为20mm）和陶瓷复合耐磨堆焊层（厚度为20mm）。再制造绞刀片刀齿如图7-7所示。

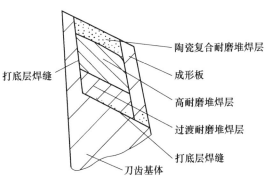

陶瓷复合耐磨堆焊层

成形板

打底层焊缝

高耐磨堆焊层

过渡耐磨堆焊层

打底层焊缝

刀齿基体

图7-7　再制造绞刀片刀齿

（2）绞刀片刀体再制造设计 绞刀片刀体是焊接在刀架上使用的，绞刀挖泥时，刀体受到较大应力作用，且在泥流中运行，因此要求刀体材料具有良好的焊接性、强度和韧性，又具有一定的耐磨性。综合对刀体的性能要求以及刀体不规则曲面难以机加工的特点，选用ZG35Mn作为绞刀片的刀体材料，铸造成形。该材料综合力学性能良好，具有良好的铸造工艺性能且成本低廉。

3. 绞刀片再制造工艺及组织性能

刀齿耐磨层堆焊时考虑到稀释率的影响，采用多层多道堆焊以减小焊缝的熔合比和焊接应力。绞刀片刀齿再制造工艺流程如图7-8所示。待再制造刀齿基本磨完时，清理其残余部分，更换新的再制造刀齿。

4. 再制造绞刀片的工程应用效果

目前国内普遍采用的是ZG35Mn刀片，正火态使用，硬度为170~220HBW。根据吸扬14号绞吸挖泥船提供的ZG35Mn绞刀片使用数据和研制的再制造绞刀片同一工地应用实测数据，得出再制造刀片与原ZG35Mn绞刀片性能对比分析结果（见表7-8）。

表7-8表明：再制造绞刀片质量减小24.4%，平均疏浚效率提高53.9%；原ZG35Mn绞刀片刀齿平均质量磨损率是再制造绞刀片刀齿的13.6倍；再制造绞刀片平均刀齿单位质量疏浚方量是原ZG35Mn绞刀片的20.6倍。

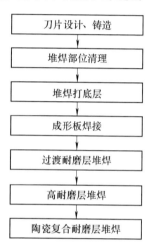

图7-8 绞刀片刀齿再制造工艺流程

表7-8 再制造刀片与原ZG35Mn绞刀片性能对比分析结果

性 能 指 标	研制再制造绞刀片	原ZG35Mn绞刀片
刀片质量/kg	78.6	104
平均疏浚效率/（m³/h）	691.9	449.5
平均质量磨损率/（kg/h）	0.024	0.327
单位方量质量磨损率/（kg/m³）	0.35×10^{-4}	7.27×10^{-4}
平均刀齿单位质量疏浚方量/（m³/kg）	28307	1375
刀齿比磨损质量/[kg/（h·m³）]	0.352×10^{-4}	7.725×10^{-4}

刀齿比磨损质量（单位时间单位疏浚方量刀齿的磨损质量）是反映绞刀片耐磨性与疏浚效率综合性能的重要指标，刀齿比磨损质量越小，其综合性能越优异。再制造绞刀片刀齿比磨损质量是ZG35Mn绞刀片的4.56%，具有优异的综合性能，能够显著延长使用寿命。

7.3 智能再制造典型应用

智能再制造是与智能制造深度融合的再制造。互联网、物联网、大数据、云计算和人工智能等新一代信息技术与再制造回收、生产、管理和服务等各环节融合，通过人技结合、人机交互等集成方式来实现。智能再制造的特征包括再制造产品在产品功能、技术性能、绿色性和经济性等方面不低于原型新品，其经济效益、社会效益和生态效益显著。智能再制造在优先考虑产品的可回收性、可拆解性、可再制造性和可维护性等属性的同时，保证实现产品的优质、节能及节材等目标。

7.3.1 复印机再制造

复印机集机械、光学、电子和计算机等方面的先进技术于一身，是普遍使用的一种办公用具。在国际上，许多国家的政府都把复印机的再制造列为再制造重点发展的行业，并给予政策和税收方面的支持。如日本政府颁布《资源有效利用促进法》把复印机的再制造列为特定再制造行业，即重点再利用零部件和再生利用的行业。政府对废物再生处理设备的固定资产税减收，对复印机部件再制造设备在购置后三年内的固定资产税减收 1/3。

随着国际上绿色再制造工程的兴起，复印机巨头之一施乐公司成功地实施了复印机再制造策略，近二十年来的实践表明，该公司从再制造业务中不仅获得了可观的利润，而且在保护环境、节约资源和节省能源方面做出了巨大贡献，其成功的经验对其他产品领域的再制造商来说具有很好的研究和学习价值。

1. 复印机再制造的一般过程

通常被回收的废旧复印机在检验后分为四种类型，然后进入不同的再制造方式。

1）第一类是指使用时间很短的产品（通常只用了两个月），如用于检验和示范的样品，或消费者因反悔而退回的产品。总之，这些产品的状况良好，且在被再次投入市场销售前，它们仅仅只需要进行清理整修工作。必要时对其有缺陷或损坏的部件进行更换。

2）第二类是指目前仍在生产线生产的复印机产品。这类产品报废回收后，在被拆卸到大约剩 50% 时，其核心部件和可再利用的部件被清理、检查和检验，然后它们和新部件一起被放回装配生产线。总的来说，这些被移动或替换的部件是那些被认为易磨损的部件，如调色墨盒和输纸辊等。它们的状况和剩余寿命预测决定其他部件是否也被替换。

3）第三类是指市场上虽有销售但已不被生产的复印机产品。这类产品的再制造价值较小，因此，除了部分作为备用件使用外，这类回收的产品被拆卸成部件和组件，在经过检验和整修后，被出售给维修人员。

4）第四类是指那些老型号的、市场上已不再销售的产品。这类产品的设计已过时，且回收价值相对更低，它们被拆解后进入材料循环。

大约75%的废旧复印机按第二类进行再制造。再制造时，暴露在外的部分被重新刷漆或仅仅只是进行清洁，一些状况良好的组件经检查、检验，将损坏的部分替换。有些需要特别技术和装备（如直流电动机）进行再制造的部件不会在施乐公司内部被恢复，它们被返回到曾经将这些部件卖给施乐公司并对该部件具有核心竞争力的原始制造厂商。原始制造厂商对其进行再制造后，在和新品具有同样的担保和工艺质量的情况下，以更低的价格卖给施乐公司。

施乐公司面向再制造的商业模式已显著改变了施乐公司与其部件供货商的关系。首先，由于部件的标准化设计，施乐公司减少了部件的数量，而且对原生材料的需求减少，就在最近几年，部件供货商的数量从5000家下降到了400家。这些供货商与施乐公司密切合作，在新品的销售中造成的损失通过对回收的部件进行再制造而得到了补偿。其次，供货商也参与到施乐公司的产品设计程序，这是为了施乐公司提高其产品的再制造潜力。再次，供货商已融入施乐公司的原始部件质量控制和装配环节，在进行装配工作时将不必在施乐公司的制造工厂进行检测。相反，施乐公司与供货商们进行合作，保证了对处于生产线上的产品的质量控制，且产品在被输送到施乐公司前已在供货商处进行质量检测。施乐公司出于对产品质量和环境因素的考虑，要求部件与今后的再制造过程具有和谐一致性，这些在供货商环节就通过严格的质量控制和检验程序得到了保证。

2. 复印机再制造工艺流程及内容

复印机再制造工艺流程如图7-9所示。

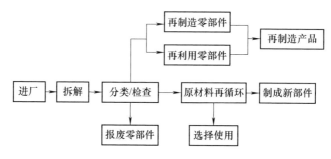

图7-9 复印机再制造工艺流程

对复印机的再制造主要包括以下内容：

（1）墨盒组件 墨盒作为耗材是复印机再制造最发达的产业。美国的再制造耗材企业大概有 10000 家，欧洲大概有 5000 家，亚洲大概有 1000 家。1993—1998 年激光耗材的再制造见表 7-9，1993—1998 年喷墨耗材的再制造见表 7-10。

表 7-9　1993—1998 年激光耗材的再制造

地 域	北 美 洲	欧 洲	亚洲和大洋洲	非洲和中东地区
总耗量/万支	6850	4400	2900	850
再制造耗材/万支	1900	1170	460	94
再制造比例（%）	27.7	26.5	16	11

表 7-10　1993—1998 年喷墨耗材的再制造

地 域	北 美 洲	欧 洲	亚洲和大洋洲	非洲和中东地区
总耗量/万支	9600	4800	3100	930
再制造耗材/万支	1050	530	350	35
再制造比例（%）	14	11	11	4

（2）光学系统　光学系统主要由曝光灯、镜头、反光镜片和驱动系统组成，其作用是将稿台玻璃上的原稿内容传递到感光鼓上。复印机使用一段时间或达到使用寿命后，曝光灯、反光镜片、镜头和稿台玻璃上会沾灰尘，尤其是稿台玻璃和稿台盖板的白色衬里，更容易受到灰尘和其他脏物的污染，影响复印效果。这些部件的再制造（再利用）可以采用电子快速清洗技术。

（3）鼓组件　鼓组件由感光鼓、电极丝和清洁刮板等组成，主要作用是将光学系统传递到感光鼓上的影像着墨后转印到复印纸上。鼓组件中再制造的部分主要是感光鼓和电极丝。电极丝有两根，一根在感光鼓的上方，另一根在下方，作用是给感光鼓充电和转印分离。由于所处位置的原因，容易受到墨粉的污染。电极丝受污染后容易造成感光鼓充电不均和转印不良，影响复印效果。

（4）定影系统　定影系统主要由上、下定影辊和定影灯等组成，其作用是将墨粉通过加热压固定在复印纸上。复印机使用了一段时间，尤其是在双面复印或定影辊处卡纸时，定影辊会被墨粉污染，时间一长，墨粉就会变成黑色颗粒固定在定影辊上，不仅影响复印效果，还会使定影辊受到磨损而缩短寿命。再制造定影系统时，需要对定影辊上的墨粉污染进行有效清除。

（5）机械装置的减摩自修复　复印机中机械装置所占的比例很大，包括开关支点、离合器、齿轮和辊轴等，这些转动、传动和滑动部件虽然在出厂时加注普通的润滑油或脂，但随着机器使用时间的延长，这些油脂会因为灰尘等原因而失去作用，以致使复印机在运转时噪声变大甚至损坏复印机。复印机的这类零部件在再制造中，一般可以通过使用纳米自修复润滑油来减少磨损。

7.3.2 计算机再制造与资源化

1. 计算机再制造与资源化分析

随着技术的快速发展,计算机的平均使用寿命不断缩短,大量废弃的计算机设备逐渐变成"电子垃圾",成为电子废物的主要种类之一。计算机生产厂家制造一台个人计算机需要约700种化学原料,这些原料大约有一半对人体有害。计算机产品中包含了多种重金属、挥发性有机物和颗粒物等有害物质,相较于其他生活类固体废弃物,电子垃圾的回收处理过程比较特殊。当电子废物被填埋或焚烧时,会产生严重的污染问题,有害物质将会释放到环境中,对地下水、土壤等造成污染,也会严重危害到人类的身体健康。同时,填埋或焚烧也会造成资源浪费,不符合社会可持续发展战略。

计算机再制造与资源化技术的研究应用,可将传统模式产品从摇篮至坟墓的开环系统,变为从摇篮到再现的闭环系统,从而可在产品的整个生命周期中,合理利用资源,降低生产成本和用户费用支出,减少环境污染,保护生态环境,实现社会的可持续发展。

许多国家已起草法规,要求制造商面向用户回收老旧计算机。不少计算机制造商已采取积极措施开发材料回收技术。最简单的资源化回收方法就是将整台计算机破碎以便回收黑色金属和有色金属等材料。这种情况对各种机型都用同样的方式来处理,工艺相当简单,但浪费了原零件的附加值,总体效益不高,并存在较大的能源消耗和一定的环境污染。另一方面,可以对计算机进行再制造,对大部分或者全部零部件进行再使用。这种方式需要再制造商根据市场需求和计算机发展,规划设计特定的再制造方案,为满足用户需要,可对老旧计算机在再制造过程中通过新模块升级替换而实现再制造计算机的性能提升。

总体上来看,老旧计算机资源化的最佳方案是根据最后产品所增加的价值和所付出的成本进行回收与再制造决策。总体思路为:首先要根据市场情况及本身状态评判其是否有再制造价值,如果有价值,则采用再制造的方式处理,否则将进一步评判其零部件是否有再制造价值;如果有,则由拆解后回用零部件,否则直接进行材料的资源化回收。

2. 元器件的再制造与资源化分析

(1)计算机拆解分析 通过对计算机进行全面的拆解分析,考虑元件可分离性和可能的拆解技术,对连接方法、零部件层次和拆解顺序进行分析。之后对拆解后的老旧计算机零件进行详细分析,做出相应的回收决策,鉴别出有价值的、可以再使用的材料和元器件。

(2)元器件再制造与资源化方案 老旧计算机虽然在技术上往往已经过时,

但其中一些电子元器件仍可再使用，不能再使用的元器件则进行材料回收。其中硬盘驱动器是一种具有再制造价值的部件，它的元器件很复杂，且材料价值较低，但经过再制造过程却可取得很高的附加值。硬盘驱动器的生产需要具备可控环境的洁净车间，需要开发拆解与回收生产线，以便提供与原件精度相同的再使用部件。

（3）回收材料的资源化方案　如果计算机太旧，则可以考虑对拆去可用元器件的计算机的剩余部分和没有可用元器件的旧机器进行原材料资源化回收。一台计算机大约40%的质量由塑料组成，40%由金属构成，20%为玻璃、陶瓷和其他材料。

▶3. 计算机再制造流程

（1）计算机再制造分析　随着技术的更新换代发展，当前计算机退役，大多并不是因为机器损坏或者达到物理寿命，而是由于性能或功能的落后，这些落后的计算机的剩余价值通过再制造升级来开发利用。

与其他设备产品的回收相比，计算机再制造工艺不太复杂，主要包括拆解、清洗、电子模块的检查、新模块的更换与整机装配，最后进行病毒清除和软件安装。第一级的拆解完全由原设计确定，如果采用了面向装配的设计，则通常计算机易于拆解。根据再制造目标要求，可以采用较大的硬盘驱动器，增加内存，基于更高级的模块进行配置更换。这种类型的再制造是以机器的完好性为特征的，除了升级或由于故障进行的更换以外，它的全部零件都要求是如原型新品一样完好的零件。

（2）计算机再制造工艺　图7-10所示为计算机回收与再制造工艺流程。要求每个零部件都需要遵循专门的回收路径。这些路径会随着工艺规划、再制造目标，以及回收开发与最终产品所具有的类型要求而有所变化。在任何情况下，再制造厂商都必须具备环境意识，诸如采用低功耗线路和低辐射显示器等节能、低污染部件，这对于增加市场和客户非常重要。再制造厂要经常进行技术经济分析，确定部件是否值得使用，以及根据市场需要规划再制造升级工艺。总体上来讲，制造商需要在新机中进行再制造性设计，以便于增加计算机末端时再制造的便利性，使得高附加值的元器件、部件都可以进行再制造。

退役计算机可能是由于出现了病毒感染、电源故障和显示器退化等问题。大多数问题随着故障或者老旧模块的更换能够得到解决。但为了满足客户的更高需求，需要考虑是否更换更大的硬盘和显示器，以及再制造升级其他的部件，以便提升再制造计算机功能，使其满足客户的更高需求。但由于输入、输出设备和CPU的限制，以及兼容问题，并非所有硬件都可以升级。

（3）再制造计算机市场分析　再制造一台旧计算机的成本比首次制造新产品的成本要低得多，其主要挑战不在于再制造工艺，而在于市场的认同。计算

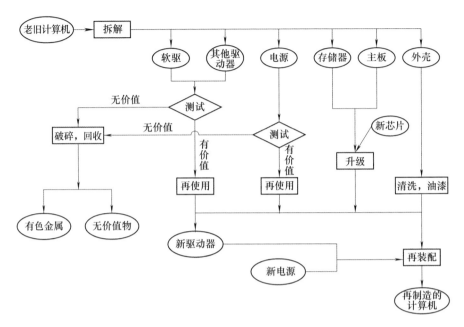

图 7-10　计算机回收与再制造工艺流程

机的主流市场对老旧计算机较为封闭。因此，计算机再制造商要为升级后的再制造计算机选择市场，要根据市场需求变化来进行计算机的再制造升级，满足再制造计算机的市场需求。再制造计算机要充分考虑用户在开放环境中，所面临的软硬件的兼容性限制。为了能在网络中运行，用户必须跟踪所属区域采用的软件升级。软件升级要求硬件更新，这将消耗更多的计算机资源。因此，再制造计算机可能在个人用户中面临着市场的困境，但可以从大量的公用客户中进行选择，如学校或者工商企业，多要求计算机性能稳定、费用较低、满足特定要求，不会追逐当前网络上新兴的软件或者硬件趋势。再制造计算机需要谨慎选择市场及再制造目标，制订合理的再制造升级规划。

》》4. 计算机再制造体系的建立

（1）建立稳定的老旧计算机物流体系　建立以生产厂商为主体的上门回收服务、以零售商为主体的废旧计算机回收服务、以现有个体家电回收者为主体的上门或定点收购服务等老旧计算机的逆向物流回收体系，形成网络化节点及检测站，方便快速收集用户的老旧计算机，使之能够顺利地批量化返回计算机再制造和资源化中心，为再制造和资源化提供生产毛坯。

（2）建立准确的再制造计算机市场分析反馈模式　能够及时对再制造计算机市场进行分析预测，并及时反馈到再制造生产设计部门，科学确定正确的老旧计算机再制造升级方式与目标，使得再制造计算机及时适应多变市场的需求。

（3）加强对再制造计算机的宣传与推销　市场是再制造产品盈利的主要动力，要加强对特定客户群的市场宣传，树立再制造计算机的正面形象，建立稳定的客户群，做好售后保障模式。在营销中要开创新模式，如推销中可以采用销售服务的模式，即针对客户需求，提供必需的计算机服务，而不是提供计算机产品等。

7.4　恢复再制造典型应用

以美国为代表的欧美国家的机械产品再制造主要采用恢复再制造，即以换件修理法和尺寸修理法为技术理念来恢复零部件的尺寸，主要对损伤程度较重或修复难度较大的零件直接更换新件，对损伤程度较轻的零件，以新品在设计制造时就预留的尺寸余量为基础，利用车、磨和镗等冷加工技术，以减小零件尺寸为代价达到恢复零件表面精度的目的，再与大尺寸的新品零件重新配副。例如，英国 Lister Petter 再制造公司每年为英、美军方再制造 3000 多台废旧发动机，再制造时，对于磨损超差的缸套和凸轮轴等关键零件都予以更换新件，并不修复。美国最大的发动机再制造公司康明斯（CUMMINS）公司，以及中国与欧美合资的再制造企业，如东风康明斯发动机有限公司、上海幸福瑞贝德动力总成有限公司等，均采用这种技术理念。我国再制造生产大多采用的是恢复再制造的方式。

换件修理法和尺寸修理法的工艺流程包含：旧件拆解清洗、分类检测、机械加工（或换件）、再装配和台架试验等，其主要的优点是方法成熟、技术较简单，易为起步阶段的企业采用，有利于企业快速形成再制造能力。但其不足也非常明显，首先是更换新件浪费很大；其次是尺寸修理破坏了零件的互换性，且削弱了零件再一次再制造的能力，降低了产品服役中的维修保障能力；第三是只能对表面轻度损伤零件进行再制造，无法对表面重度损伤零件以及三维体积损伤零件（如掉块、"缺肉"）进行再制造。上述不足导致大量零件报废。目前在欧美国家最成熟的汽车发动机再制造领域，其旧件利用率尚无法达到 70%，在其他不太成熟的再制造领域，旧件利用率更低。对于我国来说，要实现深度的节能减排，必须从再制造的技术理念源头实现原始创新。

7.4.1　发动机再制造

1. 概述

发动机再制造是将旧发动机按照再制造标准，经严格的再制造工艺后，恢复成各项性能指标达到或超过新机标准的再制造发动机的过程。汽车发动机再制造既不是一般意义上的新发动机制造，也非传统意义上的发动机大修，而是一个全新的概念。

新发动机制造是从新的原材料开始,而发动机再制造则以旧发动机为毛坯,以可修复基础件为加工对象,充分挖掘了旧机的潜在价值。发动机再制造省去了毛坯的制造及加工过程,节约了能源、材料和费用,并减少了污染。统计资料表明,新制造发动机时,制造零件的材料和加工费用占 70% ~ 75%,而再制造中,其材料和加工费用仅占 6% ~ 10%。

发动机大修大多是以单机为作业对象,采用手工作业方式,修理周期过长,生产效率及修复质量受到了很大局限。再制造汽车发动机则采用了专业化、大批量的流水作业线生产,保证了产品质量和性能。

发动机再制造赋予了发动机第二次生命,这是一种质的转变,具有高质量、高效率、低费用和低污染的优点,这给用户带来了极大实惠,给企业带来了极大利润,给环境带来了极大效益。在人口、资源和环境协调发展的科学发展观指导下,汽车发动机再制造的内涵更加丰富,意义更为重大,尤其是把先进的表面工程技术引用到汽车发动机再制造后,构成了具有中国特色的再制造技术,对节约能源、节省材料和保护环境的贡献更加突出。由于发动机再制造在性价比方面比发动机大修占据明显的优势,因此以发动机再制造取代汽车发动机大修将成为今后的发展趋势。

▶ 2. 发动机再制造工艺流程

发动机再制造的大致工序是发动机拆解、零件清洗、零件检测、再制造加工、加工后检测、整机再装配、磨合试验、涂装等,如图 7-11 所示。

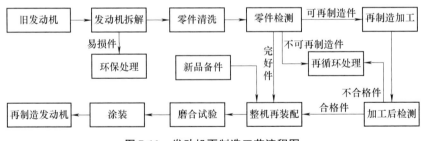

图 7-11　发动机再制造工艺流程图

1）对旧发动机要进行全面拆解,拆解过程中直接淘汰发动机的活塞总成、主轴瓦、油封、橡胶管和气缸垫等易损零件,一般这些零件因磨损、老化等原因不可再制造或者没有再制造价值,装配时直接用新品替换。拆解后的发动机主要零件如图 7-12 所示,无价值的发动机易损件如图 7-13 所示。

2）清洗拆解后保留的零件。根据零件的用途和材料,选择不同的清洗方法,包括高温分解、化学清洗、超声波清洗、液体喷砂和干式喷砂等。清洗中采用的高温分解清洗设备如图 7-14 所示。

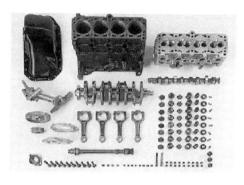

图 7-12 拆解后的发动机主要零件

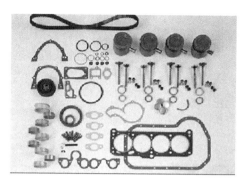

图 7-13 无价值的发动机易损件

3）检测鉴定。对清洗后的零件进行严格的检测鉴定，并对检测后的零件进行分类。可直接使用的完好零件送入仓库，供发动机再制造装配时使用，这类零件主要包括进气管总成、前后排气歧管、油底壳和正时齿轮室等。可进行再制造加工的失效零部件主要包括缸体总成、连杆总成、曲轴总成、喷油泵总成、缸盖总成等，一般这类零件可再制造恢复率达 80% 以上。

图 7-14 高温分解清洗设备

4）对失效零件的再制造加工可以采用多种方法和技术，如利用先进表面技术进行表面尺寸恢复，使表面性能优于原来的零件，或者采用机加工技术重新加工到装配要求的尺寸，使再制造发动机达到标准的配合公差范围。纳米电刷镀技术用于曲轴再制造如图 7-15 所示，采用机械加工法进行零件再制造如图 7-16 所示。

图 7-15 纳米电刷镀技术用于曲轴再制造

图 7-16 采用机械加工法进行零件再制造

5）将全部检验合格的零部件与直接更换的新零件严格按照新发动机技术标准装配成再制造发动机，如图 7-17 所示。

6）对再制造发动机按照新机标准进行整机性能指标检测，如图 7-18 所示。

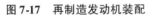

图 7-17　再制造发动机装配

图 7-18　再制造发动机性能检测

7）发动机外表的喷漆和包装入库，或发送至用户。废旧斯太尔发动机如图 7-19 所示，再制造后的发动机如图 7-20 所示。

图 7-19　废旧斯太尔发动机

图 7-20　再制造后的发动机

根据和用户签订的协议，如果需要对发动机进行改装或者技术升级，则可以在再制造工序中更换零件或嵌入新模块。

▶▶ **3. 再制造发动机的效益分析**

（1）废旧斯太尔发动机三种资源化形式所占的比例　废旧机电产品资源化的基本途径是再利用、再制造和再循环。对 3000 台斯太尔 615-67 型发动机的再制造统计结果表明，可直接再利用的零件数占 23.7%，价值占 12.3%；经再制造加工后可使用的零件数占 62%，价值占 77.8%；需要用新品替换的零件数占 14.3%，价值占 9.9%。经清洗后可直接使用的主要零件见表 7-11，再制造加工后可使用的主要零件见表 7-12，需要用新品替换的主要零件见表 7-13。

表 7-11　经清洗后可直接使用的主要零件

序号	名　称	材　料	质量/kg	判断标准	可直接使用率（%）
1	进气管总成	铸铝	10	原厂标准	95
2	前排气歧管	铸铁	15	原厂标准	95
3	后排气歧管	铸铁	15	原厂标准	95
4	油底壳	钢板	10	原厂标准	90
5	机油冷却器芯	铜	5	原厂标准	90
6	机油冷却器盖	铸铝	5	原厂标准	80
7	集滤器	钢板	1	原厂标准	95
8	正时齿轮室	铸铁	30	原厂标准	80
9	飞轮壳	铸铁	40	原厂标准	80

表 7-12　再制造加工后可使用的主要零件

序号	名　称	材　料	质量/kg	常见失效形式	再制造时间/h	可再制造率（%）
1	缸体总成	铸铁	300	磨损、裂纹、碰伤	15	95
2	缸盖总成	铸铁	100	裂纹、碰伤	8	95
3	连杆总成	合金钢	30	磨损、抱瓦	6	90
4	曲轴总成	合金钢	200	磨损、抱轴	16	80
5	喷油泵总成	铸铝	30	渗漏	10	90
6	气门	合金钢	2	磨损	1	60
7	挺柱	合金钢	2	端面磨损	1	80
8	喷油器总成	合金钢	2	偶件失效	1	70
9	空压机总成	合金钢	30	连杆损坏	4	70
10	增压器总成	铸铁、铸铝	20	密封环失效	4	70

表 7-13　需要用新品替换的主要零件

序号	名称	材料	质量/kg	常见失效原因	判断标准	替换率（%）	替换原因
1	活塞总成	硅铝合金	18	磨损	原厂标准	100	无再制造价值
2	活塞环	合金钢	1	磨损	原厂标准	100	无法再制造
3	主轴瓦	巴氏合金	0.5	磨损	原厂标准	100	无再制造价值
4	连杆瓦	巴氏合金	0.5	磨损	原厂标准	100	无再制造价值
5	油封	橡胶	0.5	磨损	原厂标准	100	老化
6	气缸垫	复合材料	0.5	损坏	原厂标准	100	无法再制造
7	橡胶管	橡胶	4	老化	原厂标准	100	老化
8	密封垫片	纸	0.5	损坏	原厂标准	100	无再制造价值
9	气缸套	铸铁	14	磨损	原厂标准	100	无再制造价值
10	螺栓	合金钢	10	价值低	原厂标准	100	无再制造价值

（2）经济效益分析 与新发动机的制造过程相比，再制造发动机生产周期短、成本低，新机制造与旧机再制造的生产周期对比见表 7-14，新机制造与旧机再制造的基本成本对比见表 7-15。

表 7-14 新机制造与旧机再制造的生产周期对比 （单位：d/台）

项　　目	生产周期	拆解时间	清洗时间	加工时间	装配时间
再制造发动机	7	0.5	1	4	1.5
新发动机	15	0	0.5	14	0.5

表 7-15 新机制造与旧机再制造的基本成本对比 （单位：元/台）

项　　目	设备费	材料费	能源费	新加零件费	人力费	管理费	合计
再制造发动机	400	300	300	10000	1600	400	13000
新发动机	1000	18000	1500	12000	3000	2000	37500

（3）环保效益分析 再制造发动机能够有效地回收原发动机在第一次制造过程中注入的各种附加值。据统计，每再制造 1 台斯太尔发动机，仅需要新机生产 20% 的能源，可回收原产品中质量 94.5% 的材料继续使用，减少了资源浪费，避免了产品因为采用再循环处理时所造成的二次污染，也节省了垃圾存放空间。据估计，每再制造 1 万台斯太尔发动机，可以节电 1450 万 kW·h，减少 CO_2 排放量 11.3~15.3kt。

（4）社会效益分析 每销售 1 万台再制造斯太尔发动机，购买者在获取与新机同样性能发动机的前提下，可以减少投资 2.9 亿元；若年再制造 1 万台斯太尔发动机，则可提供就业岗位 500 个。

（5）综合效益分析 年再制造 1 万台斯太尔发动机的经济环境效益分析见表 7-16，由此可以看出，若年再制造 1 万台斯太尔发动机，则可以回收附加值 3.23 亿元，提供就业岗位 500 个，并可节电 0.145 亿 kW·h，税金 0.29 亿元，减少 CO_2 排放 11.3~15.3kt。

表 7-16 年再制造 1 万台斯太尔发动机的经济环境效益分析

效益	消费者节约投入/亿元	回收附加值/亿元	直接再用金属/万 t	提供就业岗位/个	税金/亿元	节电能/亿 kW·h	减少 CO_2 排放/kt
再制造	2.9	3.23	0.765（其中钢铁 0.575，铝 0.15，其他 0.04）	500	0.29	0.145	11.3~15.3

7.4.2　齿轮变速箱再制造

1. 概述

齿轮变速箱作为一种重要的机械传动部件，是汽车传动系中改变传动比和传动方向的机构，其运行正常与否直接影响整车的工作。在实际的工程应用中，许多报废齿轮变速箱中齿轮、轴承和轴等零部件的磨损、腐蚀、裂纹和变形等失效均发生在表面或从表面开始，变速箱的失效零件及失效比例见表7-17。可见，废旧齿轮变速箱的失效主要发生在齿轮、轴承和轴等零件上，要对变速箱实施绿色再制造后的重新使用，必须对这三大件运用表面工程技术手段进行修复和性能升级。

表 7-17　变速箱的失效零件及失效比例

失 效 零 件	失效比例（%）
齿轮	60
轴承	19
轴	10
箱体	7
紧固体	3
油封	1

因此，适当地运用绿色再制造工程理念，采用先进的表面工程技术手段，对废旧齿轮变速箱实施最佳化的再制造，对解决我国资源与环境问题、推行可持续发展战略有重要影响。

2. 变速箱再制造过程

废旧齿轮变速箱产品进入再制造工序后，可采取与发动机再制造相似的工艺方案。

（1）全面拆解旧机　齿轮变速箱按照"变速箱后盖→输入轴后轴承→变速箱轴承支座→输入轴总成→输出轴总成→主传动轴和差速器→变速箱壳体"的步骤进行拆解。拆解中直接淘汰旧机中简单、附加值低的易损零件，一般这些零件因磨损、老化等原因不可再制造或者没有再制造价值，装配时直接用新品替换。

（2）清洗拆解后保留的零件　根据零件的用途和材料，选择不同的清洗方法，如高温分解、超声波清洗、振动研磨、液体喷砂和干式喷砂等对拆解后的零件进行清洗。

（3）对清洗后的零件进行严格的检测判断　采用各种量具，对清洗后的废旧零件进行尺寸及性能的检测。将检测后的零件分为三类：可直接用于再制造变速箱装配的零件、可再制造修复的失效零部件、需用新品替代的淘汰件。

（4）失效零件的再制造加工　对失效零件的再制造加工可利用表面工程技术进行。通常根据废旧零件的失效原因，来选择不同的表面工程技术以达到再制造目的。

1）对于磨损失效类零件，通过增材使零件获得新的加工余量，以便采用机加工技术重新加工，使其达到原设计的尺寸、几何公差和表面质量要求。

2）对于失效形式是腐蚀、划伤、变形或出现裂纹的零件，可以采用先进的表面处理技术进行恢复，如采用高速电弧喷涂技术，在零件表面形成致密的、具有高结合强度的组织以恢复其使用性能。

（5）再制造装配　将全部检验合格的零部件与加入的新零件，严格按照新品生产要求装配成再制造产品。

（6）整机磨合和试验　对再制造产品按照新机的标准进行整机性能指标测试，应满足新机设计的性能要求。

（7）涂装　对新机外表喷漆和包装入库，并根据客户订单发送至用户。

7.5　升级再制造典型应用

升级再制造是指通过再制造过程对废旧产品进行性能或功能升级，以便更好满足服役要求，通常用再制造升级来表示。再制造升级是再制造的重要组成部分，是实现废旧产品高品质再制造利用的最佳模式，尤其随着技术的快速发展，产品因性能落后而退役的情况越来越多，再制造升级也必将在再制造实施中发挥越来越重要的作用。

作为再制造的重要技术方法，再制造升级在逆向物流和实施工艺等方面都和恢复性再制造具有相同的地方，即回收的物流都具备时间、品质和数量的不确定性，都需要进行拆解、清洗、检测、加工、装配和涂装等步骤，其与恢复性再制造的主要不同之处有以下三点：

1）在废旧产品要求上更严格，既要能够拥有足够的剩余寿命，又要能够进行模块的替换和结构的改造等，满足新品功能的需求。

2）恢复性再制造在工艺设计方面一般要求恢复原来的性能，所以工序设计内容较少，而再制造升级要求更高，是要在原来的约束基础上，进行相应的对结构或模块的重新配置或改造，设计内容相对复杂。

3）在加工阶段，传统的再制造要求进行零件尺寸或性能的恢复，而再制造升级除了性能恢复外，许多还要求进行性能提升、结构改造和模块替换等，要求标准更高。

总的来说，除了拥有全部的再制造工艺技术外，再制造升级还需要新增加许多特殊的技术要求，在产品设计、生产加工和销售等步骤，都具有一定的特殊性，对其进行深入研究，可以丰富再制造工程理论，为再制造升级的实施提供支撑。

产品升级改造可有三种模式，一是通过直接在原产品上加装或改装新模块来增加功能性能，一般增加功能后并不延长原产品的剩余使用寿命；二是通过改变产品结构来改变产品用途；三是在改造中对原产品通过全面的拆解、清洗、加工和装配等类似再制造的工艺步骤，使改造后产品服役寿命达到或超过原新产品的服役寿命，同时在此改造过程中通过增加新模块和利用新技术来提升产品的功能和性能。将第三种升级改造方法称为再制造升级，与前两种产品改造方法相比，再制造升级有以下特点：一是更加规范的操作要求，即再制造升级需要按照标准的产品再制造工艺来进行操作，需对产品全面拆解，将所有零件都恢复到或超过新件质量要求，并按新品质量进行装配，更利于保证产品升级后质量；二是更高的质量要求，即产品再制造升级是一种对产品全面的性能恢复和升级，再制造升级后，产品服役寿命要求达到或超过新产品的服役寿命，属于全新产品的重新使用。

因此，产品再制造升级是产品再制造和改造的重要组成部分和实施手段，在产品质量上标准更高，是废旧产品再制造和改造发展的高品质选择。

7.5.1 机床数控化再制造升级

1. 机床数控化再制造升级概念

数控机床是一种高精度、高效率的自动化设备，是典型的机电一体化产品。它包括机床机械数控系统、伺服驱动及检测等部分，每部分都有各自的特性，涉及机械、电气、液压、检测及计算机等多项领域技术。

老旧机床数控化再制造升级是利用计算机数字控制和表面工程等技术，对老旧机床进行数控化改造，恢复或提高机床的机械精度，实现数控系统及伺服机构两方面的技术合成。再制造后数控机床的加工精度高、生产效率高、产品质量稳定，并可改善生产条件，减轻工人劳动强度，有利于实现现代化生产管理的目标。机床数控化再制造可以充分利用原有资源，减少浪费，绿色环保，并达到机床设备更新换代和提高机床性能的目的。而资金投入要比从原材料起步进行制造的新数控机床少得多，对环境污染也少得多。

近年来，我国已积极开展了对机床数控化再制造技术的研究，如武汉华中数控股份有限公司先后完成了50多家企业数百台设备的数控化再制造升级，为国家节约了数亿元设备购置费。一般来说，数控化再制造一台普通机床的价格不到相同功能新数控机床的一半。因此，对老旧机床进行数控化再制造具有重大意义：既能充分利用原有的老旧设备资源，减少浪费，又能够以较小的代价获得性能先进的数控设备，满足现代化生产的要求，符合我国的产业政策。

▶ 2. 机床数控化再制造升级的总体设计及路线

（1）总体原则 在保证再制造机床工作精度及性能提升的同时，兼顾一定的经济性和环境性。具体来讲，就是先从技术和环境角度对老旧机床进行分析，考察其能否进行再制造，其次要看这些老旧机床是否值得再制造，再制造的成本有多高，如果再制造成本太高，则不宜进行。例如：机床核心件已经发生严重破坏（如床身产生裂纹甚至发生断裂），这样的机床就不具备再制造的价值，必须回炉冶炼；机床主轴如果发生严重变形、主轴箱也已无法继续使用，则也不具备再制造的价值，虽然这类机床可通过现有的技术手段将其恢复，但再制造的成本较高。

机床零部件级再制造根据零部件的不同可以分为四个层次，即再利用、再修复、再资源化及废弃处理。床身、立柱和箱体等大中型铸造件，由于时效性和稳定性好，再制造技术难度及成本低，而重用价值高，力求完全重用。主轴、导轨、蜗杆副和回转工作台等机床功能部件，精度及可靠性要求高，新购成本也很高，因此通常需要对其进行探伤检测及技术性检测，然后采用先进制造技术和表面工程技术对其进行再制造升级或恢复，达到或超过新制品性能要求而重用。老旧机床中还有一部分淘汰件和易损件，一般采用更换新件的方式以保证再制造机床的质量，这些废旧件的重用一般采取降低技术级别在其他产品中再使用的方式实现资源循环重用。此外密封件、电气部分通常会做报废弃用处理。

（2）设计思路 老旧机床数控化再制造升级技术是表面工程技术、数控技术和机床改造及修理技术的综合集成创新，其设计思想体现了这种集成技术的综合运用：

1）运用高新表面工程技术和机床改造及修理技术高质量地恢复与提升机床机械结构性能。运用高新表面工程技术修复与强化机床导轨、溜板和尾座等磨损、划伤表面，恢复其尺寸、形状和位置精度。

2）采用修复、强化与更换、调整等方法恢复与提高老旧机床的传动精度。对机床的润滑系统及动配合部位采用纳米润滑减摩技术以提高机床的润滑、减摩性能，提升机床工作效率。

3）优选数控系统和机床的伺服驱动系统。通过在老旧机床上安装计算机数字控制装置以及相应的伺服系统，整体提升机床的控制性能与控制精度，实现产品加工制配的自动化或半自动化操作。

（3）主要内容

1）采用纳米表面技术、复合表面技术等先进的表面工程技术，灵活应用传统机床维修方法，修复与强化机床导轨、溜板、尾座等磨损、划伤表面，恢复其尺寸、形状和位置精度，从整体上恢复机床机械结构精度。

2）采用修复、强化与更新、调整等方法恢复与提高老旧机床的运动精度，如通过更换滚珠丝杠提高传动精度，通过自动换刀装置提高刀具定位精度，采用多种方法提高主轴回转精度等。对机床的润滑系统及动配合部位采用纳米润滑减摩技术以改善机床的润滑与减摩性能。

3）在原设备上安装微型计算机数字控制装置和相应的伺服系统以替代原有的电气控制系统，整体提升机床的控制性能与控制精度，实现零件加工制配的自动化或半自动化操作。

4）采用计算机数控技术、以纳米表面技术和复合表面技术为代表的机床先进修复技术和以纳米润滑添加剂技术、纳米润滑脂技术为代表的先进润滑减摩技术的综合集成，形成一套完整的老旧机床数控化再制造综合集成技术。

▶▶ 3. 机床数控化再制造升级实施技术方案

根据机床数控化再制造升级的需求目标要求和再制造升级的一般工艺技术方案，可将机床数控化再制造的主要阶段分为机床数控化再制造升级准备阶段、机床数控化再制造升级预处理阶段、机床数控化再制造升级加工阶段和机床数控化再制造升级后处理阶段。机床数控化再制造升级实施流程如图7-21所示。

（1）机床数控化再制造升级准备阶段

1）待升级的老旧机床回收。首先要确定进行数控化再制造升级的老旧机床，并将选定的老旧机床通过一定的物流运送到再制造升级车间，或者针对大型不便移动的老旧机床，则可以在具备实施条件的情况下，在现场开展再制造升级工作。

2）进行老旧机床品质的检测分析。针对待升级的老旧机床，通过查阅其服役资料，开展其技术性能的检测与分析，明确其技术状况和质量品质，了解其生产和服役历史资料，包括设备和关键零部件失效的原因，从零部件的材料、性能、受力情况和受损情况等方面进行升级检测分析。

3）机床数控化再制造升级的可行性评估。根据检测分析结果，从技术、经济和性能等角度对机床再制造升级可行性进行综合评估，考察其是否具备再制造升级的可能性。例如，若机床的核心件发生了严重破坏，如床身出现裂纹甚至断裂、机床主轴严重变形或主轴箱损毁等，则这样的机床就无法保证再制造后的质量，或者再制造所需要的费用过高，不具备再制造价值。

4）再制造升级方案设计。按照用户需求重要度分析结果，确定机床再制造升级要求达到的性能指标，并优化形成明确的再制造升级方案，提前规划配置再制造升级所需要的保障资源，进行机床再制造技术设计和工艺设计，明确针对要求达到的数控化机床精度和自动控制目标，所需要的技术手段、采取的技

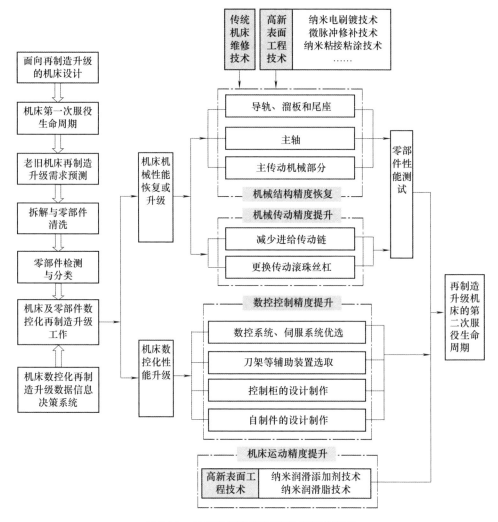

图7-21　机床数控化再制造升级实施流程

术设备、准备的备件资源及生产的工艺规程等，详细进行总体实施方案设计。

（2）机床数控化再制造升级预处理阶段　老旧机床数控化再制造升级预处理阶段主要是按照升级方案的设计内容，完成零部件升级加工前的拆解、清洗、检测及分类等预先处理内容，为再制造升级加工的核心处理步骤提供条件。主要包括：

1）老旧机床的无损化拆解。根据无损拆解的原则，将老旧机床逐步拆解为模块或零件级水平，并在拆解过程中，对于明确的易损件（需新品替换的）、老化无法恢复或升级的零件、将被升级功能模块或零件替换的旧件，直接进行资源化材料回收，或者废弃后进行环保处理；对于可以利用的则进入清洗环节。

对于拆解过程中老旧机床中的废油等进行资源回收。老旧机床的拆解要做到不同零件的层次化利用，即尽最大努力进行核心件或高附加值零件的恢复利用，对于确实无法利用的，可以回收材料，无法回收材料资源的，则进行环保处理，避免对环境的危害，实现最大化的资源回收。

2）老旧机床零部件清洗。根据机床零部件拆解后的表面形状及污垢形态的要求，以满足废旧零部件升级加工和装配要求为目标，采用物理或化学方法对零件进行清洗。为避免对环境的污染，采用物理清洗方式，同时避免清洗过程对机床零部件的二次损坏，减少再制造升级的加工工作量。

3）老旧机床零部件的检测与分类。根据再制造升级机床零部件的质量要求，为满足升级后机床的配合要求，需要对零部件的设计尺寸进行检测，尤其要保证配合件的配合间隙，对于结构没有变动的机床部位，要满足零部件的设计质量要求，用设计标准来进行几何与性能参数检测。例如，可对老旧机床的主轴、导轨等关键部件开展探伤检测分析。根据检测结果对机床零部件进行分类贮存。

（3）机床数控化再制造升级加工阶段　老旧机床数控化再制造升级加工阶段是实现老旧机床性能提升的核心阶段，该阶段不但要按照传统的再制造工艺进行损伤零部件的性能和尺寸恢复，还需要围绕机床数控化及其控制精度的升级、机床机械结构精度的恢复与提升以及机床运动系统精度的恢复与提升三方面的内容开展工作。

1）机床数控化及其控制精度的升级。目前，机床数控化再制造升级需要选择性价比合适的数控系统和对应的伺服系统。考虑再制造升级的费用要求，数控系统可以采用我国自行研制的经济型数控系统，采用步进电动机作为伺服系统，其步进脉冲当量值大多为 0.01mm，实际加工后测得的零件综合误差不大于 0.05mm，升级后的控制精度要高于当前手工操作时获得的精度。升级主要完成下列工作：

① 选定再制造升级的数控系统和伺服系统。以满足升级后功能要求为目标，确保系统工作的可靠性质量要求，合理选择适当的数控系统；按所选数控系统的档次和进给伺服所要求的机床驱动力矩大小来选取伺服驱动系统，如低档经济型数控系统在满足驱动力矩的情况下，一般都选用步进电动机驱动方式，通常数控系统和伺服驱动系统都要由一家公司配套供应。

② 选取再制造升级的辅助装置。根据机床的控制功能要求来选取适当的机床辅助装置，包括刀架等内容。一般来说，为保证刀具的自动换刀，可选四工位或六工位的电动刀架；对于一般的数控机床辅助装置，通常可选国内的辅件生产商，选择时可根据其产品说明书要求，升级过程中在机床上安装调试。

③ 设计和制作强电控制柜。机床数控化升级通常要求对原有电器控制部分

全部更换，升级中机床的强电控制部分线路设计主要根据数控系统输入输出接口的功能和控制要求进行，需要时可配置 PLC 可编程控制器；升级中的有些控制功能，应尽量由弱电控制来完成，避免强电控制造成的故障率高。

2）机床机械结构精度的恢复与提升。老旧机床经过了长期服役，在升级前必然存在着一些损伤，如机床导轨等摩擦副存在的不同程度磨损，需要进行尺寸精度恢复或性能强化，恢复其机械精度，确保零件加工精度要求。

① 再制造恢复机床导轨和拖板。传统的机床导轨维修主要通过导轨磨床重磨并刮研拖板的方法来恢复其精度，但传统工艺很难恢复淬火后机床导轨的精度。所以机床再制造升级中可以采用先进的表面工程技术来修复缺损导轨，达到较高的性价比。例如，可以采用纳米复合电刷镀技术来修复与强化老旧机床导轨（图 7-22）、拖板和尾座等配合面的磨损超差量，恢复其原始设计尺寸、形状和位置精度要求。若导轨表面有小范围划伤和局部碰伤，则可采用微脉冲电阻焊技术再制造恢复（图 7-23）。在有条件的地方采用传统的导轨磨削修复损伤机床导轨，采用手工刮研工艺修配拖板精度（图 7-24）。

a) 再制造前导轨　　　　　　　b) 再制造过程　　　　　　　c) 再制造后导轨

图 7-22　老旧机床导轨磨损表面的电刷镀再制造

图 7-23　导轨划伤的微脉冲电阻焊加工恢复　　　图 7-24　拖板精度的手工刮研工艺修配

② 再制造恢复主轴旋转精度。主要采用更换主轴轴承、纳米电刷镀技术恢复轴承座孔磨损及调整锥形螺纹松紧度等方式来达到恢复主轴旋转精度的要求。

③ 升级主传动机械部分。若原主轴电动机满足原来的性能要求，则可以利

用原来主轴交流电动机，再升级加装一定的变频器，实现交流变频调速；通过在主轴旋转的部位升级加装主轴旋转编码器，可以实现每转同步进给切削；需要采用电磁离合器换档的，需改进主轴齿轮箱，通过改造采用无级变速来减少变换档数。

3）机床运动系统精度的恢复与提升。机械传动部分的再制造升级和精度恢复，需要根据机床的结构特点和要求，完成下列工作：

① 将普通机床的梯形螺纹丝杠更换为滚珠丝杠，保障运动精度，提高运动灵活性。

② 更换原进给箱，增加传动元件，换成仅一级减速的进给箱或同步带传动，减少由于传动链各级之间的误差传递，同时增加消除间隙装置，提高反向机械传递精度。

③ 采用纳米润滑脂对传动部件减摩。对于具有相对运动的部分，可采用润滑减摩技术，提高运动部位的减摩性能，降低因摩擦对运动精度造成的干扰。例如滚珠丝杠上可添加纳米润滑脂（图 7-25），减少磨损，并实现及时自修复。

④ 添加纳米润滑添加剂。为提高升级后机床服役的原位自修复能力，在机床床头齿轮箱等需要采用油润滑的部位，可以添加纳米润滑添加剂，进一步减小服役中的配合件摩擦，提高配合副的可靠性和质量。例如，在床头齿轮箱内添加纳米润滑添加剂（图 7-26），可使齿轮之间的摩擦减小，有利于提高机械效率和齿轮的使用寿命。

图 7-25　在滚珠丝杠上添加纳米润滑脂

图 7-26　齿轮箱中加入纳米润滑添加剂

（4）机床数控化再制造升级后处理阶段

1）数控化机床装配。按照技术要求对再制造零部件进行尺寸、形状和性能检验，将满足零部件质量要求的进入装配，完成数控化机床的组件、部件和整个机床的装配，保证整体配合件的公差配合精度。机床各个部件改装完毕后可进入总体性能调试阶段，通常先对机床的电气控制部分进行联机调试。机床数控化再制造升级可能有多种方案，由于机床类型与状态的差别，再制造升级的内容也不完全相同，需要根据实际情况反复多次进行，直至达到要求为止。

2）升级后机床性能检测。对升级后的机床按国家标准，与新出厂的产品一样要求执行检测，进行整体性能检测，最后还要进行实际加工精度检验（图7-27），包括各个部件自身的精度和零件加工精度，一般应按相应的国家标准进行。

3）数控化再制造升级机床涂装。对满足质量要求的数控化再制造升级机床进行涂装（图7-28），准备相关的备件及说明书、保修单等附件资料。

图 7-27　再制造车床实际加工精度检验　　　　图 7-28　涂装后的数控化再制造升级机床

4）再制造升级机床的销售及售后服务。通过售后服务来保障数控化再制造机床的正常服役，适时进行人员培训、机床质量保证、备件供应以及长期技术支持等各种配套服务，提高数控化再制造机床的利用率。

▶▶ 4. 机床数控化再制造升级效益分析

1）废旧机床数控化再制造周期短，性能提升明显。一般的经济型数控机床价格为普通机床的数倍，而全功能数控机床则要高达十几倍，甚至几十倍。与购置新机床相比，数控再制造的机床一般可节省60%～80%的费用，大型、特殊机床则可节约更多。一般大型机床的再制造费用，只为新机床购置费用的1/3。采用自行再制造或与再制造公司联合的方法，可使再制造周期缩短。在一些特殊情况下，如改造高速主轴、刀具自动交换装置和托盘自动交换装置等，其制作与安装虽然较费时、费钱，使再制造的成本提高，但与新购置机床相比，还是能节省投资50%左右。另外在加工零件时，只要程序正确，数控车床的成品率几乎可达100%，而普通车床的成品率与车工的操作水平、车工操作时的情绪及操作时的工作环境等有关，所以废品率比数控车床要高，因而加工成本增加。CA6140车床精度再制造升级前后精度检测见表7-18，生产零件精度得到极大提升。

表 7-18　　CA6140 车床精度再制造升级前后精度检测　（单位：mm）

检 验 项 目	允 许 误 差	实 测 误 差	升级后误差
主轴轴线对溜板移动的平行度	$a = 0.020/300$ $b = 0.015/300$	$a = 0.022$ $b = 0.015$	$a = 0.020$ $b = 0.015$
溜板移动对尾座顶尖套伸出方向的平行度	$a = 0.03/300$ $b = 0.03/300$	$a = 0.010$ $b = 0.015$	$a = 0.010$ $b = 0.015$
主轴轴肩支承面的跳动	0.02	0.015	0.005
主轴定心轴颈的径向圆跳动	0.01	0.02	0.005
主轴锥孔轴线的径向圆跳动	$a = 0.01$ $b = 0.02/300$	$a = 0.05$ $b = 0.30$	$a = 0.01$ $b = 0.02$
溜板移动在垂直平面的直线度	0.04	0.42	0.04

注：a 为上素线测量误差，b 为侧素线测量误差。

2）废旧机床数控化再制造节省培训操作、维修经费。由于旧设备已使用多年，机床操作者和维修人员已对其机械性能、结构和加工能力了解透彻。在机床数控化再制造时，可根据企业自身的技术力量和条件，自行改造或委托专业公司进行改造，但都可以采用与原设备维修人员相结合的方法。这样，既可以在数控机床再制造过程中培养提高相关人员的数控技术水平，又便于合理选择原机床设备中需要更换的部分零部件，更主要的是通过再制造可大大提高企业自身对数控机床维修的技术能力，并大大缩短了机床操作和维修方面的培训时间。

3）数控化再制造合理选用数控功能，发挥资源最大效能。合理选用数控功能，就是要依据数控机床类型、再制造的技术指标及性能选择相应的数控系统。本着全面配置、长远考虑的基本原则，对数控功能的选择应进行综合比较，以经济、实用为目的。对一些价格增加不多，但给使用带来较多方便的附件，应尽可能配置齐全，以保证机床再制造后具有较多功能，但不片面追求新颖，避免增加不必要的费用。相对购买通用型数控机床来说，采用再制造方案可灵活选取所要的功能，也可根据生产加工要求，采用组合的方法增添某些部件，设计制造成专用数控机床。数控系统是整体提高机床控制性能与控制精度、实现加工制造自动化或半自动化操作的关键。因此，要注意数控系统与各种制图软件相兼容，若条件允许则可考虑与计算机进行远程网络通信，实现加工代码的网上传输及资源共享，进一步向数字化工厂或无人车间方向发展。

4）机床数控再制造后的经济效益明显。机床数控再制造后，具有对加工对象适应性强、精度高、质量稳定、生产效率高和自动化程度高的特点，并能实现复杂零件的加工，有利于实现现代化生产管理。由于数控机床的高效率，可减少设备数量、厂房面积、维修保养经费以及操作人员数量，还可提高产品的精度和质量，减少产品的次品率和机床的故障率。

5）数控化再制造社会效益分析。由于机床本身的特点，机床再制造所利用的床身、立柱等基础件都是重而坚固的铸铁构件，而不是焊接构件。以车床为例，结构与质量占机床大部分的床身、主轴箱和尾座等都能再利用。而这些铸铁件年代越久，自然时效越充分，内应力的消除使得稳定性比新铸件更好。另一方面，机床大部分铸铁件的重复使用节约了社会资源，减少了重新生产铸件时对环境的污染。再制造机床还可以充分利用原有地基，不需要重新构筑地基，同时工装夹具、样板及外围设备也能利用，可节约大量社会资源。

7.5.2 工业泵再制造升级

1. 概述

泵作为一种通用机械，在国民经济各个领域中都得到了广泛的应用。例如，在各种船舶辅助机械设备中，各种不同用途的船用泵总数量占船舶机械设备总量的20%~30%。船用泵所消耗的总功率占全船总能源消耗的5%~15%，船用泵的费用占全船设备总费用的4%~8%，一般一艘中型以上船舶的船用泵购置费可达1000万元以上。据统计，在全国的总用电量中，有21%左右是泵耗用的。由此可见，泵在我国国民经济建设中占有重要地位。

泵产业是机械制造业的一个重要部分。据国家统计局统计，目前全国各类泵生产企业约3000家，工业总产值约150亿元，有3000多个品种。但全国工业泵类生产企业的平均年产量只有3500台左右，平均规模只有美国、日本和德国等先进国家的1/8~1/5，品种类型是国外的1/2。所以我国在泵的生产量和种类上，都低于经济规模，具有巨大的发展潜力。

工业泵再制造是指将退役的老旧泵经过批量拆解、清洗、检测、加工和装配等再制造过程，生产成性能不低于新品泵标准的再制造泵的全部工程活动。泵再制造可以最大化地回收退役泵所蕴含的在制造过程中注入的附加值，并以最小的费用和技术投入来获得等同于新品的再制造泵。而且泵在社会上的巨大保有量，也为这个产业提供了较好的发展基础。

国外有公司从1985年就开始从事泵的再制造生产，能够对各种型号的泵进行再制造，对再制造泵提供6~12个月的质量保证期。我国每年也有大量的泵超期服役或退役，退役后多进行材料的再循环，造成了环境污染和资源浪费，这也为开展泵的再制造提供了良好的工业基础。

2. 工业泵的再制造工艺

工业泵的再制造过程要求工艺合理、经济性好、效率高和生产可行，根据生产企业的实际设备条件、技术水平和保障资源，择优确定出最合适的再制造工艺方案。老旧泵再制造的主要工艺流程如图 7-29 所示。另外还可以根据需要在再制造过程中进行泵的再制造升级，通过优化改造来提升泵本身的工作效率和性能。

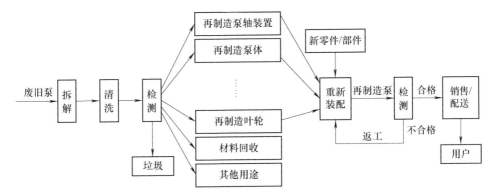

图 7-29 老旧泵再制造的主要工艺流程

（1）工业泵状态初步分析 当批量的废旧泵到达再制造生产企业后，按工作计划进行总体退役情况的分析，了解服役经历和退役原因，是因性能劣化还是因故障而退役，初步确定其再制造方案。

（2）废旧泵拆解 将废旧泵拆解为全部的零件。拆解过程中进行初步的判断，对于明显无法再制造或再利用的零件，直接抛弃并进行材料的再循环或环保处理，避免其进入清洗等再制造环节，减少工艺费用。这类明显无法再制造的零件主要包括老化的高分子材料、严重变形的零件以及一次性的密封元件等。对于高附加值的零件判断要谨慎，一般要通过后续工艺中专用的仪器设备来检测判断。

（3）废旧零部件清洗 全面清洗拆解后的零部件。例如离心泵的清洗过程如下：刷洗或刮去叶轮内外表面及密封环和轴承等处所积存的水垢及铁锈等，再用水或压缩空气清洗、吹净；清洗壳体各接合表面上积存的油垢和铁锈；清洗水封管并检查管内是否畅通；清洗轴瓦及轴承，除去油垢，再清洗油圈及油面计等；滚珠轴承应用汽油清洗等。

（4）零部件尺寸及性能检测 严格按照零件制造时的尺寸要求，对清洗后的所有零件进行检测。检测后，其尺寸及性能符合制造时的标准要求，即不用再制造就可直接在装配工艺中使用的零件，若暂时不进入再制造泵的装配工序，则要将其涂油后保存，防止锈蚀或碰伤。零件检测中主要检测叶轮、平衡装置、轴封装置、泵轴、轴承及泵体等。

（5）失效零件的再制造加工 再制造加工主要是对废旧泵的核心件进行再制造修复，恢复其几何尺寸及性能，满足再制造装配质量要求。核心件是指附加值高、对产品价格影响大的零件。对产品核心零件的再制造加工修复，是获取再制造最大利润的关键，也是产品能够再制造的基础。下面将对泵轴、壳体件、叶轮和平衡装置等核心件的再制造方法进行介绍。

1）泵轴的再制造。泵轴是转子的主要部件，轴上装有叶轮、轴套等零件，借助轴承支承在泵体中做高速旋转，以传递转矩。泵轴大多用45钢或40Cr钢等经热处理制成，附加值高，对再制造泵的价格影响较大。泵轴的主要失效形式有磨损和弯曲等。在清洗后，要进行裂纹、表面缺陷、轴颈尺寸及弯曲度的检查。对磨损常用的再制造方法有电刷镀、热喷涂、堆焊和镀铬等，弯曲失效可通过热校直法和冷压法进行加工，但一般只对弯曲程度较小的泵轴进行再制造。对弯曲较大无法校直的、产生裂纹的以及影响轴强度而无法修复的泵轴，需要进行更换。

例如，循环水泵的轴承部位会发生磨损及烧伤，单边磨损量一般为0.05～0.5mm，若发生轴承烧伤事故，则深度可达1.0mm。若更换新轴，则费用较高，会增加再制造泵的费用投入，减少再制造利润。而如果根据轴颈的磨损量分别采用电刷镀或热喷涂方法进行再制造，则可以恢复原来的尺寸要求，保证泵轴满足再制造质量要求。假如轴与轴承相配的轴颈在使用过程中磨损量为0.01～0.06mm，则对其进行电刷镀再制造恢复的工艺过程如下：

① 水泵轴安装。将水泵轴支承于两个支架上，使之能方便转动。

② 表面预加工。用细Al_2O_3砂布打磨轴颈被镀表面，除去表面氧化膜和疲劳层到基本光整，表面粗糙度值小于2.5μm。

③ 清洗、除油、除锈。用丙酮清洗待镀表面及附近区域，之后用自来水冲洗。

④ 表面保护。对不需刷镀的完好部位用涤纶胶带粘牢，达到保护目的。

⑤ 电净处理。待刷镀及附近表面需用电净液进一步除油。镀笔接电源正极，工件接电源负极，工作电压为12V，镀笔与工件的相对运动速度为10m/min。在电净处理中依靠机械作用、析氢作用、皂化作用和乳化作用把轴颈表面的油清除干净，电净后用自来水冲洗残留电净液。

⑥ 活化处理。先采用1号活化剂活化。镀笔接电源负极，工件接电源正极，镀笔与工件相对运动速度为10m/min，工作电压为12V，活化时间约30s。自来水冲洗后选用3号活化剂活化，工作电压为15V。处理后的被镀表面应洁净、无花斑且呈银白色，随后用自来水冲洗，彻底除去残余活化剂。

⑦ 镀起镀层。选用特殊镍为起镀层镀液。镀笔接电源正极，工件接电源负极，工作电压为14V，镀笔与工件相对运动速度为12m/min，刷镀至0.001～0.002mm厚的特殊镍。

⑧ 镀工作层。选用快速镍为工作镀层。镀笔接电源正极，工件接电源负极，

镀笔与工件相对运动速度为 13m/min，工作电压为 15V，刷镀到尺寸为 $\phi 200^{+0.025}_{+0.015}$mm 为止。

⑨ 镀层清洗。用自来水彻底清洗已镀表面和邻近部位，吹干工件后涂上防锈油。

2）壳体件的再制造。水泵泵壳一般都用灰铸铁铸造，其主要失效形式为锈蚀、气蚀、磨损、裂纹或局部损坏等，主要再制造修复方法有热补焊法、冷补焊法、环氧树脂玻璃丝布粘贴法及柔软陶瓷复合材料修复法等。

水泵件经常会发生严重的气蚀，在叶轮外壳处出现蜂窝形带状圆周形气蚀沟。对此缺陷，可采用柔软陶瓷复合材料对气蚀部位进行再制造修复，方法简便、修复速度快、工作效率高且费用低。

柔软陶瓷复合材料是高分子聚合物、陶瓷粉末和弹性材料等的复合物。高分子聚合物与金属表面经物理与化学键的结合，表现为结合强度高、收缩力小，并可在常温下完全固化，且线胀系数受温度变化影响很小，因此粘接尺寸稳定性好。高分子聚合物分子排列紧密，耐溶剂、耐水、耐腐蚀，特别耐碱性，混合性、涂刷性、浸润性好，渗透力强，无毒、无味，对人体无害。因为柔软陶瓷复合材料含有陶瓷粉末，所以既有很高的耐磨性，又有很高的抗冲击韧性。

用柔软陶瓷复合材料再制造修复气蚀部位前，首先用气动磨料喷射叶轮外壳气蚀蜂窝状表面，进行除锈处理，使金属表面全部露出灰白色光泽。然后根据气蚀部位的深度及面积确定柔软陶瓷复合材料的用量，充分拌匀后用刮板涂抹在气蚀部位，使其充分进入气蚀蜂窝孔中。待柔软陶瓷复合材料初步固化后（4h），再对其进行第二遍涂抹，使复合材料涂层厚度高于该部位的基础表面。待其完全固化后（24h），用靠模（原基础球形表面模型）测量并确定加工余量，然后用电动砂轮机进行修整，也可用车床对修复后的表面进行车削加工，使其达到设计要求。

采用柔软陶瓷复合材料对叶轮外壳气蚀修复后的水泵机组，经 4000h 的输水运行后进行局部检查，未发现气蚀现象，表明再制造修复后具有良好的抗气蚀能力。

3）泵叶轮叶片再制造。离心泵能输送液体，主要是靠装在泵体内叶轮的作用。退役后泵叶轮可能存在的失效形式有腐蚀、气蚀和冲蚀磨损等，常采用补焊等表面技术来进行再制造修复。当泵叶轮产生裂纹或影响强度的缺陷时，无修复价值，则可以进行更换。以下为采用环氧树脂高分子复合涂料来再制造修复泵叶轮叶片表面由气蚀引起蚀坑的案例。

采用环氧树脂高分子复合涂料进行再制造修复分为工件母材的表面处理、配料及涂刷和工件固化及涂层表面整修三个阶段。

① 工件母材的表面处理。工件母材表面处理对涂层的结合强度影响很大，

不允许有铁锈、油污、水迹及粉尘，要完全露出新鲜的金属母材表面。采用人工除锈和压缩空气喷砂除锈（风压为 0.30~0.35MPa）相结合的办法进行除锈。经喷砂处理后的工件应尽快放进烘房，加温至 150℃ 左右后取出，再进行快速喷砂，除去在加温过程中产生的氧化物，最后放入工作间，再用丙酮擦洗工件表面，工作间温度应保持在 45℃ 左右，相对湿度控制在 75% 以下，工件温度保持在 50~60℃。温度过高会造成涂料的早期固化，降低涂料的机械强度，过低则不利于涂护。

② 配料及涂刷。环氧涂料的配方很多，基本上大同小异，环氧涂料配方（质量比）见表 7-19，这种配方实际应用较多，且使用效果较好。

表 7-19　环氧涂料配方（质量比）

材料类别	材 料	底 层	中 间 层	面 层
环氧基液	环氧树脂 6101	100	100	100
增韧剂	丁腈橡胶-40	15	15	15
固化剂	二乙烯三氨	9~15	9~15	9~15
填充剂	铁红粉	30	—	—
	氧化铝粉	15	—	—
	金刚砂	—	300~450	—
	二硫化钼	—	—	25

实际涂护中，往往是同样的配方，由于施工工艺不同，其结果也大不一样。因此首先要正确配料，精确计量，按"环氧树脂→增韧剂→填料→固化剂→施涂"的工艺流程操作。注意每个环节都要充分搅拌，并在 30min 内用完配料，否则将影响粘接强度。其次要控制好温度，配料时，除固化剂外，其他材料也需预热，填料必须烘干。

施涂时，要使用专用涂刷工具，分底层、中间层、面层进行。底层涂料用毛刷涂匀，凹凸不平的破损处不应有遗漏和积液。呈胶化（不粘手）时，将中间层涂料涂刷至水泵零部件的轮廓线，中间层是抗磨层，工作量大，要保持涂料的密实和尺寸精度。涂护叶轮时，不能破坏其静平衡。中间层涂护后，经 1~2h 固化，用毛刷涂面层，使涂层表面光洁平顺，减少气蚀源，提高抗气蚀磨损性能。

③ 工件固化及涂层表面修整。叶轮叶片再制造修复工艺流程如图 7-30 所示。涂护结束后，工件要充分固化，加温至 60~80℃，固化 5~6h。然后对轮廓线及面层上少量凸起的遗漏砂粒和涂层进行修整，再缓慢冷却至室温，视气温情况再自然固化 2~6d，充分固化有利于涂料分子间进一步交联，提高机械强度。采用该方法再制造后的叶轮，工作 5 年后检查发现，叶片完好无损，清除

污垢后还能光亮如初。

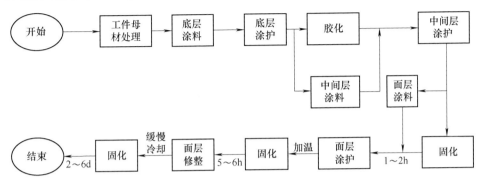

图 7-30　叶轮叶片再制造修复工艺流程

4）平衡装置的再制造。泵在运转过程中往往会造成平衡盘与平衡板之间、平衡盘轮毂与均衡套之间的磨损，磨损后可用着色法进行检查，主要采用表面技术进行再制造修复，磨损较严重而无修复价值的，应更换新件。例如，可以采用金属喷涂技术再制造修复螺杆轴及平衡套。

① 螺杆轴填料密封处修复。将需要修理部位拉毛后进行金属喷涂，而后进行磨削加工，其加工尺寸公差应以未磨损前轴径为基准。

② 平衡活塞与壳体固定盘的配合修复。由于在实际使用过程中，平衡活塞与壳体固定盘相互作用，均有不同程度的磨损，在修理过程中可扩大固定盘内孔，并作为配合基准，对平衡活塞外圆进行金属喷涂处理后加工，加工尺寸公差可采用 H8/d7。

③ 从动杆轴端处与衬套的配合修复。衬套与从动杆轴端配合间隙的磨损程度是螺杆泵使用寿命的关键，其配合间隙超过 0.5mm 时，应及时进行修复，以延长设备寿命。当泵衬套与从动杆轴端的材质、硬度均一样时，不宜更换新衬套以确保配合间隙，可使用金属喷涂技术修复，比较快速经济。在修复时可采用扩大衬套内孔，喷涂轴端后进行机加工，配合公差可采用 H7/d8。

（6）再制造泵的装配　将质量检测合格的再制造修复零件与可直接利用的零件和更换的新件，严格按照新品制造的装配要求进行装配，保证各配合面的安装要求。因泵主要用来传输液体，所以一定要注意装配过程中的密封性要求，保证生命周期内正常服役情况下无泄漏。

（7）再制造泵的检测　对装配后的再制造泵进行整体性能测试，性能符合要求的，则进入包装工序；性能不合格的，则分析原因后重新进入再制造工序。

（8）再制造泵的包装及销售　主要对再制造泵进行喷漆、印刷质量保证书及说明书等相关资料，完成包装后进入销售环节，并提供再制造泵质量保证期的售后服务。再制造泵的包装要体现绿色产品的理念，体现再制造泵的环保价值，采用绿色营销理念。

3. 轴流泵的再制造升级应用

（1）基本情况　某灌溉工程安装高邮水泵厂生产的 16CJ-80 型全调节轴流泵 7 台，上海水泵厂生产的 362LB-70 型轴流泵 2 台，累计运行 91223 台时，抽水 $19.72 \times 10^8 \text{m}^3$。16CJ-80 型轴流泵性能见表 7-20。

表 7-20　16CJ-80 型轴流泵性能

项　　目	流量 Q /(m^3/s)	扬程 H /m	叶片安装角 α/(°)	转轮直径 D_1/mm	比转速 n_1	轴功率 P /kW
性能指标	4.33 ~ 10.25	3.21 ~ 9.56	− 10 ~ + 2	1540	500	670

16CJ-80 型轴流泵是按清水介质设计的，但该灌溉工程要抽送含沙量高的黄河水，该泵在运行过程中出现了诸多问题，主要表现为以下几方面：

1）技术供水装置设计不合理，泥沙水流侵入橡胶导轴承，使泵主轴轴颈过快偏磨，机组运行中出现振动，噪声超过 90dB，大修周期平均仅 368.92h，以致泵站难以形成生产能力，严重影响灌区正常灌溉。

2）水泵转轮叶片为普通碳钢制造，且表面加工粗糙，型线不准，一般运行 2000 ~ 2500h 就磨蚀报废。

3）水泵转轮采用国外 20 世纪 40 年代的水力模型，机组装置效率低。

4）技术供水耗量大。经测试，每台机组运行需水量 45t/h，是设计要求 10t/h 的 4.5 倍。

（2）泵再制造升级改造方案的确定

1）泵再制造升级试验研究目标。16CJ-80 型泵运行 20 余年，泵体老化，各项技术性能指标严重下降，已无法满足灌区要求。1996—2002 年，对 7 台 16CJ-80 型泵进行了全面的再制造技术升级。在装置扬程为 5m 左右时，泵改的目标是：水泵单机流量为 8.0 ~ 8.5m^3/s，机组装置效率 ≥65%，水泵大修周期为 500h。

2）泵再制造升级的关键环节和主要部位。该项再制造升级保留原电动机、原水泵 60° 弯管，其他埋入件、混凝土结构不变，只对原水泵的技术供水装置、转轮、转轮室、导叶体和主轴等部件的水力性能和结构进行改造，重新进行设计和制造。

① 加设主轴套管，改造下水导轴承技术供水装置，在水泵主轴上水导轴承与下水导轴承之间加装一密封套管，技术供水由下水导轴承进入，经过套管，在下水导轴承底部排出。供水压力在 0.2 ~ 0.25MPa，从而使含沙水流完全隔绝在套管之外，防止泥沙进入轴承内部，确保了主轴不过早偏磨。

② 采用性能优良的水力模型来设计和制造水泵转轮及新型导叶。

③ 改全调节式转轮为定桨式转轮，将球形转轮室改为圆柱形转轮室。

④ 用 04Cr13Ni5Mo 不锈钢替代普通碳钢制作叶轮叶片，用 Q235 钢板替代铸铁材质制作导叶和转轮室。

（3）再制造升级泵零部件的加工与质量控制　对各件的几何尺寸、型线误差、静平衡度和表面粗糙度提出了比较严格的质量标准，并要求按照国际电工委员会（International Electrotechnical Commission，IEC）水轮机制造标准对改造泵零部件进行再制造加工。

1）泵零部件加工采用的技术标准。

① 水轮机基本技术条件。

② 小型水轮机通流部件技术条件。

③ 水轮发电机组安装技术规范。

④ 组焊件结构焊接规范。

2）质量控制及验收。

① 叶片型线按坐标尺寸加工，叶型误差为 ±1.0mm。叶片成形后与转轮体组焊。转轮直径在 1560mm 时，静平衡不大于 25g。

② 主轴与转轮连接结构由原法兰连接改为锥度轴连接。要求主轴与转轮连接段的配合面，其研合接触面积在 85% 以上。

③ 导叶叶片采用型线压模两次热压成形，进出水边用型线样板修正合格后和导叶体组焊成整体，以保证流道的匀称性和进出水边的几何尺寸。

④ 分半转轮室采用大型分半电动机壳体工艺制作，先整圆成形，退火后采用等离子切割分面；再精加工，确保转轮室的加工精度。经过验收，加工质量符合 IEC 的标准，可以出厂交付安装。

（4）再制造升级改造后泵的特点　再制造升级改造泵组运行后和原泵组相比，具有以下特点：

1）改造泵运行平稳，噪声小，基本无振动。在河床水位变动、泵站扬程变幅较大时，泵运行工况没有明显变化。

2）通过技术供水装置的改造，使黄河水与水泵下水导轴承彻底隔绝，泥沙无法进入下水导轴承。水泵累计运行超过 6000h，水泵主轴轴颈检查光滑无偏磨，运行 6 年无大修。

3）技术供水量明显降低，原泵过去耗水量为 45m³/h，而改造泵保持在 10m³/h，仅是原泵的 22.2%。

4）改造泵运行中流量大，功率反而小。原泵抽水 7.04m³/s 时，轴功率为 710～720kW；而改造泵流量为 8.0～8.37m³/s 时，轴功率只有 602～642kW。

5）原泵轮毂和叶片之间有 3～6mm 的间隙，杂草缠绕叶轮后，难以除掉，水泵运行振动剧烈，影响水泵效率和正常运行。改造泵抗草能力明显好于原泵。

6）由于改造泵叶轮具有良好的水力特性，运行超过 6000h，叶型仍然保持完好，较原泵只能运行 2000～2500h 叶片即报废，使用寿命提高了 2～3 倍。

参 考 文 献

[1] 朱胜，姚巨坤．再制造设计理论及应用 [M]．北京：机械工业出版社，2009.

[2] 梁志杰，徐滨士，张平，等．军用装甲装备发动机再制造技术初探与可行性分析 [J]．中国表面工程，2006，19（z1）：89-91.

[3] 韩树，梁志杰，张平，等．再制造技术用于延长军用履带车辆发动机大修期的研究 [J]．内燃机，2010（5）：14-17.

[4] 梁志杰，蔡志海．装甲装备发动机再制造研究现状及其应用前景 [J]．装甲兵工程学院学报，2007，21（5）：9-11.

[5] 韩树，蔡志海，张平，等．军用履带车辆发动机再制造技术探讨 [J]．内燃机，2007（4）：27-29.

[6] 徐滨士，刘世参，史佩京，等．汽车发动机再制造效益分析及对循环经济贡献研究 [J]．中国表面工程，2005，18（1）：1-7.

[7] 梁志杰，姚巨坤．发动机再制造综述 [J]．新技术新工艺，2004（10）：35-37.

[8] 胡仲翔，张甲英，时小军，等．机床数控化再制造技术研究 [J]．新技术新工艺．2004（8）：17-19.

[9] 曹华金．废旧机床再制造关键技术及产业化应用 [J]．中国设备工程，2010（11）：7-9.

[10] 王望龙，胡仲翔，时小军，等．机床数控化再制造信息数据库研究 [J]．中国表面工程，2006，19（z1）：86-88，85.

[11] 郑小松．利用环氧树脂复合涂料修复水泵过流部件汽蚀麻面 [J]．排灌机械，2006，24（3）：39-41.

[12] 张世伟，高和平，张允达．16CJ-80 型轴流泵技改试验研究 [J]．水泵技术，2004（3）：40-45.

[13] 徐滨士，等．再制造工程基础及其应用 [M]．哈尔滨：哈尔滨工业大学出版社，2005.

[14] 曾寿金．废旧齿轮变速箱绿色再制造方法初探 [J]．中国科技信息，2006（23）：77-78.

[15] 裴恕，陈世兴．计算机回收与再制造研究分析 [J]．中国资源综合利用，2000（11）：28-30.

[16] 罗震，单平，易小林，等．油田储罐再制造技术的研究与应用 [J]．中国表面工程，2001（2）：40-42.

[17] 伍建华．葡萄酒罐内壁火焰喷涂防护 [C]．第七届全国焊接学术会议论文集（第一册），中国机械工程学会焊接协会，1993.

[18] 杜学铭，施雨湘，李爱农，等．绞吸挖泥船绞刀片再制造技术及应用研究 [J]．武汉理工大学学报（交通科学与工程版），2002，26（1）：4-7.

[19] 郭京波, 周罘鑫, 刘进志. 全断面隧道掘进机再制造技术现状及发展 [J]. 工程机械, 2015, 46 (11): 48-53.

[20] 齐梦学. 再制造TBM在我国应用初探 [J]. 国防交通工程与技术, 2011, 9 (4): 5-8, 53.

[21] 周新远, 李恩重, 张伟, 等. 我国盾构机再制造产业现状及发展对策研究 [J]. 现代制造工程, 2019, (8): 157-160, 147.

[22] 康宝生. 绿色环保经济发展与隧道掘进机再制造探析 [J]. 隧道建设, 2013, 33 (4): 259-265.

[23] 乔治. 盾构再制造研究与实施 [J]. 中国设备工程, 2019, (15): 145-147.

[24] 李宏亮. 隧道掘进机旧件修复和再制造 [J]. 建筑机械化, 2009, 30 (10): 86-87.